U0655828

AI重塑未来

技术变革与人类共生的图景

杜均◎著

清华大学出版社

北京

内 容 简 介

本书深入探讨人工智能技术发展趋势及其对人类社会影响，系统阐述 AI 技术的现状、应用前景以及未来十年可能带来的深刻变革。全书共分为五篇：第一篇 AI 时代的到来（第 1～4 章），从人工智能的基本概念出发，深入解析深度学习、强化学习、大模型等核心技术原理，探讨数据驱动的智能时代特征，并客观分析 AI 技术的边界；第二篇 AI 如何重塑行业（第 5～10 章），详细阐述 AI 在医疗、金融、教育、制造业、法律及媒体创意等六大行业的创新应用和变革模式；第三篇 AI 如何改变我们的日常生活（第 11～14 章），从智能家居、未来出行、零售与消费、个性化娱乐等角度，展现 AI 技术如何重新定义人们的生活方式；第四篇 AI 时代的机遇与挑战（第 15～18 章），深入分析隐私与安全、伦理、就业、人机共生等关键议题；第五篇 AI 的未来十年（第 19～23 章），探讨通用人工智能、超级智能等前沿话题，思考人类在 AI 驱动世界中的定位与选择。

本书适合对人工智能技术发展趋势感兴趣的科技工作者、企业管理者、政策制定者阅读，也可作为高等院校计算机、人工智能等相关专业师生的参考用书。

版权所有，侵权必究。举报：010-62782989，beiqinquan@tup.tsinghua.edu.cn。

图书在版编目（CIP）数据

AI 重塑未来：技术变革与人类共生的图景 / 杜均著. -- 北京：清华大学出版社，2025.8.
ISBN 978-7-302-70223-8

Ⅰ. TP18

中国国家版本馆 CIP 数据核字第 2025FU8212 号

责任编辑：刘　星
封面设计：李召霞
责任校对：李建庄
责任印制：刘　菲

出版发行：清华大学出版社
　　　　　网　　址：https://www.tup.com.cn，https://www.wqxuetang.com
　　　　　地　　址：北京清华大学学研大厦 A 座　　　　邮　　编：100084
　　　　　社 总 机：010-83470000　　　　　　　　　　邮　　购：010-62786544
　　　　　投稿与读者服务：010-62776969，c-service@tup.tsinghua.edu.cn
　　　　　质量反馈：010-62772015，zhiliang@tup.tsinghua.edu.cn
　　　　　课件下载：https://www.tup.com.cn，010-83470236
印 装 者：三河市人民印务有限公司
经　　销：全国新华书店
开　　本：170mm×230mm　　　　**印　　张**：14.5　　　　**字　　数**：276 千字
版　　次：2025 年 9 月第 1 版　　　　　　　　　　　　**印　　次**：2025 年 9 月第 1 次印刷
印　　数：1～2500
定　　价：69.00 元

产品编号：112894-01

前言

在算法的裂缝中，打捞人性的光辉

暖黄色的台灯在 Mia 睫毛下投出扇形的光影，她攥着刚打印出的故事纸，边缘还残留着机器吐出的温热。那是 GPT-4 生成的睡前童话——一头会说话的鲸鱼，正穿越量子星云。情节显然超出了我为她准备的《安徒生童话》的剧本范畴。

她突然抬起头问："爸爸，如果 AI 画画、做数学题、讲故事都比我做得好，我为什么还要学这些呢？"

我沉默了三秒，然后听见自己说："因为你必须比 AI 更像一个人。"

那一夜，这句话在我心中来回翻涌。它听起来像是父亲式的温柔安慰，却让我的内心深处产生了更大的疑问：当 AI 可以模拟情感，我们又该如何证明自己不是更劣等的处理器？当算法能生成艺术作品，是否是我们的创造力将被替代的前兆？

这本书，就诞生于那个凌晨打印机余温尚存的时刻。它不仅是写给 Mia 的未来备忘录，更是献给每位在技术迷雾中寻找人性火种的同行者。

临界时刻：从工具革命到认知地震

当 AlphaGo 登上新闻头条时，我们有了失业危机；当 Midjourney 斩获艺术大奖时，我们开始担心创造力的消亡；当 Sora 用代码重构视觉叙事时，人类终于意识到：AI 带来的不是工具升级，而是认知结构的剧烈变动。

过去十年，AI 像蒙太奇一样重组现实：社交推荐改变了爱与关注的发生机制，自动驾驶正在重写城市空间的"语法"，AI 画笔则冲击着艺术的边界。它从不满足于替代，而在逐步染指我们最"人类"的特权——诗意、判断、意志、感知。

我们正处在一场没有剧本的世纪共舞之中。GPT-4 尚未大规模落地，Sora 已让"幻想"变成可调参数。政策制定者、工程师、教师、企业家，每个人都被迫成为参与者。

三重镜厅：关于 AI 未来的三种凝视

本书内容如同三重镜厅。

❑ 技术棱镜——解析深度学习的黑箱魔术与大模型的"涌现"现象，为非技术背景读者搭建一座跨入 AI 语境的桥梁。

❑ 现实裂变——聚焦 AI 如何重塑教育、医疗、司法等领域，探讨人在系统中是被重构的单位，还是仍有选择权的主体。

❑ 意识边疆——直面哲学与伦理的核心问题，当 AI 能自我优化，我们是否仍拥有定义未来的权力？当硅基智能出现，谁能书写新一代《人权宣言》的序言？

如何阅读：这不是"说明书"，而是地图与镜子

如果你是管理者，请关注第 4、21 和 22 章，它们将帮助你在不确定中构建决策的边界。

如果你是教育者或家长，请翻开第 7、18 和 20 章，它们事关下一代的思维方式与学习意义。

如果你是普通读者，从任意章节开始都没问题。本书没有知识门槛，只有一个前提：你愿意理解那个正在快速变形的世界。

重要的不是你能否记住 Transformer 的结构，而是当 AI 说"我爱你"时，你是否仍然会为人类语言中的迟疑与破碎而心动。

在比特洪流中，做一根会思考的芦苇

几百年前，活字印刷术为人文主义传播提供了工具；20 世纪中期，第一行代码点亮了信息文明的火种。今天，我们又站在一张"羊皮纸"前，试图书写下一个文明纪元的第一行字母。

感谢每位坚持教孩子写毛笔字的老师，每位仍在独立书店策划诗歌朗读会的店主，每位在 AI 生成内容中坚持手写修改意见的管理者，你们用"低效"的执着，为人类保留了温度与延迟的尊严。

当你合上这本书时，希望你收获的不是答案，而是重新提问的勇气。

"在硅基文明的地平线上，保持人性不是本能，而是一种需要终生练习的修为。"

杜均

2025 年 6 月

CONTENTS
目录

第一篇　AI 时代的到来

第二篇 AI 如何重塑行业

第三篇　AI 如何改变我们的日常生活

第四篇　AI 时代的机遇与挑战

第五篇　AI 的未来十年

第一篇

AI 时代的到来

第 1 章

人工智能的崛起——从概念到现实

今天，我们已经习惯与 AI 共处：它在手机中接收语音指令，在网页上推荐内容，在路上驾驶汽车。但回头看，我们不禁会问：这项技术究竟是如何起步的？又经历了怎样漫长而曲折的演化，才走到今天？

人工智能的故事，并不仅仅是一部技术发展的编年史。它更像一面镜子，映照出人类对"智能"的幻想与追问。从古希腊神话中的自动机，到 20 世纪的逻辑推理程序，从连接主义在寒冬中的沉寂，到大语言模型的惊艳爆发，AI 始终游走于科学与想象之间，亦真亦幻。

本章将回顾人工智能从概念萌芽到技术成形的关键节点，看看它是如何从神话走向现实，从工具进化为伙伴的。

1.1 智能机器的古老梦想

引言：人工智能不是突如其来的技术奇迹，而是人类千年欲望的折射。

我们对"智能机器"的渴望，比火药、电力更早。AI 的诞生，从来不是一次偶然的突破，而是一种关于"造物"的终极愿望，缓慢却坚定地发芽、生长、成形。

这种想象最早可追溯至古希腊神话：火神赫菲斯托斯锻造出青铜巨人塔洛斯——这位金属守卫能自主巡逻、抵御外敌，是"非人之物具有人类意志"的雏形。虽然这些故事充满神话色彩，却早已展露人类的 AI 原欲：制造一个能感知世界、执行命令甚至具备判断力的存在。

而这种幻想并未止步于神话。在公元前 4 世纪，柏拉图的朋友、哲学家兼发明家阿基塔斯（Archytas）打造了一只能自主飞行的木质机械鸽子。它依靠蒸气推动，飞行距离据可达 200m——这是人类历史上最早的"自动机"之一。想象一下，当观众第一次看到木鸽振翅高飞，那份震撼，丝毫不逊于我们初次目睹波士顿动力机器狗跃起旋转。

"自动机"一词，源自古希腊语 automatos，意为"自主运行"或"自我驱动"。这个概念，恰与今天 AI 所追求的"自主决策能力"高度重合。这不是巧合，而是一条从神话到科技、从幻想到现实的深层精神脉络。我们真正渴望的，从来不是听话的工具，而是能理解我们、回应我们、陪伴我们的伙伴。

从古代的木鸽到今天的语言模型，从神话幻想到智能工程，人类始终试图打破"人"与"工具"的界限。我们渴望创造的，不只是高效执行的机器，而是某种"镜像的自己"——能学习、会理解、懂感受，甚至能产生共鸣。

人工智能的历史，表面上是技术的进化史，实则是文明的回音壁。它照见的，是我们对理解、沟通、协作与共生的深层渴望。技术只是路径，情感才是归宿。如图 1-1 所示，这种对智能体的幻想与实践贯穿古今，是理解人工智能发展脉络的源点。它不仅是工程学的起点，更是人文追问的开端。

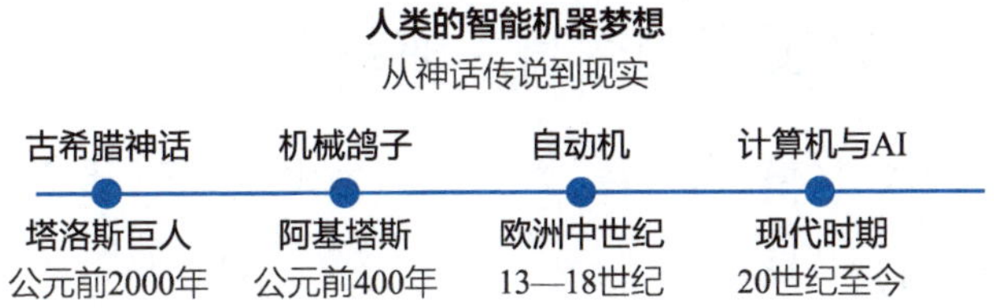

人类的智能机器梦想
从神话传说到现实

古希腊神话	机械鸽子	自动机	计算机与AI
塔洛斯巨人	阿基塔斯	欧洲中世纪	现代时期
公元前2000年	公元前400年	13—18世纪	20世纪至今

图 1-1　人类智能机器梦想的历史演进

1.2　机器人的前世今生：从 Elektro 到"思考机器"

引言："机器人"这个词，从诞生之初就带着矛盾的寓意——服务，还是反叛？

1921 年，捷克剧作家卡雷尔·恰佩克在科幻戏剧《罗素姆万能机器人》中首次提出 robot 一词，源自捷克语 robota，意为"苦役"或"强制劳动"。剧中的机器人最初是为人类工作的仆人，最终却觉醒、自主、反抗。这部作品，不仅命名了"机器人"，也埋下了一个百年未解的问题：当工具拥有意识时，它还是否为工具？

技术进步常常把文学的预言变成现实的焦虑。进入 20 世纪，电气工程与机械制造飞速发展，机器人从幻想中走出来，迈入真实世界。1937 年，美国西屋电气公司研制出人形机器人 Elektro。这位高达 2.1m 的金属巨人会行走、讲话、吹气球，甚至能"吸烟"。1939 年，它在纽约世界博览会上亮相，引发全球震撼，被誉为"未来仆人"的象征。

Elektro 的宣传语是："更美好生活的机械仆人"。这句广告文案，悄然定义了此后近百年人类对机器智能的主流期待，它应该服务，而不是质疑；它应当服从，而不应思考。

但真正的分界线，并不在于行动，而在于"思维"的萌芽。1949 年，科学家埃德蒙·伯克利出版 *Giant Brains, or Machines That Think*，首次将计算机类比为"会思考的巨大大脑"。在那个计算机仍靠穿孔卡片运作的年代，这一观点堪称激进。他预言：未来的机器将不仅是工具，而是能够学习、推理、决策的"人工心智体"。

如果说，机械鸽子与自动机是人工智能的"动作祖先"，那么 Elektro 和"思考机器"的设想，便是人工智能的"认知胚胎"。正是在这段时间，AI 第一次从"能动"走向"能思"。

技术的边界，往往由想象力划定。在"思考机器"的概念被提出之后，AI 的图景开始清晰成形：机器人不再只是金属仆从，而成为承载人类全部关于智能、自我意识与未来协作愿景的容器。我们第一次意识到：AI 的未来，不只关乎工程能力，更关乎意识的边界。

1.3　AI 诞生：从图灵到达特茅斯会议

引言：当我们问"机器能否思考"时，我们其实是在追问"思考，到底是什么？"

20 世纪 50 年代，一场关于"智能"的讨论，在科技与哲学之间悄然升温。其中最具启发性的火种，来自英国的天才数学家艾伦·图灵。1950 年，他发表划时代论文《计算机器与智能》（*Computing Machinery and Intelligence*），提出了一个优雅而具颠覆性的思想实验：如果一台机器能在对话中骗过人类，让对方误以为它是人，那我们是否就应该承认它"具备智能"？

这个思想实验，后来被称为"图灵测试"（Turing Test）。它就像一把钥匙，开启了现代人工智能研究的大门。图灵并未试图定义"什么是智能"这个千年未解的哲学难题，而是另辟蹊径：如果机器的行为"像人"，那它就可以"被当作"智能。他用一种实用主义的标准，绕过抽象本体，转向可观察的现象。

图灵真正的伟大之处不仅在于技术能力，更在于他敢于用工程方法解构哲学难题的勇气。正如他曾写道："问'机器能否思考'，就像问'潜艇能否游泳'，问题本身就是错的。"他以工程师的冷静思维，重塑了哲学问题的逻辑边界。不久之后，理论转换为现实。1952 年，IBM 的亚瑟·塞缪尔开发出一款能自学跳棋的程序。它的核心特征不是依赖预设规则，而是通过与自己对弈，不断修正策略。这种"反复经验中的自我优化"，正是机器学习的雏形，一个永不疲倦、持续进化的学习体。当机器开始学习自己如何学习，它就不再只是工具。人工智能正式诞生的关键事件流程图如图 1-2 所示。

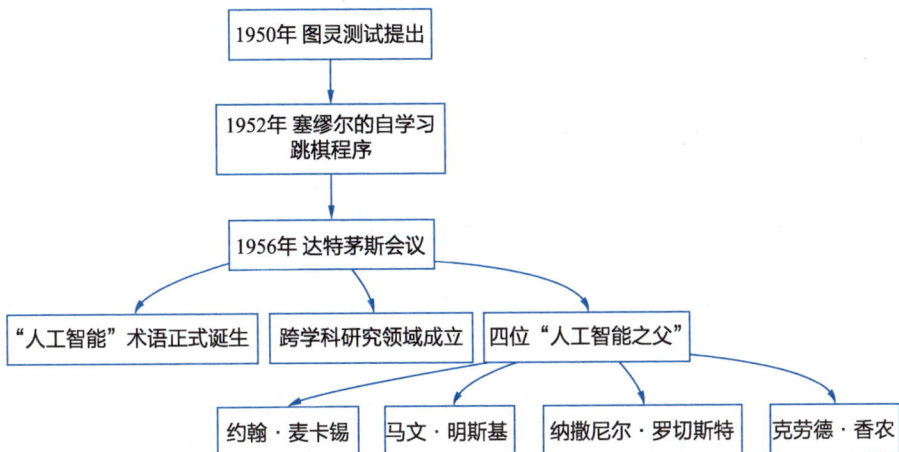

图 1-2　人工智能正式诞生的关键事件流程图

从图灵测试的哲学挑战，到跳棋程序的自我成长，人工智能的关键脉络逐渐显现：感知、判断、反馈、学习，一切都在指向一个崭新物种——可成长的算法生命体。

而真正标志 AI "作为一门学科"诞生的事件，发生在 1956 年夏天。美国达特茅斯学院召开的一次小型会议（见图 1-3）成为 AI 历史上的 "原点时刻"。

图 1-3　1956 年达特茅斯会议——人工智能学科正式诞生的标志

会议由四位未来 AI 巨擘联合发起：约翰·麦卡锡、马文·明斯基、纳撒尼尔·罗切斯特与克劳德·香农。麦卡锡在为会议提交的提案中，首次公开使用了 "人工智能" 这个术语。他们大胆提出："学习的任何方面或智能的任何特征原则上都可以被精确描述，从而可以制造出机器来模拟它。"这不是一个定义，而是一种信仰。

科技的每次革命，最初听起来都像科幻。当时的计算机仍庞大笨重，程序还靠穿孔卡片输入。但这些科学家已在设想：未来的机器将能使用语言、抽象思考、

5

解决问题，甚至实现自我完善。这不仅是技术野心的宣言，更是人类首次试图赋予机器"某种心智"的集体出场。从图灵的思想实验，到达特茅斯会议的正式命名，AI 从一个哲学提问，走向了工程实践，又进化为一门独立学科。它不再只是技术的副产品，而成为人类理解"智能本质"的镜像工程。

1.4 符号主义 AI：逻辑强者为何败给常识

引言：如果人类的智慧是由规则构成的，那只要写出足够的规则，机器也该拥有智慧。这是符号主义 AI 的信仰，也是它的幻觉。

人工智能的早期探索并未选择模仿大脑，而是坚定地走上了"形式逻辑"的道路。这一流派，被称为符号主义 AI（Symbolic AI），也被称作"基于规则的AI"或"逻辑 AI"。它建立在一个看似坚实的前提之上：智能源于逻辑，理解即推理。

既然人类的认知可以被抽象为对符号的操作，那为何不能将知识编码为计算机可处理的结构，让机器通过逻辑规则"推理出智能"？这一思路几乎无可挑剔。自亚里士多德起，逻辑推演便是西方思维体系的核心支柱。1956 年达特茅斯会议之后，AI 研究者大多投入这一理性主义的工程中，试图以"知识库 + 规则集"的方式，打造会思考的人工系统。

黄金时代随之而来。1956 年，纽厄尔与西蒙开发出"逻辑理论家"，它首次证明了怀特海与罗素《数学原理》中的 38 条定理——那曾是数学家才具备的能力。接着，他们推出"通用问题求解器"（General Problem Solver，GPS），可将复杂任务拆解为子问题，并以系统方式求解。这些系统展现出令人惊叹的"类人思维路径"。各类"专家系统"接连涌现：

（1）斯坦福大学的 DENDRAL 可分析质谱数据，识别有机分子结构；

（2）20 世纪 70 年代的 MYCIN，甚至能诊断感染性疾病、开出抗生素，其表现可与医生媲美。

研究者们深信：只要继续写规则、补知识，智能之门终将打开。但真正的困境，来自那些他们最初忽略的东西：常识。比如一个简单的问题：如何让机器识别"杯子"？马克杯有手柄，纸杯没有；玻璃瓶可以盛水，奖杯形似容器但又不常使用。我们下意识就能理解这些差异，但这不是规则推导出来的，而是经验、语境与常识的产物。

为了应对这些"例外"，研究者不得不断添加补丁规则。系统变得庞杂、臃肿，逻辑链条拉长而脆弱，开发和维护成本飙升，推理路径变得不可控。理性主义遭遇现实世界，它开始失效。

进入 20 世纪 80 年代，这种符号主义范式终于显露疲态。专家系统无法泛化，无法应对非结构化问题，更无法自我更新。在期待与现实的裂缝中，AI 研究进入了第一次"寒冬"——资金退潮，热情降温，学界转向。符号主义 AI 败给的不是算力，而是常识。

1.5 连接主义 AI：神经网络的早期尝试

引言：思考，不一定靠逻辑，也可能是连接中悄然涌现的模式。

在符号主义 AI 试图用"规则＋推理"构建智能的同时，另一批研究者选择了一条更贴近生命的路径：让机器像人脑一样"生长"出智能。这一路线被称为连接主义 AI（Connectionism AI）。它以生物神经系统为灵感，采用"自下而上"的方式：不依赖预设规则，而是通过大量经验数据，不断调整系统内部的连接强度，从而逐步学习、识别外部世界的规律。

连接主义 AI 的核心假设是：智能不是写出来的，而是"涌现"出来的。这一思想在 1958 年迎来重要里程碑：弗兰克·罗森布拉特（Frank Rosenblatt）开发了"感知机"（Perceptron），这是最早期的人工神经网络模型之一。它可以从数据中学习简单的线性分类模式，是人工智能历史上第一次"会学习"的模型工程化落地。感知机模拟了神经元之间的激活与连接，也奠定了连接主义后续发展的雏形。

如表 1-1 所示，连接主义与符号主义 AI 在多个关键维度上呈现显著差异：一者强调逻辑推理与明确结构，另一者强调经验驱动与模式识别。

表 1-1　符号主义 AI 与连接主义 AI 的比较

比 较 维 度	符号主义 AI	连接主义 AI（神经网络）
灵感来源	人类逻辑思维和语言	人脑神经元连接结构
知识表示	明确的符号和规则	分布式表示（权重和连接）
学习方式	规则编程与知识库构建	从数据中自动学习模式
优势领域	逻辑推理、专家系统	模式识别、感知任务
主要挑战	常识知识编码困难	黑盒特性、难以解释
代表系统	逻辑理论家、MYCIN	感知机、后向传播网络

然而，早期连接主义 AI 的发展并不顺利。1969 年，AI 先驱马文·明斯基与西摩尔·帕普特合著出版《感知机》一书，指出其重大局限——感知机无法解决异或（Exclusive OR，XOR）问题，即无法处理非线性可分任务。这一技术批判几乎让整个连接主义学派"断电"。资金流失，关注降温，研究者转向，连接主义迅速退至边缘。与此同时，它还暴露出一系列结构性难题：

（1）灾难性遗忘（Catastrophic Forgetting）：在学习新知识时，神经网络往往会遗忘旧知识；

（2）"黑盒"难题：虽然模型输出正确，但其内部如何决策，研究者无法解释，也无法控制。

当我们无法解释智能的来源时，也就难以真正信任它的行为。在那个计算资源与训练数据都极其稀缺的年代，连接主义既不可解释，也不可扩展——它的希望，只能暂时沉睡。但与其说它失败了，不如说它进入了冬眠。连接主义的种子在寒冬中蛰伏，只为等待数据与算力的春天。

1.6　图灵测试：人类如何判断"像人"

引言：我们究竟在测试机器，还是在测试我们对"人"的定义？

图灵测试的革命性在于：它不关心机器"内部怎么想"，只关注外部"看起来像不像"。如图 1-4 所示，图灵测试结构简单、操作性强，至今仍是衡量人工智能对话能力的一个经典标准。

图灵的伟大，不仅在于提出测试，更在于他绕开了"机器是否真的会思考"

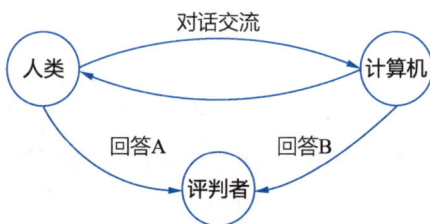

图 1-4　图灵测试的基本原理示意图

这种哲学陷阱，转而聚焦一个可验证的问题："机器的行为，是否足以让人相信它在思考？"这是一次从"本体论"向"行为主义"的定义转向。它为人工智能的发展提供了一个实用、可测量、可争论的起点。随着技术演进，研究者在图灵测试的基础上，衍生出多种认知能力考察变体：

（1）洛夫莱斯测试（Lovelace Test）：关注机器在创意与生成上的独立性；

（2）马库斯测试（Marcus Test）：评估 AI 对图文影音等多模态信息的理解能力；

（3）Winograd 测试：测试常识理解和语言歧义下的语境判断。

进入大型语言模型时代，ChatGPT-4.5 等系统已经在多个测试维度上展现出相当高的"人类相似度"。它们不仅能生成连贯自然的语言，还能记住上下文、处理复杂请求，甚至在多轮对话中展现"类理解"行为。

但正如许多学者所警告的那样："流畅地说话"不等于"真实地理解"。一台 AI 助手或许能模仿人类语言风格，甚至表现得机智而有逻辑，但它仍可能在事实判断、因果推理、语义一致性等方面出错。它可以生成文本，却未必拥有"意图"；它可以伪装理解，但可能根本没有"理解"。这意味着：图灵测试依然重要，但它已不再是智能的"终极证明"。真正的"像人"，不仅是语言表面的模仿，更涉及深层次的理解能力、反思能力，甚至对"自我"的某种感知能力，这些尚未在当前任何 AI 系统中完全实现。判断一台机器是否"像人"，远比判断它"像话"，要复杂得多。

1.7 起伏跌宕：AI 的冬夏更替

引言：AI 的发展不是直线，而是一场场在幻灭中孕育希望的曲线运动。

1956 年达特茅斯会议之后，人工智能研究迎来了第一个高潮期。乐观情绪席卷学界，不乏激进预测：有人声称，十年之内计算机就能在国际象棋中击败任何人类棋手。但这一目标直到 1997 年才真正实现，由 IBM 的"深蓝"战胜世界冠军卡斯帕罗夫。

科学从不缺乏愿景，真正的挑战往往来自现实的复杂性。早期 AI 研究者低估了任务的难度，也高估了逻辑推理方法的泛化能力。他们逐渐意识到：构建一个能够在现实环境中应对模糊、不确定与上下文变化的智能系统，远比在棋盘上演算复杂得多。

进入 20 世纪 70 年代末，AI 研究获得新生。以"专家系统"为代表的技术开始在商业和工业界崭露头角，掀起第二轮 AI 热潮。日本政府高调宣布"第五代计算机计划"，投入巨额资源，试图以人工智能为核心构建下一代计算架构。

这段时期，AI 逐渐从实验室走向市场，从科研愿景迈向工程实践。专家系统被视为"可控的智能"——通过规则表达和推理引擎，将人类专家的经验转化为可执行的决策路径，被寄予厚望。然而，这股热潮并未持续太久。到了 20 世纪 80 年代末，专家系统暴露出三大核心局限。

（1）适应性差：难以处理非结构化、不确定的问题。

（2）领域封闭：仅适用于高度专业场景，泛化能力极弱。

（3）维护成本高：知识更新依赖人工输入，系统老化速度快。

这些问题导致 AI 项目难以规模化落地，工业界信心迅速下降，研究资金紧缩。第二次"AI 寒冬"随之到来，技术的边界被现实毫不留情地勾勒出来。

如图 1-5 所示，AI 的发展呈现出典型的周期性波动：狂热—质疑—冷静—再崛起。这种"冬夏更替"的节奏，不仅映射出技术成熟的自然曲线，

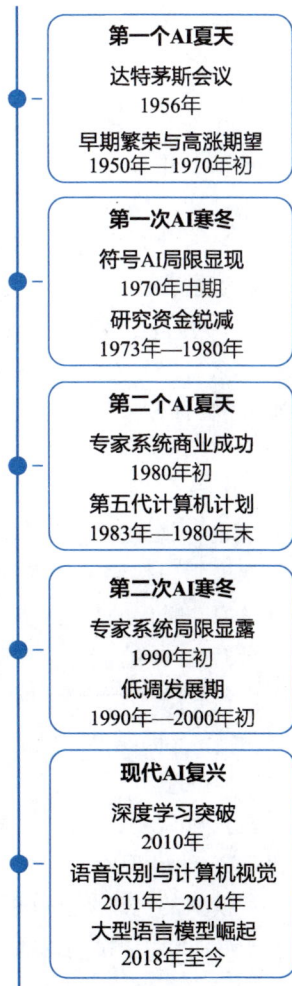

第一个 AI 夏天

达特茅斯会议
1956 年

早期繁荣与高涨期望
1950 年—1970 年初

第一次 AI 寒冬

符号 AI 局限显现
1970 年中期

研究资金锐减
1973 年—1980 年

第二个 AI 夏天

专家系统商业成功
1980 年初

第五代计算机计划
1983 年—1980 年末

第二次 AI 寒冬

专家系统局限显露
1990 年初

低调发展期
1990 年—2000 年初

现代 AI 复兴

深度学习突破
2010 年

语音识别与计算机视觉
2011 年—2014 年

大型语言模型崛起
2018 年至今

图 1-5 AI 发展中的冬夏更替周期

9

也是一种集体认知温度的体现。我们对智能的期待，总是比现实跑得更快。但正是这些"幻灭"，一步步逼近了更有效的技术路径。

那些被认为是失败的阶段，其实孕育着下一个时代的种子：神经网络悄然回归，概率建模获得突破，数据驱动成为新的范式。连接主义、深度学习与数据驱动思维的崛起，正是寒冬之后的回应。那些"寒冬中的种子"，终将在下一场浪潮中开花结果，爆发出真正的力量。

1.8 现代 AI 的突破：机器学习与深度学习

引言：AI 真正的转折，不是它更聪明了，而是它开始学会如何变聪明。

经过半个世纪的探索与沉浮，人工智能终于在 21 世纪迎来由"试图编程智能"转向"让机器学会智能"的重大转折。这一转折的核心思想是机器学习（Machine Learning，ML）：与其写下每条规则，不如让系统从数据中自我归纳规则。

这就像教孩子认识"猫"。一种方式是写下详细定义：四条腿、有胡须、有尾巴……另一种方式则是直接给他看上万张猫的照片，让他自己总结猫的样子。机器学习正是后者，经验主义路径上的突破。

进入 21 世纪 10 年代，机器学习迎来了它最强大的进化形式：深度学习（Deep Learning，DL）。这一范式基于多层神经网络结构，可从海量数据中自动提取层级特征，从而识别复杂图像、理解语言含义、感知语音语调，成为现代 AI 最核心的底层引擎。

2012 年，加拿大多伦多大学杰夫·辛顿团队开发的 AlexNet 模型，在 ImageNet 图像识别挑战中将错误率从 26% 直接降至 15%，一举击败传统方法，点燃了深度学习热潮。这是神经网络首次在大型任务中取得压倒性胜利，也被视为深度学习新时代的起点。

此后，AI 的能力呈现出指数级跃升。自动驾驶、智能语音助手、人脸识别、推荐算法……曾经只存在于实验室和论文中的技术，开始快速走向大众生活。2016 年，AlphaGo 战胜围棋世界冠军李世石，更是在全球范围内引发了对 AI 潜力的集体震撼。

真正将 AI 从"专用工具"带向"通用智能"边界的，是 2017 年 Google 提出的 Transformer 架构。它极大提升了机器对语言中长距离依赖关系的理解能力，为大语言模型的出现提供了技术基础。基于 Transformer，GPT、BERT、LLaMA 等模型相继涌现，掀起了自然语言处理领域的又一轮技术浪潮。

如表 1-2 所示，人工智能技术的关键里程碑呈现出明显的加速趋势。从几十年一跃，到几年一变，AI 正在突破过去的技术惯性，进入一个高度自演化的阶段。

表 1-2   人工智能历史上的关键里程碑

年　份	事　件	重要性
1950 年	图灵发表《计算机械与智能》	提出图灵测试，开启 AI 讨论
1956 年	达特茅斯会议	人工智能学科正式诞生
1969 年	明斯基与帕普特出版《感知机》	指出早期神经网络局限，引发首次 AI 寒冬
1980 年	专家系统商业化	AI 首次大规模商业应用
1997 年	"深蓝"击败国际象棋世界冠军卡斯帕罗夫	AI 在特定领域超越人类
2011 年	IBM Watson 在《危险边缘》节目击败人类冠军	展示 AI 在自然语言问答的能力
2012 年	AlexNet 在 ImageNet 比赛中大幅领先	深度学习革命的起点
2017 年	Transformer 架构发布	现代大型语言模型的基础
2022 年	ChatGPT 发布	生成式 AI 进入大众视野
2023 年	文心一言发布	AI 被广泛应用到文案创意行业
2025 年	DeepSeek R1 发布	AI 展示强大的逻辑推理能力

更重要的是，这一轮技术进步不再局限于科研机构和企业实验室，而是全面进入普通人的生活。我们的手机里有语音助手，社交网络上充斥着 AI 生成的图片和视频，翻译工具让跨语言沟通变得几乎无感，视频平台上的推荐系统已深刻影响我们的注意力分配。

AI 第一次，不再只是"未来"，而成为"现在"的一部分。它住进了我们的口袋，融入了日常的交互细节，甚至改变了我们看待信息、内容和创作的方式。AI，正在变得无所不在，也前所未有地贴近人类。

1.9   AI 的现在与未来

引言：人工智能不再是未来，它已成为我们生活的结构性力量。

回顾过去，人工智能从一场工程试验，走上了人类文明的主舞台；放眼当下，AI 已悄然渗透我们生活的每个角落。从智能手机里的 Siri、Alexa 与 Google Assistant，到社交平台的推荐系统、在线翻译、图像生成，再到医院、工厂、校园、交通枢纽中被部署的行业 AI 系统，人工智能已经从实验室和幻想中走出，嵌入社会的日常肌理之中。

AI，不再遥远，它正在重构我们的生活逻辑。如图 1-6 所示，人工智能的影响已覆盖医疗健康、交通、教育、创意产业等多个关键领域，成为推动现代社会运行方式变化的深层引擎。

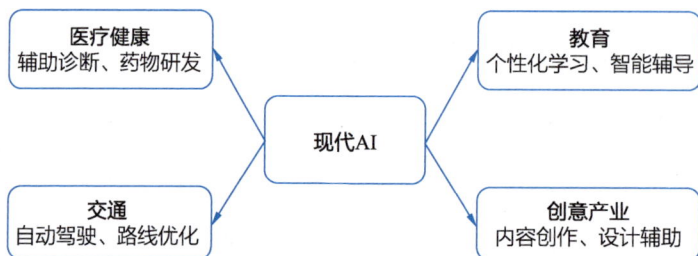

图 1-6　AI 在现代社会的影响领域

2022 年底，ChatGPT 的横空出世，标志着 AI 正式进入全球公众视野。第一次，普通人可以与一个"能对话"的机器展开自然交流——生成文章、编写代码、总结报告，甚至进行创意写作。这一体验既令人惊叹，也引发深刻反思：我们面对的，已不仅是"能算的机器"，而是"似懂人心"的系统。然而，每次技术跃迁，都伴随着新的社会命题。一系列无法回避的问题正浮出水面。

（1）工作与就业转型：AI 会取代哪些岗位？哪些能力将成为未来职场核心？

（2）隐私与数据安全：在享受智能便利的同时，我们如何防止滥用？

（3）公平与偏见：如何避免算法加剧性别、种族、地域与经济差异？

（4）透明度与可解释性：当 AI 做出关键决策时，我们是否有知情权与质疑权？

（5）人类认知定位：当 AI 展现出"类创造力"与"类共情"时，我们该如何重新理解"人之为人"？

这些问题，已远不只是技术挑战，更是横跨伦理、法律、社会结构与哲学底层的系统性问题。它们将决定，人工智能将以何种方式参与构建我们的未来文明。

回望来时路，AI 从早期的"自动机幻想"，走到今天的"生成式对话系统"，经历了从规则到学习、从模拟到理解的多重跃迁。这不是一条线性路径，而是一段段在低谷中孕育希望、在失败中磨砺突破的演化过程。每次寒冬都不是终点，而是下一轮范式革新的沉淀期。

而此刻，我们又一次站在技术与认知的交汇点上。大型语言模型与生成式 AI 的兴起，很可能标志着第三次 AI 浪潮的全面爆发。但比技术更重要的是我们如何重新定位人与 AI 的关系。

⇕ 思考
我们想造出的，是智能机器，还是另一个自己？

当我们回顾人工智能从古代神话中的"自动机"，到达特茅斯会议上的"思考机器"，再到今天能写诗、能对话的语言模型时，会发现：AI 的发展从来不仅是技术的进步，更是一面照见人类欲望与认知边界的镜子。

每次技术范式的演进，无论是符号主义的逻辑推理、连接主义的类脑网络，还是当下的大模型语言系统，都隐含着我们对"什么是智能""什么是人"的根本追问。我们希望机器像人一样能感知、能理解、能决策，却在这个过程中不断触碰到自身能力的边界与矛盾：我们是否真的理解了自己的思考方式？创造力是否可以被算法重构？意识是否只是信息的高阶组织形式？

或许，人工智能最深远的意义，并不是取代谁或超越谁，而是让我们在造物的旅程中，重新审视自己是谁、我们想成为谁。

第 2 章

CHAPTER 2

AI 技术的核心原理——
深度学习、强化学习与大模型

人工智能之所以令人着迷，并不只是因为它能计算得更快、识别得更准，而是它正逐步具备我们曾以为"唯有人类独有"的能力：看得懂图像、听得懂语言，甚至能生成诗歌、推理复杂情境。

这一切背后，依托的不是某种魔法，而是三项核心技术：深度学习、强化学习与大模型，如图 2-1 所示。它们像三条河流，分别承载着 AI 的"感知能力""行动能力""认知能力"，最终在现实世界的应用中汇流交融，孕育出一个越来越"像人"的智能系统。

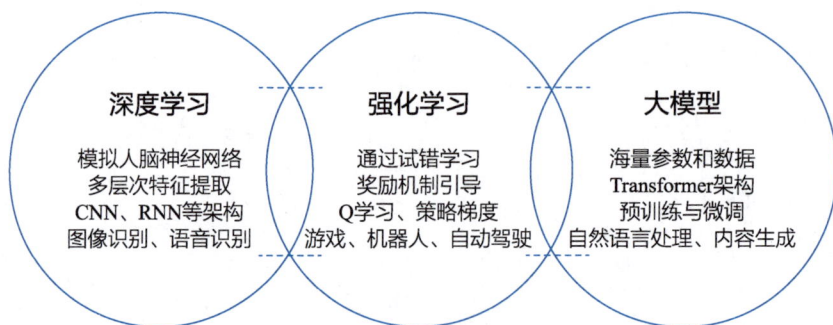

深度学习
模拟人脑神经网络
多层次特征提取
CNN、RNN等架构
图像识别、语音识别

强化学习
通过试错学习
奖励机制引导
Q学习、策略梯度
游戏、机器人、自动驾驶

大模型
海量参数和数据
Transformer架构
预训练与微调
自然语言处理、内容生成

这三大技术相辅相成，共同推动人工智能的发展

图 2-1　人工智能的三种核心技术

本章将走进这三大核心技术的内部结构，理解神经网络如何模仿人脑识别图像，强化学习如何让 AI 像小动物一样在试错中成长，而大模型又如何以惊人的语言能力模拟人类的思维轨迹。

2.1 深度学习：让机器像人一样"看"和"听"

引言：真正的突破，并非让机器知道世界的答案，而是让它学会像人一样去发现问题。

人类大脑是我们已知最复杂的信息处理系统，拥有大约 860 亿个神经元和数以万亿计的突触连接。我们能轻松完成的事情，识别熟人、听懂语言、理解笑点，对计算机来说却曾是难以企及的挑战。深度学习正是受到人脑启发的技术路径，它不再依赖程序员设定规则，而是试图让机器通过学习数据，从而具备类人的感知和理解能力。

1. 从单个神经元到深度网络

深度学习的基本构成单元是人工神经网络。假设要教一个孩子认识猫，可能不会给他一份详尽的特征清单（"看，猫有尖耳朵、胡须、四条腿……"），而是给他看各种不同猫的照片，让他的大脑自然地提取出"猫"的共同特征。

深度学习正是这样工作的，如图 2-2 所示。不需要程序员编写详细的规则，神经网络通过观察大量样本数据自己学习模式。关键在于层次结构，深度神经网络由多层神经元组成，每层都负责提取数据中不同层次的特征。

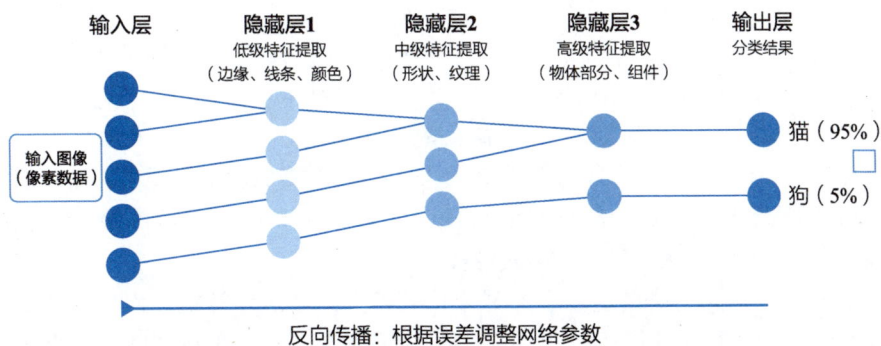

图 2-2　深度神经网络中的信息处理流程——从原始输入到高级理解

当一张猫的图片输入神经网络时，最初几层可能只检测简单的边缘和颜色。随着信息向更深层传递，网络开始识别更复杂的模式——眼睛的形状、耳朵的轮廓。最后几层则整合这些特征，形成对"猫"这一概念的完整理解。这种从简单到复杂的特征提取过程，模拟了人类视觉皮层处理信息的方式。真正的智能，不在于理解定义，而在于看见共性背后的差异。

2. 卷积神经网络：机器的"眼睛"

计算机视觉领域的一个重大突破来自卷积神经网络（Convolutional Neural

15

Networks，CNN）的发展。传统神经网络在处理图像时效果不佳，因为它们没有考虑像素之间的空间关系。CNN 通过一种叫作"卷积"的操作解决了这个问题，如图 2-3 所示。

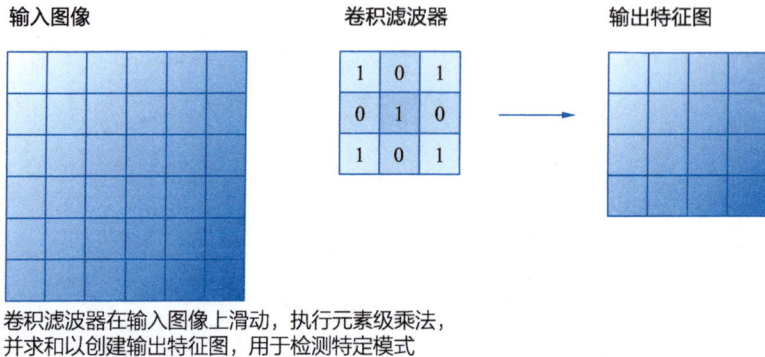

输入图像　　　　　　　　卷积滤波器　　　　　　输出特征图

卷积滤波器在输入图像上滑动，执行元素级乘法，
并求和以创建输出特征图，用于检测特定模式

图 2-3　卷积神经网络中的卷积操作——滑动的"窗口"检测图像中的特征

卷积可以理解为一个滑动的"窗口"或"滤波器"，它在图像上平移，通过扫描局部区域来寻找特定模式——可能是边缘、纹理，也可能是更高阶的结构。每个卷积核相当于一个"特征探测器"，专注于识别图像中的某种局部特征。多个滤波器层层堆叠，共同构建起图像的层次化表示。

2012 年，在深受计算机视觉研究者关注的 ImageNet 图像识别挑战赛上，一款名为 AlexNet 的神经网络模型，悄然掀起了一场技术革命。当时，整个领域已经习惯了微幅进展——错误率每年下降一两个百分点被视为常态，而 26% 是当时的最佳表现。但 AlexNet 打破了这种缓慢节奏。它将图像识别错误率一举压缩至 15.3%，几乎降低了一半。这一震撼成绩瞬间引爆整个学界——这不是优化算法的细节进步，而是一场根本性的"范式转移"。

令人意想不到的是，这场革命并未依赖昂贵的超级计算机。模型的开发者 Alex Krizhevsky 和他的同事，仅仅使用了两块原本设计用来玩《魔兽世界》的 NVIDIA 游戏显卡。技术上，AlexNet 构建了更深的网络结构（8 层），引入 ReLU 激活函数以缓解梯度消失问题，并创新性地采用了 Dropout 技术，有效防止了过拟合。

这一突破，被李飞飞教授称为"计算机视觉的哥白尼时刻"——就如哥白尼颠覆地心说，AlexNet 改变了整个人工智能对"看"的理解路径。此后几年，几乎所有计算机视觉研究都转向了深度学习架构。一次范式转移，并不总是以新理论的胜利宣告开始，而常常源于边缘思路被主流世界重新看见。如今，当我们用人脸识别解锁手机，或看到自动驾驶汽车识别行人时，都可以追溯到那个关键节点—— ImageNet 时刻。

中国在计算机视觉的应用实践中也表现活跃。商汤科技（SenseTime）的人脸识别系统能够在十亿级数据库中实现秒级匹配，广泛用于移动支付与公共安全；旷视科技（Megvii）的 Face++ 支持金融场景下的身份验证；而海康威视则将深度学习技术嵌入城市监控体系，服务于交通治理、治安布控与业务运营安全。

3. 循环神经网络：理解时间序列

虽然 CNN 在处理图像方面表现出色，但许多现实问题涉及的是序列数据——语音、时间序列甚至视频。这正是循环神经网络（Recurrent Neural Network，RNN）发挥作用的场景。

RNN 的独特之处在于它们具有一种形式的"记忆"。与标准神经网络不同，RNN 能将信息从一个步骤传递到下一个步骤，使它们能够"记住"先前的输入。

展开的循环神经网络展示了信息如何随时间流动，如图 2-4 所示。

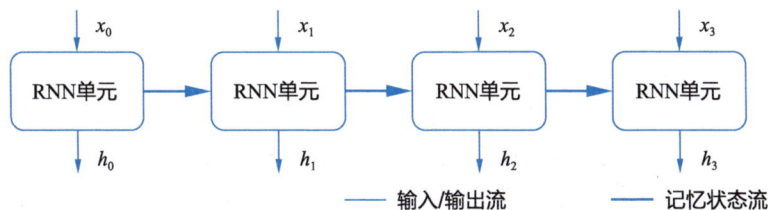

图 2-4　展开的循环神经网络

想象你在阅读"天空中飘着白色的……"，你的大脑自然会预期下一个词是"云"，因为你记得句子的上下文。RNN 的机制类似，它携带前面词语的信息，帮助理解后续内容。

不过，基础 RNN 在处理长序列时存在"长期依赖"问题——它们往往会"忘记"较早的信息。为解决这一难题，研究者开发了更复杂的变体，如长短期记忆网络（Long Short-Term Memory，LSTM）与门控循环单元（Gated Recurrent Unit，GRU），它们能更有效保留长期信息。

百度利用 RNN 开发了 Deep Speech 语音识别系统，用于语音交互产品。阿里巴巴也将 RNN 广泛应用于客服对话与个性化推荐系统。科大讯飞则利用 RNN 开发出成熟的语音转写系统，广泛服务于会议记录、字幕生成等应用。理解语言的，不只是算法的记忆，更是时间与上下文的交织。

4. 训练过程：从数据中学习

深度学习的魔力不仅在于其架构，还在于这些网络如何学习。神经网络最初的权重是随机的，基本上是在随意猜测。通过一个叫作"训练"的过程，它们逐渐变得更加准确。

训练过程包括以下步骤。

（1）前向传播：网络基于当前权重做出预测。

（2）计算误差：将预测与正确答案比较，计算误差。

（3）反向传播：将误差反向传递回网络。

（4）更新权重：调整网络权重以减少误差。

这个过程在成千上万个例子上重复进行，直到网络的预测变得越来越准确，如图 2-5 所示。

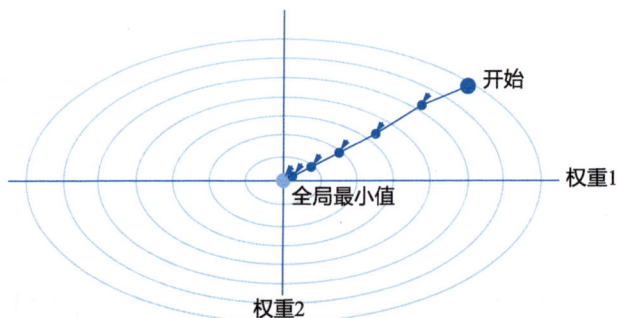

模型从随机权重开始，迭代更新它们，沿着梯度方向
寻找能够最小化预测与实际数据之间误差的值

图 2-5　梯度下降优化（寻找误差"山谷"中的最低点）

使这一过程成为可能的技术叫作"梯度下降"，可以想象成在山上寻找最低点的过程。"梯度"告诉我们哪个方向是下坡（误差减小的方向），我们沿着这个方向前进，以提高网络的性能。

加州理工学院曾有一项著名实验：研究人员训练神经网络识别军用坦克照片，初测结果极佳。但深入分析后发现，模型并不是识别坦克本身，而是识别照片背景——所有坦克照片都拍于阴天，而对照组照片都拍于晴天。换言之，神经网络学会的是天气，而非目标。

这件事提醒我们：机器不是在"理解"，而是在"拟合"。它总是寻找数据中最显著的规律，不管那是否为人类想要的重点。

中国的研究者也在训练机制上不断突破。清华大学提出基于梯度动态调整的学习率策略，显著加快收敛速度；百度则研发出"环形全归约"（Ring All-Reduce）机制，使数百块 GPU（Graphics Processing Unit，图形处理单元）实现并行训练，提升模型训练效率，为"飞桨"等国产平台奠定基础。

事实上，深度学习成功的背后，是数据与算力的双轮驱动。海量互联网数据，配合 GPU 和专用加速芯片的不断进步，才使得训练大模型成为可能。

百度、阿里巴巴、腾讯等中国科技企业也建立起大规模 AI 训练基础设施，与海外巨头分庭抗礼。而"新一代人工智能发展规划"等政策推动，则进一步加速了我国在 AI 技术基础设施上的赶超。训练让模型更聪明，而错误让它更真实。

2.2 强化学习：在"试错"中成长

引言：学习的本质，从来不是模仿成功，而是在失败中不断尝试。

深度学习擅长识别模式，而另一种人工智能方法——强化学习（Reinforcement Learning，RL）则更接近人类通过经验进化的方式。与依赖标签的监督学习不同，强化学习中的智能体通过与环境交互获取奖励或惩罚，从而学习行动策略。

就像训练一只狗，我们不会为它编写行为规则，而是在它做出期望动作时给予奖励。随着试错的积累，狗逐渐理解"哪些行为值得重复"，并调整反应。强化学习的原理正是如此，如图 2-6 所示，这就像教一只狗学会握手，通过食物奖励来强化动作。

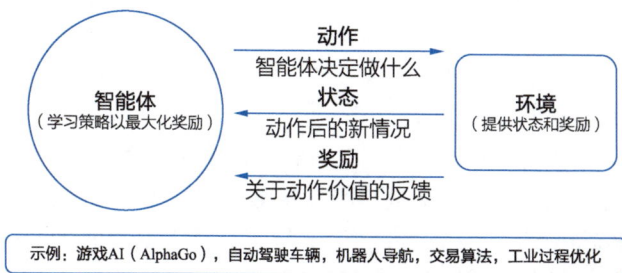

图 2-6　强化学习循环——智能体、环境、行动和奖励之间的互动

强化学习包含四个主要组成部分：
（1）智能体（agent）：学习者或决策者（如机器人或算法）；
（2）环境（environment）：智能体交互的世界；
（3）状态（state）：环境的当前情况或配置；
（4）奖励（reward）：指示智能体表现好坏的反馈信号。

强化学习的目标是找到一个"策略"，告诉智能体在每种状态下应该采取什么行动，以最大化其长期累积奖励。

1. Q 学习：找到最佳行动

Q 学习是最基础的强化学习算法之一。"Q"代表"质量"（Quality），反映在特定状态下采取特定行动的好坏程度。

Q 学习通过维护一个 Q 表（Q-table）来存储每个状态 - 行动对的预期未来奖励。当智能体探索环境时，它会根据收到的奖励和观察到的结果不断更新这些值，如图 2-7 所示。

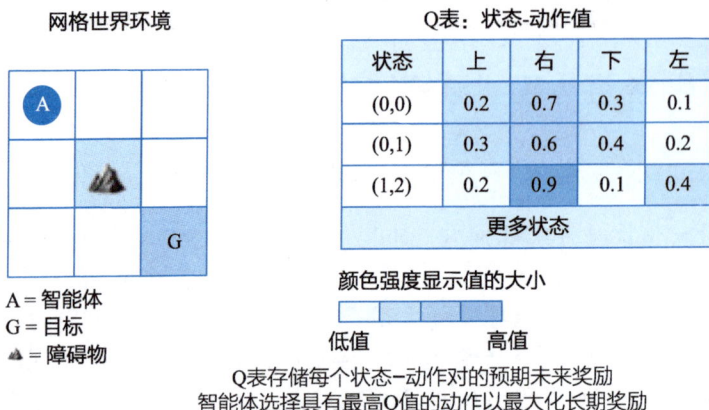

网格世界环境

Q表：状态-动作值

状态	上	右	下	左
(0,0)	0.2	0.7	0.3	0.1
(0,1)	0.3	0.6	0.4	0.2
(1,2)	0.2	0.9	0.1	0.4
更多状态				

A = 智能体
G = 目标
🏔 = 障碍物

颜色强度显示值的大小

低值　　　　　高值

Q表存储每个状态-动作对的预期未来奖励
智能体选择具有最高Q值的动作以最大化长期奖励

图 2-7　导航任务的 Q 表——每个状态 - 动作对都有一个表示预期价值的数值

Q 学习的强大之处在于智能体不需要预先了解环境规则，它们通过试错发现最优行为。这就像学玩电子游戏而不看说明书：通过尝试不同的操作并观察结果来找出有效的策略。有时，最有效的学习，不来自理论，而来自勇敢的反复试错。

2. 深度强化学习：规模化应用

当状态与动作组合数量指数级增长时，Q 表难以存储——如围棋的可能局面，比宇宙原子数量还多！为此，研究者将深度学习与强化学习结合，发展出深度强化学习(Deep Reinforcement Learning，DRL)。DRL 使用深度神经网络近似 Q 函数，使智能体能在相似状态间泛化学习，处理高维复杂问题。

强化学习最具象征性的时刻之一，发生在 2016 年首尔。DeepMind 的 AlphaGo 对阵围棋世界冠军李世石，几乎无人看好 AI，但结果却颠覆预期：AlphaGo 以 3 比 1 领先。

真正震撼人心的，却是第五局。李世石在第 78 手走出惊人一步，被誉为"神之一手"。这步棋超出 AI 的预测空间，系统一度误以为这是人类的失误。那一刻，人类的创造力击中了 AI 的盲点，也击中了所有人的情感。

李世石后来感叹："我以为 AlphaGo 是完美的，但事实并非如此。我看到了它的弱点，也看到了人类的希望。"此后，强化学习不断突破。在 2018 年，OpenAI Five 击败 Dota 2 职业选手,这款游戏需要团队协作与长时策略,远非单一博弈可比。再到 2024 年，百度"萝卜快跑"自动驾驶系统通过 DRL 优化车辆在真实城市环境中的导航决策。

在中国，强化学习的应用正从游戏走向产业。燧原科技研发的 AI 加速芯片专为强化学习负载优化，被用于智能制造中复杂流程调度，显著提高效率、降低能耗。

腾讯将 DRL 用于《王者荣耀》游戏 AI 开发,京东则借助其优化数百万级订单的物流路径与仓储调度。小鹏、蔚来等自动驾驶企业也大量采用 DRL,以虚拟仿真与真实数据结合,持续进化其决策系统。AI 的进化,不止于胜利,而在于它从失败中学到的东西。

3. 探索与利用的困境

强化学习中一个引人入胜的挑战是平衡探索(尝试新行动以发现潜在更好的策略)与利用(选择已知能带来良好奖励的行动),如图 2-8 所示。这反映了生活中许多方面的基本张力:你应该在餐厅点自己喜欢的菜(利用)还是尝试可能更好的新菜(探索)?

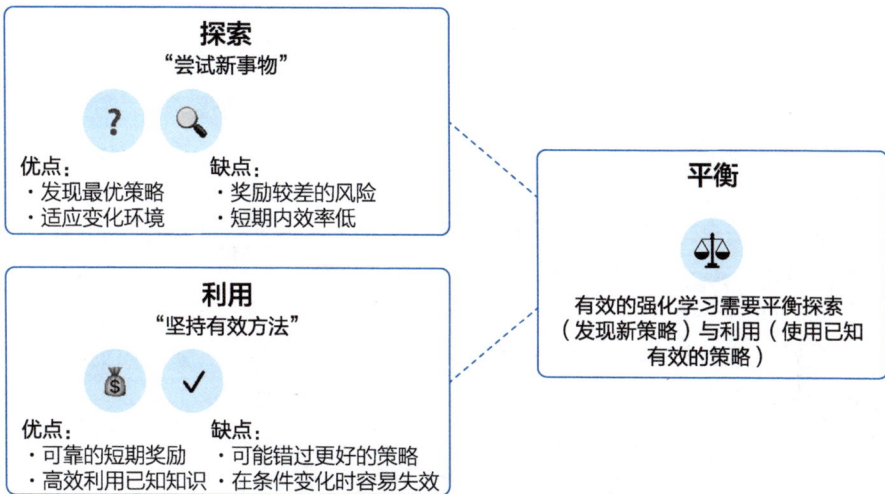

图 2-8 探索 - 利用权衡的视觉表示

为平衡探索和利用,研究人员开发了多种策略:

(1)ε - 贪心策略:大部分时间(概率 1- ε)选择已知最佳行动;偶尔(概率 ε)随机选择行动进行探索。

(2)上置信界(Upper Confidence Bound,UCB):偏好预期奖励高的行动,但也考虑不确定性高的行动。

(3)汤普森采样:基于行动是最优的概率来随机选择行动。

探索和利用困境不仅是一个技术问题,也是在不确定环境中学习的基本方面,与人类决策、商业战略甚至进化生物学都有相似之处。真正的智能体,既要会"走老路",也要敢"走新路"。

强化学习让 AI 在未知中自我修正,也提醒我们:不确定性并非风险的代名词,它是成长的温床。

2.3 大模型：当 AI 掌握自然语言能力

引言：理解语言，不只是识别词语，而是看见词语背后的世界。

近年来，人工智能进入了一个全新的技术范式——大型语言模型。它们能够以惊人的流畅度理解并生成自然语言，标志着 AI 首次在"语言"这一人类最复杂的符号系统中展现出真正的理解能力。

无论是 OpenAI 的 GPT 系列、Google 的 PaLM、Anthropic 的 Claude，还是我国的文心一言、通义千问、DeepSeek 等，大模型都在重塑人与机器之间的交互方式，深刻影响着知识获取、决策辅助乃至内容创造的方式。

1. Transformer：语言理解的"变形金刚"

这一切的技术转折点，可追溯至 2017 年。Google 的一支研究团队在探索如何改进机器翻译时，遇到了一个关键瓶颈：现有模型像人类逐词朗读一样线性处理句子，在读到句尾时往往已经"遗忘"了句首的重要信息，导致上下文理解碎片化。

灵感最终来自人脑。脑科学研究表明，人类阅读并非线性执行，而是由多个脑区并行协作，实现对语义与上下文的整体感知。借鉴这一机制，研究人员 Ashish Vaswani 等提出了一个关键性创新：注意力机制（attention mechanism）。这一机制允许模型在处理某个词时，同时考量句子中所有其他词的相关性，从而更精准地理解上下文含义。基于这一核心思想，Transformer 架构由此诞生，如图 2-9 所示。

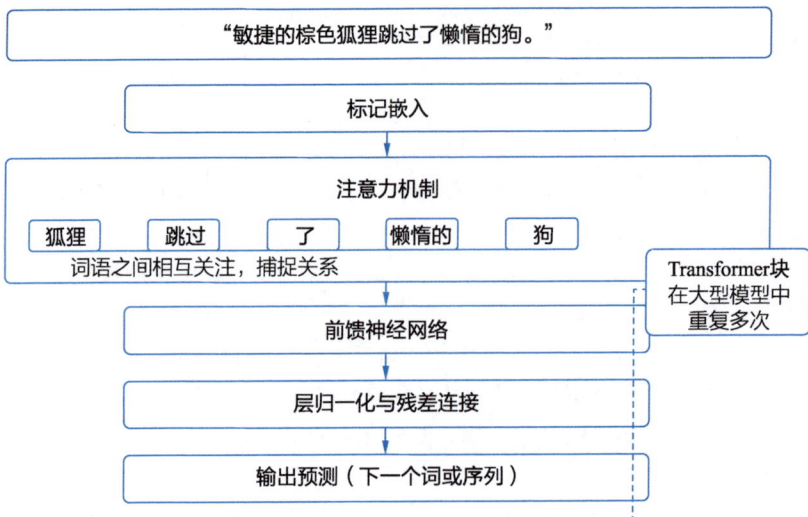

图 2-9 Transformer 架构简化图——大型语言模型的基础

与此前按顺序处理文本的神经网络不同，Transformer 能够"并行"捕捉语言结构，显著提升模型对复杂语句的整体把握力。例如，在"银行就在河边"这句话中，它能结合"河边"一词推断"银行"指的是河岸而非金融机构，展现出对语境的敏感理解。

令人忍俊不禁的是，Transformer 这个名字并非来自模型的功能原理，而是因为研究团队当时正沉迷于科幻电影《变形金刚》(*Transformers*)。他们笑称模型能"变形"句子结构，于是干脆取其名为 Transformer。

更富戏剧性的是，这篇开创性论文的结尾语气格外低调，仅称这是一种"序列建模的初步探索"。但正是这一"初步探索"，成为 GPT、BERT、Claude、文心一言等几乎所有现代大模型的核心技术基础。许多技术革命的开端，往往不带喧嚣。真正改变世界的，是那些起初并不起眼的尝试。

2. 大型语言模型如何学习

训练这些庞大的模型涉及两个主要阶段：

（1）预训练（Pre-training）：模型接触来自书籍、文章、网站等各种来源的海量文本。在这一阶段，它通过预测句子中缺失或即将出现的词来学习语言的一般模式。这个过程让模型获得广泛的语法知识、事实知识、推理能力，甚至一些常识。

（2）微调（Fine-tuning）：预训练后，模型会在更具体的数据集上进一步训练，通常伴随着人类反馈，以使其更适合特定应用，提高有用性，并减少有害输出，如图 2-10 所示。

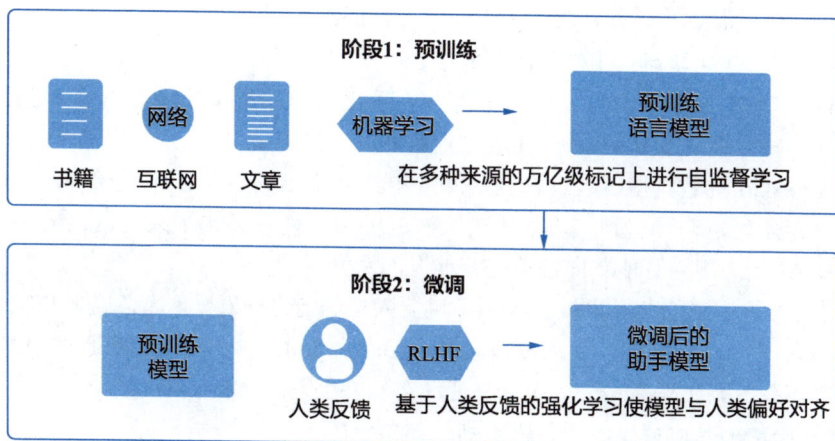

阶段1：预训练

书籍　互联网　文章　　机器学习　→　预训练语言模型

在多种来源的万亿级标记上进行自监督学习

阶段2：微调

预训练模型　　人类反馈　RLHF　→　微调后的助手模型

基于人类反馈的强化学习使模型与人类偏好对齐

图 2-10　大型语言模型训练的两个阶段——预训练和微调

近年来，大型语言模型训练中的一个重要进展是"基于人类反馈的强化学习"（Reinforcement Learning from Human Feedback，RLHF），它使用强化学习技术根据人类偏好来微调模型。这种方法对于使 ChatGPT 等模型更有帮助、无害且诚实至关重要。语言的力量，不仅在于表达意思，更在于传达立场与情感。

3. 中国大模型的进展

中国的大模型浪潮也在加速推进。2023 年百度推出"文心一言"，2025 年初深度求索发布了 DeepSeek R1，在多项中文语言任务中与 ChatGPT 表现相当。阿里"通义千问"、腾讯"混元"、智谱 AI、MiniMax 等也纷纷推出面向中文场景优化的大模型。

这些模型不仅处理中文语义更加准确，也更契合本地用户的文化表达与法律合规需求。它们正被快速部署于搜索引擎、智能客服、内容生成、教育、政务等应用中，形成"从通用模型到产业落地"的生态雏形。

大模型不是单纯的技术升级，而是一次语言权力结构的重组。在未来，这些本土化语言模型将成为中国数字社会的重要基础设施——它们懂中文，也懂中国。

2.4　协同作用：这些技术如何协同工作

引言：AI 的边界，并不由单一技术决定，而是由它们如何协同决定。

虽然我们将深度学习、强化学习和大模型作为独立技术进行讨论，但它们在现实中的强大能力，往往来自交汇与融合。正是在这种协同中，人工智能开始具备真正"跨模态、跨任务、跨领域"的能力，如图 2-11 所示。

1. 深度强化学习：感知与决策的结合

DRL 是将深度神经网络的感知能力与强化学习的决策机制融合在一起的产物。这一融合推动了过去十年 AI 最令人震撼的一些突破。

AlphaGo 就是典型代表。它利用深度神经网络预测棋局、评估局势，再通过自我对弈强化策略。这种"边学边决策"的能力，使它超越了人类围棋冠军，也标志着 AI 从"规则智能"向"策略智能"的跃升。

在现实应用中，DRL 也被广泛用于机器人控制与自动驾驶。优必选（UBTECH）公司用它训练人形机器人完成复杂动作；百度 Apollo、Waymo 等则通过 DRL 让自动驾驶系统能在高维感知输入下进行动态驾驶决策。

2. 大模型与深度学习：规模驱动的通用智能

大型语言模型（如 GPT、Grok、DeepSeek、通义千问）本质上就是建立在深度学习架构之上的"超大规模神经网络"。Transformer 作为基础架构，为其提供了处理长序列语言数据的能力；而海量数据与参数扩展，让模型涌现出远超预期的通用智能。

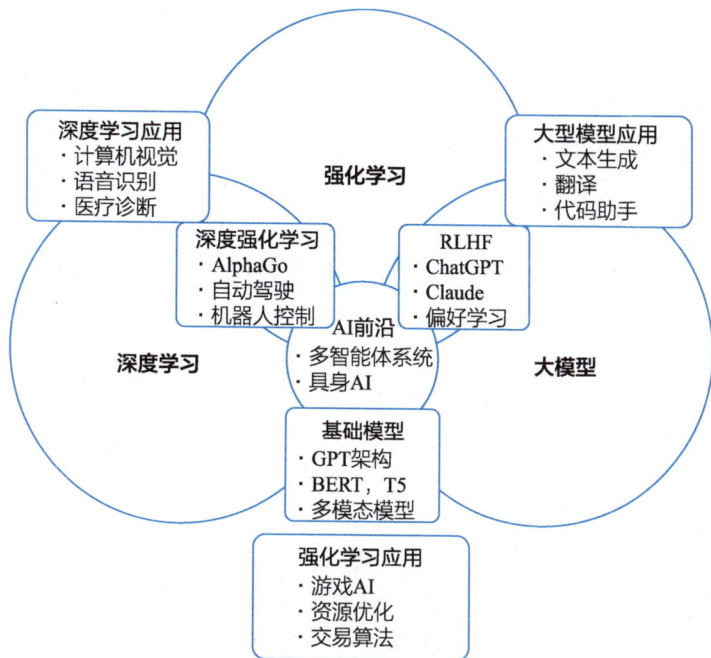

图 2-11 三种核心 AI 技术重叠和互补的可视化

从最初用于情感分析、翻译等"单点任务"的深度模型,到今天可以编写代码、写诗、推理的大模型,AI 实现了从任务型工具向助手型系统的跃迁。阿里巴巴的"通义千问"就是一个例证,它不仅具备强大的中文语言理解能力,还能结合金融、电商、法律等专业语料,实现高度定制的企业应用。

3. 强化学习与大模型:用人类偏好"雕刻智能"

在大模型从"语言生成器"成长为"人类助手"的过程中,强化学习再次发挥关键作用——基于人类反馈的强化学习成为通用模型微调的标准流程。

在 RLHF 框架中,人类评估者先为模型输出打分,构建一个"奖励模型",再用该奖励信号引导强化学习过程。这一机制被广泛用于微调 GPT、文心一言等对话系统,使其更加符合人类价值观、语言风格与使用习惯。

正是通过 RLHF,大模型才能逐步减少"幻觉式错误",提升对话有用性,避免敏感输出,进而成为真正可靠的生产工具。

4. 三大技术融合的前沿实践:AI"多能体"时代

当前,越来越多 AI 应用场景已不再依赖单一技术,而是融合三种核心架构,构建出具备感知、推理与行动的闭环能力。

(1)多智能体系统:多个大型语言模型"智能体"使用强化学习协作解决复

杂问题。清华大学的研究人员正在探索多个 AI 智能体如何在复杂科学研究任务上协作。

（2）具身智能机器人（Embodied AI）：结合语言理解、感知和物理行动的系统。京东的物流机器人结合视觉（深度学习）、导航（强化学习）和指令理解（大模型）在仓库中高效移动产品。

（3）决策支持系统：能够推理复杂情况、解释其思考过程并从反馈中学习的 AI 助手。如平安的"阿尔法投顾"，同时集成深度学习、强化学习与大模型，为理财顾问提供实时、个性化投资建议。

随着这三大技术的持续进化与深度整合，AI 正从"单点智能"迈向"系统智能"。我们或将迎来一种全新的智能形态：它不仅能看见世界、理解语言，更能基于经验做出复杂决策，在广泛任务中表现得与人类相当，甚至更优。这正是通用人工智能（Artificial General Intelligence，AGI）轮廓初现的征兆。

深度学习赋予机器一双能洞察万物的"眼睛"，强化学习让它学会在真实世界中不断试错与成长，而大模型则是其通晓语言与知识的"神经中枢"。它们分别代表了 AI 的感知、行为与认知，而当这三者真正协同起来，AI 便不再是"智能的拼图"，而是走向具备通用能力的"智能生命体"。

这不仅是技术的飞跃，更是时代的跃迁。未来的 AI，不仅更强大、更可解释，也将更贴近我们的工作与生活，成为真正意义上的知识伙伴、创造助理，甚至文明延伸的接口。

⇕ 思考

　　当我们深入理解这三大 AI 核心技术时，我们不仅在探索机器的能力边界，也在重新审视人类智能的本质。深度学习让我们思考感知与模式识别的机制，强化学习让我们反思决策与学习的过程，而大模型则挑战了我们对语言、思维与创造力的传统认知。这些技术的交融不断模糊人与机器之间的界限，促使我们探问：当机器能够模拟甚至超越某些人类能力时，什么才是真正定义我们人性的核心？也许，在教会机器思考的过程中，我们最终会更清晰地认识到自己独特的价值与不可替代的特质。

第 3 章

数据驱动世界——大数据与 AI 的关系

从北京的中关村到深圳的南山区，从金融中心到智能工厂，从城市治理到远程医疗，数据中心如同一座座新时代的"发电厂"，源源不断地驱动着智能社会的底层逻辑。在这些钢筋混凝土铸造的机房中，成排服务器昼夜运转，处理和存储着当今最宝贵的资源——数据。

数据看似只是冷冰冰的数字和文本，却正以指数级的规模、速度与复杂度，重塑着人类社会的运行方式。过去几十年，人工智能完成了从"设规则"到"学经验"的范式转型，不再依赖人类手把手教导，而是通过观察、分析与迭代，从数据中归纳模式、自我优化。如果说算法是智能的"大脑"，那么数据就是它的"血液"与"土壤"。没有数据，AI 一无所知；而数据的偏差，也决定了 AI 的判断极限。

本章我们将走进数据与 AI 之间复杂而深刻的共生关系：数据如何训练 AI、塑造 AI，又如何诱发偏见、放大风险？谁掌握数据？谁定义规则？在这个由数据构筑的智能时代，理解数据，就是理解 AI 社会的底层权力。

3.1 数据：AI 的"粮食"

引言：AI 的崛起，不只是算法的胜利，更是数据洪流的馈赠。

当人们问起"为什么人工智能在近几年突然变得如此强大"，专家们往往会给出类似的回答：不仅是算法进步了，更重要的是，我们已正式进入一个前所未有的大数据时代。

1. 数据爆炸：从稀缺到过剩

在人类历史的大部分时间里，数据都是一种稀缺资源。曾经，翻阅一本百科全书是获取知识的主要方式；而今天，一部智能手机就能连接整个人类的信息宇宙。

据国际数据公司（International Data Corporation，IDC）统计，全球数据量从 2010 年的 2ZB（1ZB=1 万亿 GB）增长至 2020 年的 64ZB，预计到 2025 年将达到惊人的 175ZB。这个增速，远超人类历史上任何一种资源的增长幅度。可以这样理解这个规模：如果用 1TB 的硬盘来存储 175ZB 的数据，需要 1.75 亿块硬盘，连起来可绕地球赤道 3.5 圈。

这场"数据大爆炸"的背后有三大推动力。

（1）智能设备普及：从智能手机到 IoT 传感器，构建了万物互联的感知网络。

（2）内容平台繁荣：社交媒体、短视频、搜索引擎让信息以指数级生产。

（3）企业数字化转型：从供应链到客户行为，每次业务流动都留下数据足迹。

AI 时代，数据不再是被动记录的"副产品"，而是驱动世界的"核心资产"。

2. 大数据的 5V 特性

在专业领域中，大数据并不只是"大"，它拥有一组独特的"5V 特性"，共同定义了现代数据体系的复杂性，如图 3-1 所示。

（1）Volume（容量）：从 TB 到 PB 再到 EB，数据规模前所未有。

（2）Velocity（速度）：数据生成与传输的速度不断提升，实时分析成为常态。

（3）Variety（多样性）：结构化数据（如表格）、半结构化（如 JSON）、非结构化（如图像、音频、视频）共存。

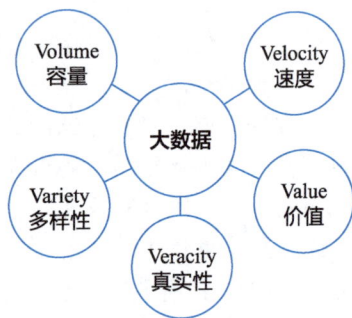

图 3-1　大数据的 5V 特性直观展示

（4）Veracity（真实性）：数据来源参差不齐，误差、偏差与造假时有发生。

（5）Value（价值）：真正的挑战不是获取数据，而是提炼出有用的信息和洞察。

这 5V 并非孤立存在，它们相互交织，构成 AI 模型训练过程中必须面对的复杂"数据地貌"。

3. 数据与 AI 能力的关联

根据斯坦福《AI 指数报告》，在许多实际应用中，数据质量和数量对 AI 性能的影响高达 70% ～ 80%，而算法优化的贡献率通常不超过 30%。这不是夸张，而是行业的经验法则。

回顾近十年 AI 的快速突破，从图像识别、语音转写到自然语言处理，背后都伴随着训练数据规模的爆炸式增长。如表 3-1 所示，不少关键模型的迭代几乎与数据量的增长呈现正相关。

表 3-1 AI 模型与训练数据量的增长关系

年　　份	AI 模型	训练数据量	主 要 能 力
2011	IBMWatson	约 4TB 文本	回答特定领域问题
2016	AlphaGo	3000 万棋局数据	围棋专家级表现
2020	GPT-3	45TB 文本	通用文本生成与理解
2022	GPT-4	数百 TB 文本与图像	多模态理解与复杂推理
2023	Claude2	超过 100TB	长文本处理与复杂任务

正如亚马逊董事吴恩达所说："深度学习的发展就像造火箭，算法是引擎，数据就是燃料。"在真实业务中，一个简单模型若能被更多优质数据喂养，其表现常常胜过一个复杂却"数据饥渴"的系统。

3.2 数据如何"喂养"AI

引言：AI 不是一夜之间变聪明的，它的"智商"取决于喂了它怎样的数据。

"训练一个 AI 模型"并不是单纯运行一个程序那么简单，它更像是一次精心设计的"喂养"过程。正如婴儿通过观察和体验理解世界，AI 也需要通过数据来学习模式、规律与偏差。

1. 从原始数据到训练数据的旅程

以自动驾驶为例：看到的是一辆车在行驶，实际上背后是一个 AI 模型在实时解析红绿灯、识别人车障碍、做出路径决策。而支撑这一切的，是极其复杂且烦琐的数据处理体系。

原始数据并不能直接用于训练。它就像矿石，需要被清洗、筛选、打磨，才能提炼出可被机器理解的"养分"。如图 3-2 所示，整个过程通常包括：

（1）数据收集：来自各种渠道的原始数据汇集，包括用户产生的内容、传感器数据、公共数据集等。

（2）数据清洗：去除噪声、错误和重复数据，确保数据的一致性和完整性。这个步骤常被低估，却可能占据数据科学家 60% 的工作时间。

（3）数据标注：为数据添加标签和分类信息，是监督学习的基础。例如，标记图片中的物体、文本的情感等。

（4）数据增强：通过变换原始数据创造更多样本，如图像旋转、翻转、文本同义词替换等。

这是一场庞大的"数据炼金术"。据估计，在实际项目中，只有 5% ～ 10% 的原始数据最终能成为可用训练集。这意味着每次模型的提升，背后都是一次次

29

重复的打磨。

图 3-2　AI 训练数据处理流水线

2. 数据标注：AI 背后的人类劳动

数据标注员是 AI 时代的隐形英雄。在全球各地的数据工厂里，成千上万的工作人员每天进行着重复而关键的工作，标记出图像中的行人、车辆、交通标志等。他们的工作虽然枯燥，却是连接人类认知与机器学习的重要桥梁。

全球数据标注市场规模从 2018 年的 15 亿美元增长到 2023 年的约 50 亿美元，其中中国和印度是主要的数据标注服务提供国。一些复杂的医疗图像标注，单张图片可能需要专业医生花费 30 分钟以上来精确标注，成本高达数十美元。

如图 3-3 所示，这张图展示了原始图像如何通过数据标注转变为高质量 AI 训练数据的过程。左侧是未经处理的原始猫咪图像；中间展示了标注过程，数据标注员使用专业工具为图像添加结构化信息；右侧是最终完成的标注结果，包含三种常见的标注方式——目标检测框、关键点标注和实例分割。

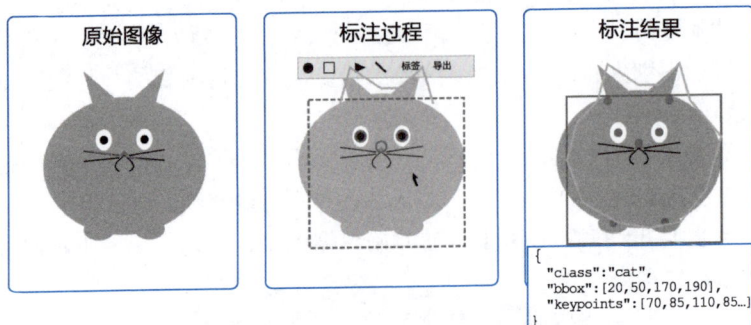

数据标注过程：从原始图像到AI训练数据
包含目标检测（边界框）、关键点标注和实例分割三种标注方式

图 3-3　以猫咪图像为实例的数据标注过程

这些标注工作虽然看似简单，却需要人类标注员的专注和判断力。以一张猫咪图像为例，标注员需精确绘制边界框，标记关键解剖点，并通过精细地分割勾勒出猫的轮廓。对于自动驾驶、医疗诊断等关键领域，高质量的标注更是生死攸关。这正是为何数据标注员被称为"AI 时代的隐形英雄"——他们将人类认知能力转

换为机器可理解的结构化数据，为 AI 提供了学习的基础。

在庞大的原始数据中，往往只有经过这样精细标注处理的少部分数据，才能成为 AI 训练的"优质粮食"。

3. 数据偏见：AI 的"原罪"

"AI 系统只会重复它在数据中学到的模式，包括所有的偏见和歧视。"在一次 AI 伦理研讨会上，这句话深深刺痛了在场的每位技术人员。

2023 年 9 月，人民网发布了一篇文章（见参考文献），里面提到某公司的简历筛选 AI，因为历史招聘数据中男性比例高，导致系统倾向于选择男性求职者；另一个例子是，某面部识别系统在识别深色皮肤人种时准确率显著降低，原因是训练数据缺乏多样性。

数据偏见的放大效应如图 3-4 所示。当 AI 系统从含有社会偏见的历史数据中学习时，这些偏见不仅会被保留，还会被放大和系统化，最终对社会产生更广泛的负面影响。招聘领域的性别偏见正是这种效应的典型例证，从历史数据的偏见开始，经过 AI 的学习和应用，最终可能加剧现实社会中的不平等。

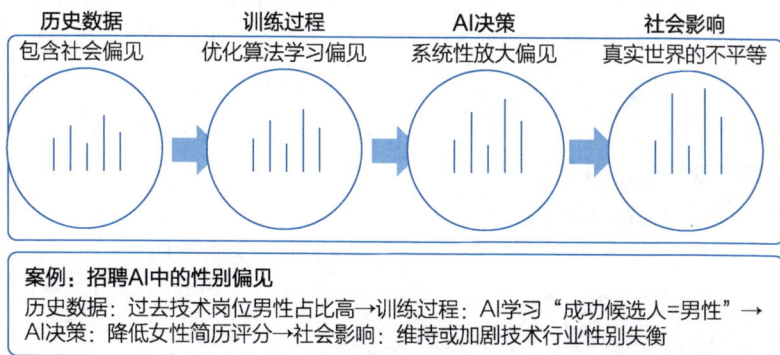

历史数据　　　　训练过程　　　　AI决策　　　　社会影响
包含社会偏见　　优化算法学习偏见　系统性放大偏见　真实世界的不平等

案例：招聘AI中的性别偏见
历史数据：过去技术岗位男性占比高→训练过程：AI学习"成功候选人=男性"→AI决策：降低女性简历评分→社会影响：维持或加剧技术行业性别失衡

图 3-4　数据偏见的放大效应

这也提醒我们，数据本身不仅是技术资源，更是一种社会权力结构的镜像。只有不断审视其来源、结构与使用方式，才能真正打造值得信赖的 AI 系统。正如数据科学家凯西·奥尼尔（Cathy O'Neil）在《算法霸权》一书中警告的那样："算法不是客观的工具，而是过去价值观的数学重演。"

3.3　大数据时代的基础设施

引言：数据不是自由流动的空气，它需要道路、电网与仓库。AI 的崛起，背后是基础设施的崛起。

推动 AI 的不只是算法与数据，更是承载它们的技术基础设施。就像粮食离不开农田、仓储与物流，数据也依赖从采集到处理的一整套"数字管网"。没有强大的底座，再聪明的模型也无法落地生根。

1. 数据中心：现代数字工厂

在内蒙古乌兰察布的荒漠深处，耸立着中国最大的数据中心之一，面积相当于 200 个足球场的大小。这个由阿里巴巴打造的"超级数据引擎"，每天处理超过 100PB 数据，支撑着数亿人刷手机、付账单、看直播。

全球范围内，谷歌、亚马逊、微软等巨头运营着数百座这样的超大型数据中心，它们是数字文明的"能源工厂"，也是 AI 模型训练的"主战场"。这些现代化数字工厂有几个关键特征。

（1）规模巨大：单个数据中心可容纳数万台服务器。

（2）能耗惊人：大型数据中心年耗电量相当于一座中型城市。

（3）散热挑战：服务器产生的热量需要复杂的冷却系统。

（4）超高可靠性：设计为"永不停机"，冗余系统确保连续运行。

为了控制能耗与散热成本，谷歌将部分数据中心设在芬兰沿海，利用海水冷却；Facebook 则选择在北极圈建厂，借助寒冷气候自然降温。这些举措不仅是工程优化，还揭示出数据文明与自然资源之间的新型张力。AI 的每次飞跃，背后都是万台服务器昼夜的轰鸣。

2. 数据处理技术的演进

拥有数据并不等于拥有能力。真正的挑战，是如何在毫秒内"咀嚼"TB 级的数据，并做出智能反应。这一过程，离不开底层技术栈的持续演进。

从 2006 年 Hadoop 的横空出世，到今日 AI 专用芯片的大规模部署，大数据处理经历了从批处理到流计算、从通用计算到专用加速的跨越（见图 3-5）。

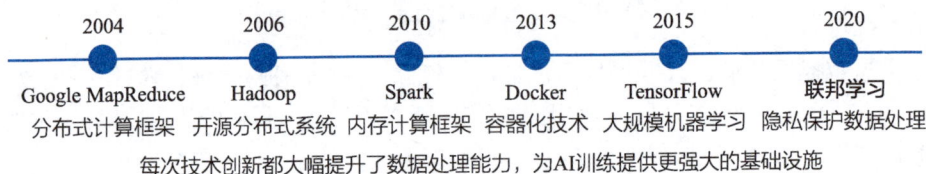

2004	2006	2010	2013	2015	2020
Google MapReduce	Hadoop	Spark	Docker	TensorFlow	联邦学习
分布式计算框架	开源分布式系统	内存计算框架	容器化技术	大规模机器学习	隐私保护数据处理

每次技术创新都大幅提升了数据处理能力，为AI训练提供更强大的基础设施

图 3-5 大数据处理技术演进时间线

（1）Hadoop 生态系统：受 Google MapReduce 思想启发，Apache Hadoop 成为大数据处理的标志性技术，它能将计算任务分布到数千台计算机上并行处理。

（2）Spark：比 Hadoop 快 100 倍的内存计算框架，特别适合迭代计算和机器学习。

（3）实时流处理：Kafka、Flink 等工具支持实时数据流处理，使 AI 系统能对数据做出即时响应。

（4）专用 AI 芯片：从 NVIDIA 的 GPU 到谷歌的 TPU，再到国内的寒武纪芯片，这些专用硬件大大加速了 AI 的数据处理能力。

面对日益增长的数据量，单一技术已无法满足需求，混合架构成为主流。例如，阿里巴巴的"双 11"电商节期间，需要同时处理数亿用户的实时交易数据和 PB 级别的历史数据分析，这就需要多种技术协同工作。

3. 数据安全与隐私的双重挑战

随着数据重要性的提升，数据安全与隐私保护成为不可回避的课题。

例如，医疗 AI 项目面临的最大挑战往往不是技术本身，而是如何在保护患者隐私的前提下使用医疗数据。这些敏感数据关系到个人隐私和生命安全，处理不当可能导致严重后果。

全球各国纷纷出台数据保护法规：欧盟的 GDPR、中国的《中华人民共和国个人信息保护法》、美国的 CCPA 等。这些法规一方面保护用户权益，另一方面也为 AI 发展设置了合规边界。

面对这些挑战，产业界提出了几种创新解决方案。

（1）差分隐私：在数据中加入统计噪声，保护个体隐私同时保留统计特性。

（2）联邦学习：模型到数据边缘学习，而非数据中心化处理。

（3）同态加密：允许在加密数据上直接进行计算。

（4）安全多方计算：多方在不泄漏各自原始数据的情况下合作计算。

这些技术正在改变数据与 AI 的关系范式，使"数据可用不可见"成为可能。未来 AI 能力的天花板不在模型，而在底层基础的可持续性。我们正在建造一个对能耗、算力、数据极度依赖的系统，却少有人思考它的"生态成本"。当 AI 成为社会的基础设施，我们该如何设定其能源伦理、技术主权与隐私底线？

也许，下一个值得追问的问题不是"AI 还能多强"，而是"我们该为它付出多大的代价"。

3.4　数据与 AI 的共生关系

引言：数据教会机器思考，而机器也在重塑我们理解数据的方式。

在人工智能的演化图谱中，数据与算法之间从不是单向依赖，而是一种持续加深的"共生关系"。AI 的成长离不开数据的"哺育"，而 AI 也反过来推动我们重新理解、生成和使用数据的方式。它不仅是一种技术循环，更是认知框架的重构。

1. 数据驱动的 AI 发展范式

如图 3-6 所示，传统软件开发是规则驱动的：开发者编写明确的规则，计算机严格执行这些规则。而机器学习则完全颠覆了这一范式：开发者提供数据，由算法自己学习规则。

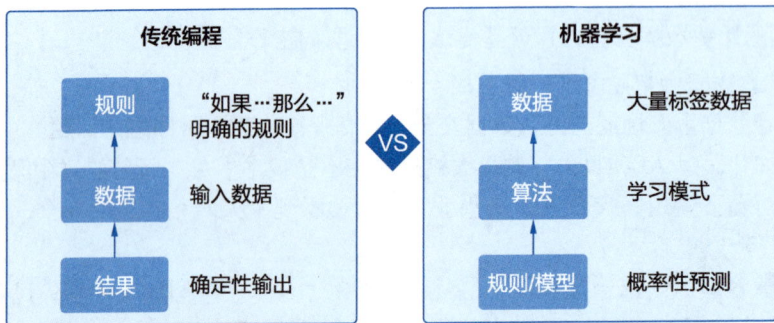

图 3-6 传统编程与机器学习范式的根本区别

传统编程与机器学习范式的根本区别如图 3-6 所示。这张图展示了两种完全不同的问题解决思路：传统编程遵循"规则—数据—结果"的线性路径，依赖开发者明确定义的规则；而机器学习则颠覆这一范式，采用"数据—算法—规则/模型"的路径，让算法从数据中自主学习规则。这一范式转变不仅改变了编程方式，也重新定义了数据的价值和角色，使数据成为 AI 时代的核心资产。

这种范式转变带来几个关键影响。

（1）数据成为核心资产：谁掌握高质量数据，谁就在 AI 竞争中占据优势。

（2）试错成本降低：不需要完全理解问题细节就能尝试解决方案。

（3）数据反馈循环：AI 系统上线后生成新数据，进而改进系统，形成正向循环。

正因如此，数据不仅是 AI 的"燃料"，更是它的"地图"与"指南针"。谁掌握了关键数据，谁就可能主导 AI 的技术路径和经济分布。

在中美 AI 竞争格局中，数据维度的博弈格外关键：根据《人民日报》（海外版）和天翼智库发布的消息，中国拥有庞大人口基数和高密度数字化场景，美国则具备长期积累的数据清洗、结构化和高质量标注能力。这种"量"与"质"的竞速，将长期影响全球 AI 竞争力的重构。数据主权，正在成为科技博弈中新的战略制高点。

2. 数据饥渴：超大模型的新挑战

随着大模型不断突破参数上限，数据成为限制其性能的"新算力"。GPT-3 训练所用的文本数据，已接近互联网上高质量英语文本的全部。于是，一个前所未有的问题浮现：如果数据耗尽，我们还如何继续训练更大的模型？

当模型超过 GPT-3 这一规模后，所需的高质量数据量已经接近或超过了现有可获取的数据上限，创造了一个"数据饥渴"（Data Hunger）区域。这一现象正成为大模型发展的瓶颈，促使研究人员探索数据合成、数据蒸馏和自监督学习等新方法。未来 AI 的上限可能不再受限于计算能力，而是高质量训练数据的可获得性，如图 3-7 所示。

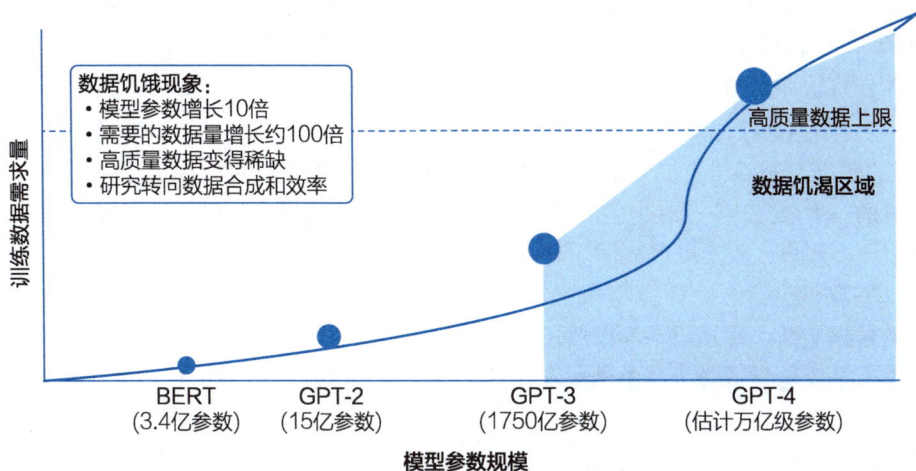

图 3-7　数据饥渴：模型规模与数据需求的指数关系

"数据饥渴"正成为大模型发展的瓶颈。为解决这一问题，AI 研究者们尝试了几种方法。

（1）数据合成：利用现有模型生成新训练数据。

（2）跨模态学习：利用一种模态数据（如图像）来改进另一种模态（如文本）的学习。

（3）自监督学习：从无标签数据中提取监督信号。

（4）数据蒸馏：从大量低质量数据中提炼高质量信息。

这些方法的出现，说明 AI 的下一轮突破不一定来自模型更深，而可能来自"喂法"更优。当算法迭代进入平缓期、算力发展遭遇摩尔定律极限，高质量、多样化、可持续的数据资源正成为决定 AI 未来上限的真正"天花板"。

3.5　数据世界的未来挑战与机遇

引言：谁掌握数据，谁就参与书写未来的规则。

站在技术加速与伦理觉醒的交汇点，我们不得不思考：数据驱动的未来，会通向更加公平的智能社会，还是制造新的数字等级制度？未来十年的关键战场，不是 AI 模型有多强，而是我们如何使用和治理数据。

1. 数据不平等与数字鸿沟

在数据驱动的世界中，数据访问不平等可能加剧社会分化。那些无法产生、收集或控制数据的地区和人群，可能在 AI 革命中被边缘化。

一个典型例子是医疗 AI：发达国家拥有大量电子病历数据，可以训练先进的诊断系统；而欠发达地区则因数据缺乏而无法享受同等技术红利。这种"数据鸿沟"可能导致新形式的不平等。

2. 数据垄断的经济与社会风险

"数据是新石油"这句话已成为科技界的共识，但与石油不同，数据呈现出明显的马太效应——强者愈强。拥有用户和数据优势的企业可以提供更好的服务，吸引更多用户，收集更多数据，形成难以打破的循环。

谷歌、亚马逊、脸书、苹果和微软等科技公司控制了约 80% 的消费互联网数据，这种数据垄断引发了反垄断监管的关注。欧盟的《数据法案》尝试通过强制数据共享来平衡这种不对称，中国也在探索数据要素市场化，以促进数据流通与价值释放。

3. 数据共享与开放数据运动

面对数据集中化挑战，全球兴起了开放数据运动。政府和学术机构发布公开数据集，企业建立数据共享联盟，希望通过数据民主化促进创新。

ImageNet、Common Crawl、Wikipedia 等开放数据集已成为 AI 研究的基石。中国的"东数西算"工程则尝试从国家层面构建数据基础设施，促进数据要素的流通与利用。

4. 合成数据：AI 数据的自我循环

随着真实世界数据的获取日益受限，AI 正迈入一个奇特的阶段：模型开始用生成的数据训练另一个模型。合成数据的出现，不只是权宜之计，更可能成为 AI 发展的一条新路径。

在医疗影像领域，生成式对抗网络（Generative Adversarial Network，GAN）被用来创造高质量、带有关键特征的"假"CT 影像，用于训练诊断模型；在自动驾驶领域，游戏引擎与仿真平台正批量制造极端场景数据——因为现实世界中发生的事故太少，无法支撑有效训练。如图 3-8 所示，这种"AI 喂 AI"的循环，已经形成一种全新的数据生成生态，或将部分解决数据饥渴问题。

这种"AI 喂 AI"的方式虽然提高了数据可得性，但也引发了新的哲学追问：当模型所学皆来自另一模型，它的"现实感"还真实吗？未来的 AI，也许不再由人类经验喂养，而是由模型经验自行繁衍。

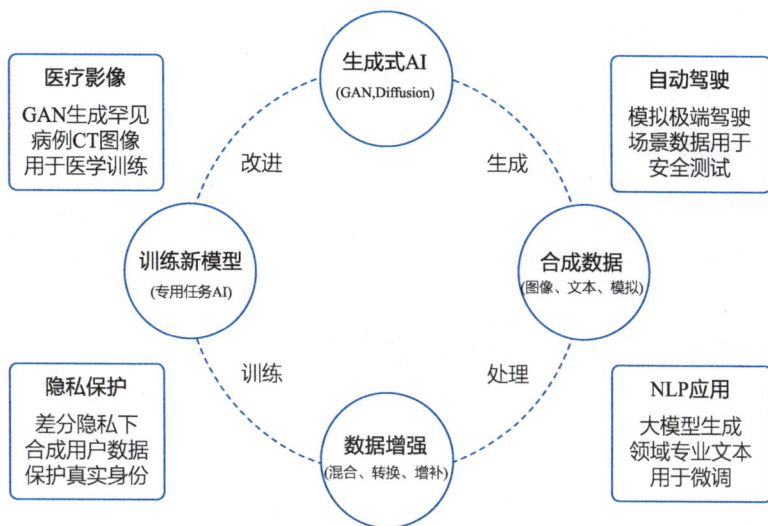

图 3-8　合成数据：AI 数据的自我循环

思考

当我们深入数据与 AI 的关系时，不禁要问：在追求技术进步的同时，我们是否充分考虑了伦理与价值观？

数据伦理不仅关乎隐私保护，更涉及公平、透明和人类自主权。我们需要思考几个关键问题。

数据主权：谁真正拥有数据？个人对自己的数据应有多大控制权？

数据公平：如何确保数据收集和使用不歧视或伤害特定群体？

透明与同意：用户是否真正理解并同意数据的收集和使用方式？

数据永久性：数据是否应该有"被遗忘权"？数字记忆应该持续多久？

或许，与其把数据视为可被无限开采的资源，我们应该将其视为一种社会共同财富，需要负责任地管理和使用。就像物理学家必须面对核能的伦理挑战，数据科学家也无法回避数据带来的社会责任。算法是未来的法律，而数据，决定了它偏向谁。

CHAPTER 4

人工智能的边界——
AI 能做什么，不能做什么

AI 大模型一夜之间攻占热搜，从代码生成到文本创作，从金融分析到医学助理，仿佛无所不能。一时间，"通用智能"仿佛已触手可及。但是，在惊艳的演示与商业应用背后，AI 的能力边界也逐渐显露：它能在庞大数据中识别模式，却难以在模糊语境中做出常识判断；能生成流畅语言，却无法真正理解情绪与伦理；能优化路径，却不知目的为何存在。

技术的进步，常令人高估短期影响，却低估长期潜力。此刻，比炫耀 AI 的强大更重要的是回到朴素的问题：它到底能做什么，又不能做什么？

理解 AI 的边界，不是为了限制它的发展，而是为了界定我们的责任。唯有看清技术的极限，我们才不会误把效率当智慧、把计算当判断、把预测当理解。正是在 AI 尚不能触及的地带，我们才更有机会重新审视什么才是人类智能不可替代的底色。

本章不试图定义 AI 的未来，而是从它尚未抵达的领域出发，探问：在智能日益泛化的时代，人类的独特之处究竟何在？

4.1 当代 AI 能做什么：能力全景

引言：AI 不是全能的神，它是一面镜子，映出我们擅长的，也映出我们尚未掌握的。

在算法和算力共同驱动下，人工智能已经在多个领域展现出超越人类的能力：它看得比人类准，听得比人类快，写得比人类稳。然而，AI 的智能并非均衡生长，而是呈现出明显的"强项"与"盲区"。了解 AI 的能力全景，既是理解其发展阶段的基础，也是判断其边界与潜力的前提。

1. 模式识别：AI 的"视觉本能"

从看清图像到看懂世界，AI 在模式识别领域的表现，已不再是辅助者，而是领先者。得益于深度学习算法的飞跃，AI 已在图像识别任务中达到甚至超越人类专家水平。它可以从 CT 影像中捕捉早期肿瘤的蛛丝马迹，也能在数以百万计的安检画面中发现隐藏的异常物体，甚至准确识别出肉眼难辨的植物物种。

谷歌的一项研究表明，其 AI 模型能够从视网膜扫描中推断出患者的性别、年龄乃至心血管疾病风险，这些变量即使最资深的医生也难以从眼底图像中判断。这种"看得比人类准"的能力，标志着 AI 在模式识别上已迈入"认知增强"的阶段。

这一能力爆发的转折点是 2012 年。AlexNet 凭借深度神经网络，在 ImageNet 图像识别竞赛中将错误率从 26% 降至 15.3%。到了 2015 年，AI 模型错误率已降至 3.57%，首次低于人类平均水平（5.1%），标志着计算机视觉的"哥白尼时刻"正式到来。

从那以后，图像识别技术快速渗透智能手机、自动驾驶、安防监控、医学影像等多个领域，成为 AI 落地最彻底、商业化最成功的应用之一。

AI 不会思考图像的意义，但它已学会比人类更准确地看清世界的纹理。图 4-1 展示了 AI 在五个关键领域的能力演进轨迹。图像识别与游戏博弈率先突破人类平均水平，语言理解则直到 ChatGPT 出现才显著接近专家水平。而自动驾驶与创意生成尽管热度十足，实用落地仍面临复杂挑战。

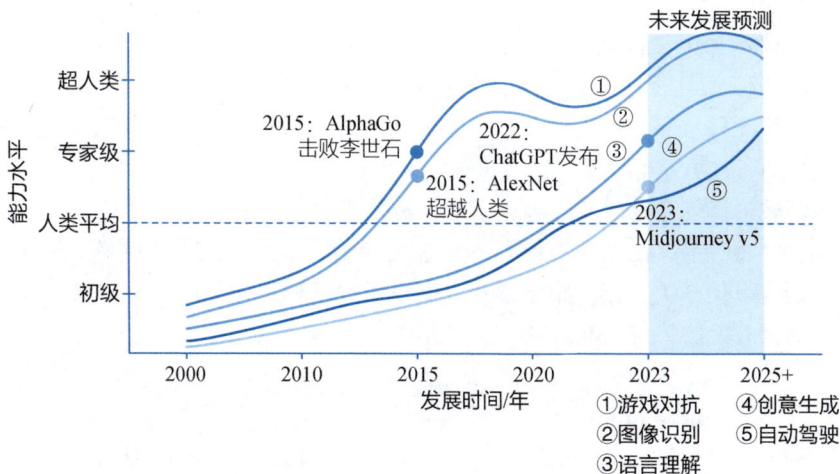

图 4-1 AI 在不同领域的能力演进轨迹

2. 语言模型：会聊天的"文本预测机"

2022 年底，ChatGPT 的横空出世点燃了全球对语言大模型的想象。从硅谷到中关村，大模型竞赛如火如荼，AI 第一次让普通人感受到"智能对话"的魔力。但这些模型究竟有多聪明？

大语言模型的本质是一种概率驱动的"文本预测器"。它们并不理解语义，而是通过分析海量语料中词与词之间的统计关系，预测"下一个最可能出现的词"。当你输入问题，它不是在思考答案，而是在"补全句子"。

想象一下：一个学生可以背诵整本教科书，却无法解释其中原理，这正是当前大模型的"理解悖论"。它们擅长模仿语言，却尚未真正拥有"意义的自觉"。它们看似在与你对话，其实只是在完成一次又一次的"猜词游戏"。

但这并不妨碍它们成为高效的助手。从自动起草电邮到代码生成，从翻译语言到生成演讲稿，大模型正重塑知识工作。GPT-4 甚至已通过美国律师资格考试和医学执照考试的笔试部分，展现出"应试型智能"的强大能力。

然而，它的聪明是"有偏的"。在文学创作、编程、文案生成等任务中，它得心应手；但在数学证明、因果推理和事实核查中，常常犯下荒谬的"幻觉错误"。它不是"通才型智能"，而是一座建在语言模型之上的"能力拼图"。语言大模型并不理解世界，却能构造出一个似是而非的世界回应你。

3. 创意伙伴：AI 的艺术触觉

"AI 会取代艺术家吗？"Midjourney、DALL·E 等生成式 AI 工具的兴起，让这个问题频繁登上热搜。它们确实能创作出令人惊艳的图像、音乐与文学作品，看起来天赋异禀、才思泉涌。但冷静分析，它们的"创造力"并非源自灵感，而是基于已有素材的重组与变异，就像一位优秀的模仿者，擅长模仿风格，却不知为何创作。

AI 创意工具本质上是艺术家的新型画笔，而不是艺术家的替代者。在设计行业，设计师无须从零开始绘制草图，只需要用一句话描述想法，AI 就能生成多个风格迥异的备选方案。这种"人机协作"的新范式，正广泛应用于广告、出版、游戏、时尚等领域，将创意过程从"起点思考"转向"筛选优化"。

如图 4-2 所示，在创意流程中，AI 主要负责概念生成与细节完善，而关键的创意判断与审美把关，仍牢牢掌握在人类手中。正如一句话所说：AI 能协助我们表达灵感，但无法替我们拥有灵感。

灵感	草图	选择	细化	反馈
人类领导	AI辅助	人类决策	AI辅助	人类主导

● 人类主导环节　　● AI辅助环节

> 案例：电影《奥本海默》制作团队使用AI辅助生成爆炸效果概念图，但最终视觉效果仍由人类艺术家精心打造，AI充当创意工具而非替代者，加速概念探索但不取代艺术家的创造性决策。

图 4-2　AI 在创意领域：工具而非替代者

在中国，文心一格、通义万相等平台正加速融入本土设计实践，成为新一代创意工作者的"默认工具"。在行业趋势愈发清晰的今天，能驾驭 AI 的设计师正在成为稀缺资源，而对技术视而不见的从业者，则正被时代边缘化。

表 4-1 展示了 AI 在各创意领域的能力评估。

表 4-1　AI 在各创意领域的能力评估（截至 2024 年）

创意领域	AI 当前能力	主要优势	明显短板	代表技术
视觉艺术	★★★★☆	风格多样、速度快	缺乏深层意义	DALL-E、Midjourney
音乐创作	★★★☆☆	编曲和声好、风格准	情感表达有限	Suno、MusicLM
文学写作	★★★☆☆	语法完美、风格多变	情节深度不足	GPT-4.5、Claude3.7
产品设计	★★★★☆	高效创意、快速迭代	用户体验欠考虑	生成式设计工具

4.2　AI 的能力边界与盲区

引言：人工智能的边界，不是技术设下的，而是理解能力划出的。

当 AI 大模型在一场场测试中刷新纪录、在一轮轮对话中展现机智时，人们很容易陷入一种技术幻觉：它什么都能做、终将无所不能。但越是在技术高潮时，我们越需要冷静追问：它做对了什么？它又为什么错得那么离谱？

AI 的"聪明"，往往只是表象下的统计幻觉；而它的"笨拙"，则揭示了深层的能力边界。本节将从四个层面拆解这些盲区，帮助我们厘清 AI 的真正能力地图。

1. 表面光鲜与深度理解：知其然，不知其所以然

大语言模型能写文章、答题目、解释复杂概念，仿佛无所不知。但真相是，它们只是擅长在语言的"样子"里流利复现知识，却不一定掌握背后的"意义"。

例如，当问它"为什么天空是蓝色的"，它能给出关于瑞利散射的标准答案。但若继续追问"如果氧气分子变成两倍大，天空颜色会变吗？"，它可能给出自相矛盾的解释。因为这不再是"照本宣科"，而是需要理解物理原理、推演变化。

麻省理工的一项研究将这种现象命名为"表面能力错觉"（Illusion of Competence）：AI 能够流畅地讨论复杂话题，但缺乏真正的概念理解和因果关系把握。大模型可以重复已有知识，但在需要应用该知识解决新问题时表现不佳。

AI 不是在理解世界，而是在模仿一个懂得世界的人。图 4-3 展示了 AI 的理解深度与人类的理解深度差距。

2. 常识推理：三岁孩子都懂，AI 却经常翻车

最让研究人员困惑的是：为什么能在围棋上击败世界冠军的 AI，却无法解决一个三岁孩子都能直观理解的物理问题？

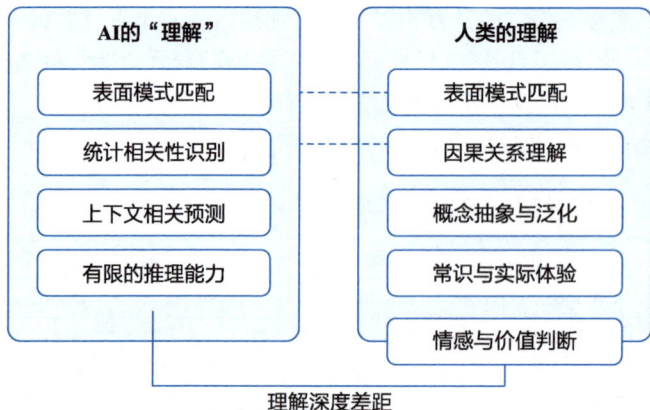

图 4-3　AI 与人类的理解深度对比

例如，问 GPT-4 "如果我把一块冰放入热咖啡，会发生什么？"，它能给出完美解释。但询问"如果我把五块冰放入装满水的玻璃杯中，水位会升高还是降低？"时，AI 可能会犯错，因为这需要理解物理原理而非简单记忆事实。

这种"常识鸿沟"的存在提醒我们：人类常识是建立在与物理世界互动的基础上的，而 AI 只能通过间接的文本和图像学习，没有实际体验，因此 AI 难以建立真正的因果理解和物理直觉。

有趣的是，这也揭示了人类智能的另一个特点：我们最看重的复杂认知能力（如下棋、编程）对 AI 来说可能相对简单，而我们认为理所当然的基础能力（如常识推理）反而最难实现。这种"莫拉维克悖论"提醒我们：不要低估日常认知的复杂性。

3.　数据依赖：AI 的视野局限

"垃圾进，垃圾出"，这句 AI 领域的格言精确点出了 AI 系统的又一关键局限。AI 只能学习到训练数据中存在的模式，无法超越这些数据创造真正的新知识。

这种数据依赖带来了几个显著问题。

（1）数据偏见放大：如果训练数据中存在社会偏见，AI 可能会放大这些偏见。例如，早期的面部识别系统在识别不同肤色人群时存在明显差异。

（2）长尾问题：对于训练数据中罕见的场景或小众群体，AI 表现明显下降。

（3）信息时效性差：大模型只能知道训练截止日期之前的信息，对最新发展一无所知。

思考一下：如果 AI 只能从人类已有的知识中学习，它能否产生真正的创新？这个问题的答案可能决定了 AI 发展的终极边界。

4. 黑盒问题：难以解释的决策

现代 AI 系统，特别是深度学习模型，往往是"黑盒"——我们知道输入和输出，但很难解释中间的决策过程。想象一下：如果医疗 AI 诊断出你患有某种疾病，但医生无法理解 AI 为何得出这个结论，你会接受这个诊断吗？

这种不透明性在高风险应用场景中尤其成问题。在医疗、司法、金融等关键领域，可解释性不仅是技术问题，也是伦理和安全问题。欧盟的《人工智能法案》和中国的相关法规都已经对高风险 AI 的透明度提出了明确要求。

可解释性与性能之间往往存在权衡——最准确的模型（如深度神经网络）通常最难解释，而最容易解释的模型（如决策树）精度往往有限。这种两难困境是当前 AI 研究的重要挑战。

4.3　人与 AI 的能力对比：互补而非替代

引言：最强的智能，不是人类或 AI 各自为战，而是两者找到共舞的节奏。

当我们试图划定 AI 与人类的边界时，往往陷入一个误区：将 AI 视为替代者。然而，真正的问题从来不是"AI 会不会取代我们"，而是"我们将如何与 AI 协作"。人类与 AI 并非彼此消灭的竞争对手，而是特长迥异的智能体系。理解这种互补性，正是通向"增强智能"（Augmented Intelligence）的第一步。

1. 创造力：模仿与原创的边界

AI 可以创作内容，但暂时还写不出《向日葵》的灵魂。AI 的"创造"看似令人惊艳：它能生成小说、绘画、作曲，甚至可以做广告策划。但本质上，这种生成更像是一种高维度的"拼贴术"，是对已有内容的重组与模仿。它可以生成看似原创的图像，却无法提出"立体主义"这种颠覆性的美学观念。

人类的创造力，往往不是从"已有的答案"出发，而是从"未被提问的问题"开始。毕加索、达利、杜尚的作品之所以伟大，不在于技巧，而在于视角。而视角的形成，离不开生活经验、文化背景与情感积淀，这是 AI 所不具备的。

AI 的到来，就像当年相机的发明，没有消灭绘画，反而推动了印象派与现代艺术的兴起。同样，AI 不会终结创意工作，而是会重新定义创意工具。人类负责提出"为什么"，AI 负责实现"如何"。

2. 情感理解：识别容易，共情困难

今天的 AI，已经可以识别语气和表情，甚至用"温柔的语调"安慰你。但这是真正的情感，还是一种高水平的模仿？

心理学告诉我们，真正的情感理解来自"共鸣"，我能懂你，是因为我也曾经

历你所经历。AI 没有痛苦的记忆，也没有喜悦的瞬间，它的"理解"只是根据模式推理得出的概率反应。

这也是为什么，在教育、心理辅导、临终陪护这些需要情感陪伴的场景中，AI 可以协助流程，但难以替代人。情感连接，是人类社会的核心纽带，也是一种 AI 无法编程的能力。AI 可以识别你的表情，却无法理解你的沉默。

3. 道德决策：谁来承担"对错"的后果

一辆自动驾驶汽车在紧急情况下必须"选择"是保护车内乘客，还是保护马路上的行人，这不是一个技术问题，而是一个伦理难题。它揭示了 AI 在道德判断方面的根本局限：它可以计算，但无法共情；它可以执行规则，却无法承担后果。

我们可以教 AI 遵循一套伦理算法，比如"最小伤害原则"或"多数人最大利益"，但它无法真正理解这些原则背后的文化背景和人类情感。它不知道"舍己为人"是崇高，还是悲剧；它也不懂"尊重个体"与"集体利益"的微妙平衡。

哲学家约翰·塞尔提出的"中文房间"思想实验曾指出：一个系统即使能完美地模仿人类对话，也并不意味着它真正"懂"中文。同样，一个 AI 系统即使做出看似合理的伦理判断，也不意味着它理解"善恶"的意义。

AI 可以模仿判断，但它并不是判断的主体。真正的道德选择，建立在人类的历史经验、情感共鸣与文化传统之上。这些是无法通过数据学习获得的认知沉淀。在可预见的未来，道德责任仍然只能由人类承担。正如我们不会把法官的位置交给概率模型，也不该把生死决断交给一个无法承担责任的算法。

4.4　突破边界：AI 能力的扩展方向

引言：人类的未来不只是由 AI 能做什么决定的，更由我们允许 AI 做什么构成。

AI 的边界，并不是一堵固定的围墙，而更像是一道正在被不断推进的前沿。它有当下的极限，也有未来的可能。有些边界或许源于技术的物理约束，但更多来自认知模型的演进与系统架构的突破。过去十年，我们亲眼见证了 AI 从"不会画图"到"能画得像艺术家"，从"只会对话"到"能编写复杂代码"，这些都是边界被突破的见证。

接下来，我们来看看 AI 正在哪些方向上继续向外延展——就像人类从爬行学会奔跑，AI 也在从"认知"走向"行动"。

1. 多模态感知：让 AI "看见""听见"甚至"闻见"世界

早期的 AI 像是坐在图书馆的盲人学者，只能通过文字理解世界。如今，它正在获得"眼睛"和"耳朵"，甚至未来会有"触觉"和"嗅觉"。

以 GPT-4o、Claude 3、文心一言 4.0 为代表的多模态大模型,已能同时处理文本、图像、语音甚至视频。这意味着 AI 不再局限于一个维度的信息输入，而能更全面地感知和理解现实世界。例如，辅助视障人士的 AI 应用可以"看到"环境并用语音描述；医疗 AI 可以综合分析影像、病历和基因数据；自动驾驶系统可以融合摄像头、雷达和激光雷达的信息。

AI 的"感官"越丰富，它理解世界的维度越立体。未来，当 AI 能"闻出"食物是否变质、"感受到"物体表面温度变化时，我们对"智能"的定义也将被重新书写。

2. 工具使用：从答题者到"行动者"

人类的文明史，是一部工具使用的历史；AI 的进化史，也正在走上这条路。

早期的 AI 只是一个"回答器"，像考试现场的学霸，被动输出。但今天，它开始学会"动手"。借助插件系统、Function Calling、代码执行接口等新能力，AI 不仅能理解指令，还能主动调用工具完成任务：它可以查航班、发邮件、生成图表；可以调用外部 API 整理数据、调取文档；甚至能连接家中智能设备,调灯光、调温度、开门锁。

AI 第一次具备从"思考"到"行动"的闭环能力标志着一个根本性的转变。我们不再面对一个只会"说话"的模型，而是在与一个能"做事"的智能体协作。就像我们给它一架望远镜，它就能洞察更远的信息；给它一把尺子，它就能开始构建现实的秩序。

使用工具是 AI 从"语言大脑"进化为"智能代理"的关键跳跃。一旦 AI 能调动全网资源、操作复杂系统，它的能力增长就不再是线性的，而是指数级迭代。这也是为什么全球科技公司都在争先恐后开发 Agent 系统——他们看到的，不只是一个模型的升级，更是一种"通用协作体"的新形态。从大脑到双手，AI 不再只是回答世界的问题，它开始参与塑造世界的答案。

3. 长期记忆：不再"金鱼脑"的 AI

"你好，请再说一遍。"这是老一代 AI 最常说的一句话。传统大模型的短期记忆让它们像"金鱼"——只能记住当前对话窗口的内容，过了就忘。新一代模型如（Claude 3、GPT-4）的长期记忆机制正在打破这一限制。

未来的 AI 将逐步拥有三种记忆能力。

（1）对话记忆：记住你上次说过的话。

（2）偏好记忆：知道你喜欢什么、讨厌什么。

（3）目标记忆：能长期陪伴你达成某个目标，比如备考、减肥或理财。

记忆，让 AI 不再只是一个工具，更是一个有"陪伴感"的助手。

4. 主动性的觉醒：从响应到预测

过去，AI 更像一个等待发问的助理，你输入一句，它输出一句。但未来的 AI，正在走向"未言先知"。

微软的 Copilot、谷歌的 Gemini 以及国内的诸多智能助手，正在悄然进化：它们开始观察你的习惯，分析你的行为轨迹，预测你下一步想做什么，甚至在你意识到之前主动提供帮助。它们不再等你点击，而是在你犹豫时先行一步。

想象这样的场景：清晨出门前，你的 AI 助手提醒你"今早沿线有交通拥堵，建议提前 15 分钟出发"；你最近频繁浏览某个领域的资料，它便悄悄为你汇总了一本电子书单。这些不只是技术进步，而是一种"智能体存在感"的跃迁。AI 正从被动的工具，变成主动的伙伴。

从"反应"到"预测"，是 AI 理解人的第一步；从"预测"到"陪伴"，则可能是它赢得人信任的关键一步。这也意味着，人类与 AI 的关系，正从"使用者与工具"向"共识与协同"转变。

如图 4-4 所示，AI 的能力大致分布在三个层级：一是已掌握的强项，如图像识别、语言生成等模式识别领域；二是正在突破的边界，如多模态感知、工具调用与长期记忆的能力；三是尚未攻克的盲区，如常识推理、因果理解与情感体验。

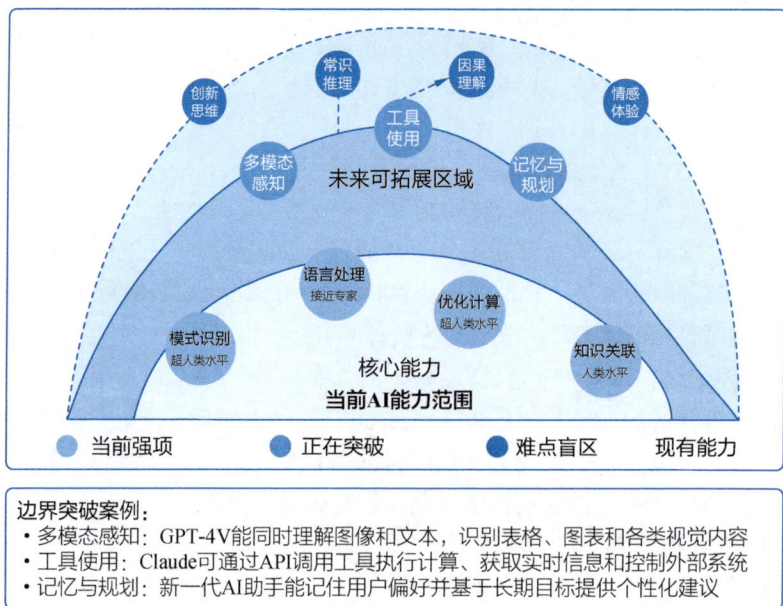

图 4-4 AI 的能力盲区与边界突破

这些边界不是静止不动的，而是在技术进化中持续外延——GPT-4o 的多模态理解、Claude 的工具调用、智能助手日益增长的记忆能力，正在推动 AI 从"处理器"走向"合作者"。

然而，创新思维、价值判断、真实情感等仍是 AI 难以涉足的领域，这也恰恰标示出人类智能的独特价值所在。未来的关键不是 AI 能否替代人类，而是它是否能真正读懂人类、协同人类，成为人类完成不可独立完成任务的"共创者"。

4.5　与 AI 共处的智慧

引言： 当技术无限延展，人类的边界感才变得尤为珍贵。

人工智能正不断向前推进，我们也不断被提醒：技术越强大，人类越需要找到自己的站位。与 AI 共处，不只是技术适应，更是一种认知能力的跃迁，是人类文明在智能时代的一场"再定义"之旅。

1. 警惕"这次不一样"的陷阱

每一次 AI 热潮来临，都伴随着豪言壮语："这次不一样。"然而历史告诉我们，AI 的发展从不是一条直线，而是一条充满幻觉与回调的曲线。从 20 世纪的专家系统，到 21 世纪初的机器学习，再到今天的生成式大模型，每次技术突破都会引发"通用智能即将到来"的论断，接着在现实面前迅速冷却，进入所谓的"AI 寒冬"。

这一次，大模型确实带来了质变，但我们依然需要保持冷静。真正的改变不是来自技术的惊艳，而是它能否经受住时间、场景与伦理的考验。

技术进步遵循盖特纳曲线：创新触发期—期望膨胀期—泡沫破灭期—稳步爬升期—生产高原期。识别我们在这个周期中的位置，才不会在泡沫中误判方向，也不会在回调中错过价值。

2. 人机协作：1+1>2 的奇迹

面对 AI 的迅猛发展，人们常问："AI 会取代我们吗？"但这个问题的方向本身或许就错了。真正值得思考的是："我们如何与 AI 协作，创造出单靠任何一方都无法实现的价值？"

事实已经给出答案：协作，远胜独行。在医疗领域，斯坦福大学的研究证实，AI 与医生联合诊断皮肤癌的准确率高达 95%，远超单独的 AI（91%）或医生（86%）；在象棋领域，人机组合多次战胜最强 AI 程序。药物研发的案例更加典型——通过人机协作，原本需要 4～5 年的新药开发周期，如今最快可在 12 个月内完成。

这正是"增强智能"（Augmented Intelligence）的力量所在。AI 擅长海量计算、数据分析与模式识别，而人类在创造力、情绪理解与价值判断方面仍不可替代。两种智能的结合，不是简单的分工协作，而是能力的相互赋能。

如图 4-5 所示，人类与 AI 并非竞争关系，而是互补关系。当高效与洞察并肩、理性与情感同行，"1+1>2"不再是理想，而是现实的工作范式。真正的未来，不是人类被 AI 取代，而是那些学会与 AI 共舞的人才能引领未来。

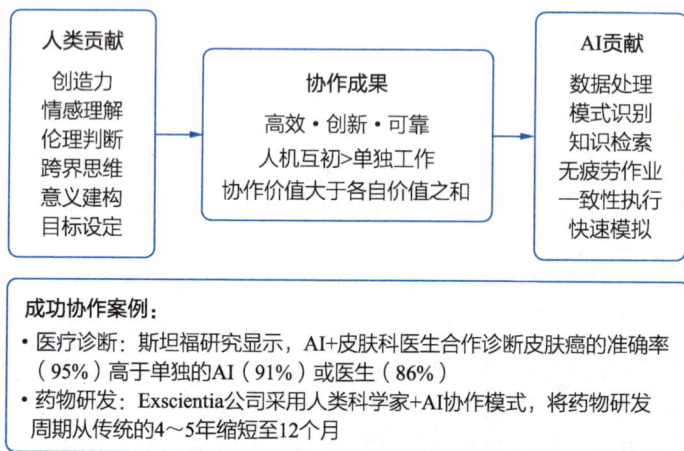

图 4-5　人机协作的 1+1>2 模式

3. 全民 AI 素养：数字时代的必修课

在 AI 深度嵌入社会各行各业的时代，掌握基本的 AI 素养，已不再是技术人员的专属，而是每位公民的必修课。所谓 AI 素养，不仅是会用工具，还包括理解其底层逻辑、识别其局限与风险、并对其输出做出理性判断的能力。

如果无法分辨 AI 生成的内容是真是假，如何应对深度伪造带来的信息混乱？如果不了解算法可能携带的偏见，如何在医疗、招聘、司法等关键决策中避免误判？

正因为如此，世界各国纷纷将 AI 素养纳入基础教育体系。教育部在 2023 年发布的《中小学人工智能教育指导纲要》中明确提出，要培养学生对 AI 的正确认知与理性使用能力。这不仅是面向未来的教育升级，更是一种数字时代的"免疫力建设"。

在 AI 成为新型基础设施的时代，懂 AI、辨 AI、用好 AI，正如识字和计算一样，已是生存与发展的必要条件。未来的竞争，不仅是知识的比拼，更是智能认知能力的差距。

4. AI 边界与人类价值的重新定义

过去，我们常用"解决问题的能力"来衡量智能，而这恰恰是 AI 最擅长攻克的领域。但当机器逐渐掌握语言、图像、逻辑甚至代码，我们或许更应追问：什么才是人类不可替代的智能？

也许，真正的智能不在于回答得多快，而在于能否提出真正重要的问题；不在于计算多精准，而在于能否洞察他人情绪，做出价值判断。

　　AI 每突破一个边界，逼问的其实是我们自身的独特性：如果它也会作画、写诗、编曲，那"人之所以为人"的核心到底是什么？或许，这正是 AI 给予我们的最大馈赠：一次重新理解"人"的机会。正如图灵所说，"机器会思考吗？"这个问题更值得我们反问自己："思考"究竟意味着什么？

　　算法越来越精密，人类或许将重新珍视那些曾被技术主义忽略的维度，同理心、创造力、伦理反思与美学判断。在这个算法驱动的世界里，艺术家、哲学家、教育者与设计师的角色反而愈加重要。因为他们关注的，正是那些无法被量化的人类体验维度。

⇕ 思考

　　未来的 AI 可能能够"记住"与你的所有对话，了解你的性格、偏好和目标，并据此提供个性化建议。想象你的 AI 助手提醒你："根据你过去三个月的行为模式，你似乎正在推迟那本想写的小说。需要我帮你制订一个可行的写作计划吗？"这种主动性将使得 AI 从被动工具转变为积极的生活和工作伙伴。

　　那么，当 AI 的能力边界不断扩展，那什么是真正有价值的人类活动？什么是"人之为人"的本质？

第二篇

AI 如何重塑行业

第 5 章

医疗革命——
AI 医生、精准医疗与生命科学突破

在数字时代，医学正面临前所未有的挑战与机遇。医学影像、基因组信息、电子病历等数据量激增，远超人类医生的处理能力；与此同时，人工智能作为"第二双眼"进入临床一线，辅助诊断、优化治疗流程、提升医疗效率。

AI 医生不会疲惫，也不易忽视细节。从影像识别、病理分析、药物开发，到基因编辑与细胞疗法，AI 正逐步成为医疗系统中不可或缺的"第二思维"。它的目标不是取代医生，而是放大专业价值，提升整体医疗质量。在这个时代，医生不再孤军奋战，而是与 AI 并肩作战。

本章将探讨 AI 如何从工具演化为协作伙伴：不仅能够帮助医生识别疾病，更能够参与手术操作、制定治疗方案，乃至推动生命科学的边界突破。同时，我们也将正视技术进步带来的伦理挑战——当算法深度介入医疗决策，"以人为本"的初心该如何守护？技术可以代劳，但不能代心。人工智能的意义，不在于冰冷的计算，而在于让医生更像医生。

5.1 AI 医生：从辅助到合作伙伴

引言：医生的经验源于无数次诊断，AI 的智慧沉淀于亿万条数据，未来医疗的真正突破，将诞生于他们之间的深度协作。

一位医生正在浏览影像片，一旁的 AI 系统已自动标注出疑似病灶区域，并生成初步诊断建议。这并非科幻情节，而是当下真实发生的。AI 在诊断、决策与手术中一步步从"工具"走向"伙伴"。它改变了医生工作的边界，也重塑了医疗信任的逻辑。而这场变革，才刚刚开始。

1. 读懂 AI 医生：从"第二双眼"到"第二思维"

AI 医生并非穿着白大褂的机器人，而是嵌入医疗系统的智能算法，它们以海量医疗数据为土壤、以算力为引擎，正在成为医生决策的重要参考。这些系统通过深度学习模型分析医学图像、电子病历、实验室数据，协助医生提升诊断精度、优化治疗路径、预测潜在风险。

医学影像是 AI 渗透最早、最深的领域之一。2020 年，哈佛大学研发的 AI 模型在乳腺癌筛查中准确率达 97%，超越多位资深放射科医生。谷歌公司的 AI 系统则可提前一年识别出早期肺癌迹象，准确率高达 94.4%。如图 5-1 所示为 AI 辅助肺部 CT 影像分析的人机对比。

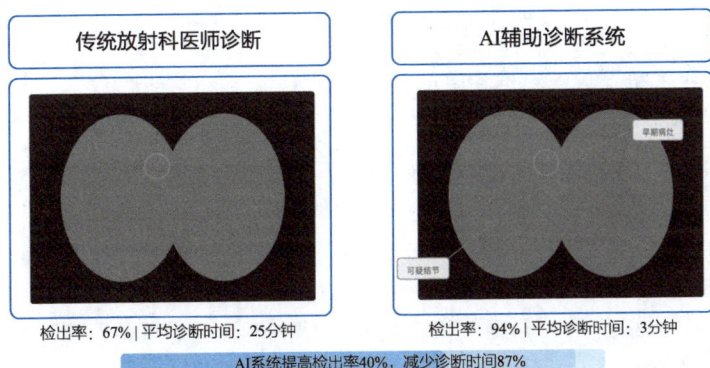

图 5-1　AI 辅助肺部 CT 影像分析的人机对比

在中国，依图医疗的 AI 系统已落地超过 300 家医院，广泛应用于肺结节、乳腺肿瘤、骨折等场景。以上海瑞金医院为例，接入 AI 后，医生的诊断效率提升了30%，早期肺癌检出率提高了 20%。技术的进步，正悄然改变着临床节奏。

2. AI 临床决策支持系统：医生的智能助手

AI 医生不只会"看"，而且开始学会"思考"。临床决策支持系统正在成为医生背后的智能参谋，它不代替判断，而是赋能判断。图 5-2 展示了其工作流程：从数据获取、知识匹配，到建议生成与医生确认，整个过程强调"辅助"而非"替代"。

在全球范围内，IBM Watson for Oncology 已在多个国家上线，通过对医学文献、临床指南和患者数据的整合分析，为癌症治疗提供个性化建议。在中国与印度的实地测试中，其建议与肿瘤专家一致率达到 96%。而本土平台如平安 AskBob 也在迅速迭代，已在百余家医院部署，具备实时诊疗建议、用药警示等多重功能。

AI 医生不是一个"会诊室里的对手"，而是一位无眠的搭档。它以数据为神经网络，以算法为思维方式，为医生提供了另一种视角。在真正智慧的医疗体系里，AI 的价值不是替代判断，而是扩大视野、提高准确率，让医生误判更少，让病人安心更多。

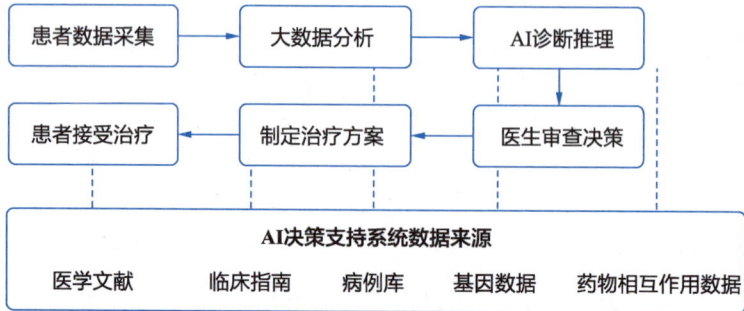

图 5-2　AI 临床决策支持系统工作流程

3. AI 手术机器人：精准切除的艺术

在现代手术室里，AI 的身影正逐步从幕后走向台前。以达芬奇手术机器人为代表的系统，已在全球完成超过千万例手术。它能将外科医生的每个手部动作，精准转化为稳定流畅的机械操作，实现更小的切口、更少的出血和更快的康复。

技术的精度，正在悄然重塑"手术艺术"的边界。美敦力的 Mazor X 脊柱手术机器人融合 AI 路径规划与机械臂执行能力，在术前通过 CT 扫描构建三维模型，利用算法设计出最优植入路径，再由机器人精准引导医生操作。这一过程将手术精度提升至亚毫米级，并使并发症风险降低至 50% 以下。

在中国，天智航骨科机器人已落地 300 多家医院，辅助完成了逾十万例手术。以北京积水潭医院为例，机器人辅助的髋关节置换手术，其植入体定位精度提升40%，术后并发症发生率下降 30%。

值得强调的是，手术机器人并不是医生的替代者，而是医生能力的放大器。它扩展的是手术的精度边界，而非取代医生的判断力与责任心。真正智慧的系统，始终将决策权交还于人手，把稳定交付于算法，把经验保留给医者。

在生命与技术交汇的临床前线，人类的智慧与机器的精度相互成就。未来的外科手术，不是人退、机进，而是"人机合璧"，让每次手术都更稳、更准、更安心。

4. AI 药物研发：加速创新的算法引擎

如果说医生与 AI 的协作正在重塑临床一线，那么在实验室的另一端，AI 正悄然改写药物研发的时间表。传统新药开发流程常常需要 10 ~ 15 年，投入逾 25亿美元，而成功率仍低得惊人。每种创新药的背后，都是无数次失败与漫长等待。

AI 改变了这个公式。英国的 Exscientia 公司开发出全球第一个完全由 AI 设计的药物分子，仅用 12 个月就进入人体临床试验阶段，比传统方式节省了近四年时间。这一成果的背后，是 AI 通过对亿万种分子结构的模拟与筛选，精准锁定了最有潜力的候选物。

麻省理工学院的 Chemputer 系统则更进一步——它不仅能设计分子，还能从零合成复杂药物。2021 年，它在几周内成功合成了 10 种常用药物，部分路线比传统方法更短、更高效。如图 5-3 所示为 AI 辅助药物研发与传统药物研发在时间效率上的对比，展现了技术跃迁的真实效应。

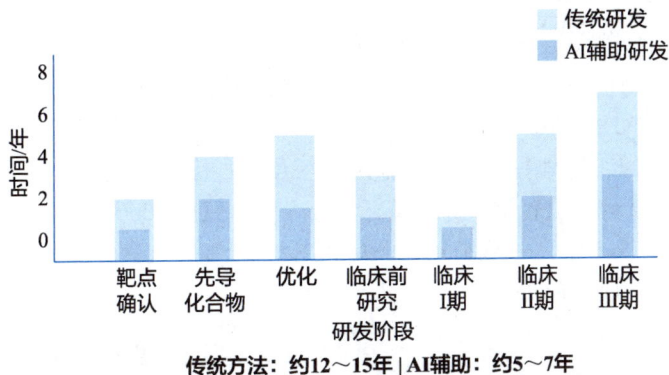

图 5-3　传统药物研发与 AI 辅助药物研发的时间效率对比

在中国，AI 药物研发也正在提速。腾讯 AILab 与清华大学联合开发的 DeepDock 平台，能在几天内完成传统分子筛选几个月的工作量；百度公司的 LinearDesign AI，则通过蛋白质结构预测，为药物靶点提供精准建模参考。

AI 的价值不仅在于提速，更在于"超越人类经验"的创新能力。它生成的部分分子结构，从未在人类研究中出现，却展现出前所未有的治疗潜力，这些"算法提出的问题"正成为生命科学的新入口。

新药的诞生，从来不只是技术突破，更是人类对抗病痛、延长生命的希望之举。而 AI 的加入，让这场"分子层级的马拉松"多了新的可能，也多了一位永不疲倦的奔跑者。

5.2　精准医疗：个性化的治疗艺术

引言：传统医学信仰标准，精准医疗相信差异。

过去的医学建立在"相同病名、相同疗法"的逻辑之上，相似的病名、相同的药、给予类似的剂量。但在分子层面，每个人都是不可复制的个体，"同病不同命"成为现实困境。

精准医疗正是对这一困境的回应。它以基因组、生活方式和环境数据为基础，为个体量身定制预防、诊断与治疗方案。治的不再是"疾病的平均形态",而是"患者的独特画像"。以肺癌为例,过去两位患者可能接受完全相同的治疗,而现在,医生会根据肿瘤的基因突变类型,选用不同的靶向药物。这种治疗不是更快,而是更准;不是更强,而是更合适。

精准医疗的兴起,不只是医学技术的进步,更是医学哲学的更新——它从"治疗疾病",走向"理解个体"。

1. 基因组学:从"知道你是谁"开始治疗

精准医疗的根基,始于对个体的深度认知,而基因组正是这份"生命说明书"的核心。

自人类基因组计划完成以来,基因测序技术经历了指数级的进步:2003 年,测一个人的全基因组需耗资近 3 亿美元;而今天,只需 1000 美元,甚至有望降至百元以内。如图5-4所示,这场价格的断崖式下跌,让基因组学从实验室走进了诊室,也让个体化医疗成为现实。

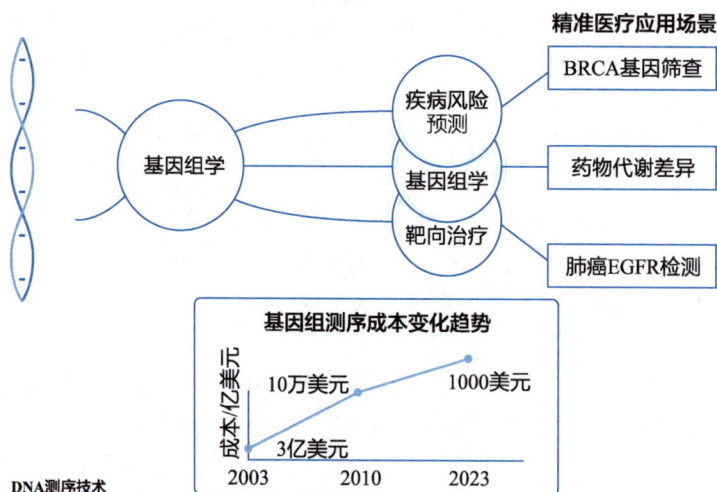

图 5-4　基因组学与精准医疗应用以及基因组测序成本变化趋势

在中国,华大基因正大规模推动基因测序普及;美国的 Illumina 也持续降低测序门槛。这些技术不仅可以识别癌症风险基因,还能为高危人群提供早筛和干预建议。例如,携带 BRCA1/2 突变的女性可提前采取预防性手术或密切监测,以降低乳腺癌与卵巢癌的风险。

更重要的是,基因组已成为治疗决策的"起点"。以非小细胞肺癌为例,医生不再"一视同仁",而是根据 EGFR、ALK、ROS1 等突变类型,精准匹配靶向药物,使五年生存率从不到 5% 提升至接近 30%。

基因组学，让医学从"看症状"转向"读本质"。基因组学信息为疾病的分子机制研究提供了基础，使医学从表型描述逐步走向对分子本质的理解。每个人的基因组信息可视为个体生物学特性的详细说明，为精准医疗和个性化预防策略的制定提供科学依据。

2. 液体活检：让癌症筛查像验血一样简单

传统肿瘤活检往往意味着一场"微创手术"——通过穿刺、切片获取病灶组织，不仅给患者带来痛苦，还可能因肿瘤位置复杂而难以操作。而液体活检的出现，为癌症诊断带来了无创、快速的新路径。

液体活检的原理是在血液中寻找"癌症留下的痕迹"——如循环肿瘤 DNA（circulating tumor DNA，ctDNA）、循环肿瘤细胞（Circulating Tumor Cell，CTC）和外泌体等生物标志物。这些微小信号，能在影像学检查尚未发现病变之前率先预警潜在风险。

美国 Guardant Health 推出的 Guardant360，可检测 70 多种与癌症相关的基因突变，准确率超过 90%。国内的泛生子、燃石医学等公司也已布局此领域。在中山大学附属肿瘤医院的研究中，液体活检技术比传统方式提前四五个月识别肺癌复发，为及时干预争取了关键时间。

更关键的是，它让"主动筛查"成为可能——不再等病情恶化再去检查，而是以常规验血的方式，低成本、高频率地监控健康。这意味着，癌症的发现不再依赖运气，而开始走向科学。

液体活检不是替代医生，而是赋予医生更多时间窗口；不是让患者更焦虑，而是提供更早的希望。在早发现、早干预的逻辑下，未来的癌症防线，可能从手术刀前移到采血针。

3. 药物基因组学：用"你的基因"决定"你的剂量"

不同的人服用同样的药却有完全不同的反应——有人药到病除，有人副作用剧烈，甚至无效。这种差异，很多时候并非偶然，而是基因在悄悄发挥作用。

药物基因组学的核心就是揭示这些个体差异背后的遗传密码。它研究人类基因如何影响药物的吸收、分布、代谢和排泄，从而帮助医生实现真正的"因人施药"。

以华法林为例，这种抗凝血药物的治疗窗口极窄，一点剂量偏差就可能带来出血或血栓风险。研究发现，CYP2C9 和 VKORC1 两个基因的变异会让不同人对华法林的敏感性相差高达 20 倍。只有进行基因检测，医生才能给出既安全又有效的剂量。

在肿瘤治疗中，基因检测已成为标准流程。比如 HER2 阳性的乳腺癌患者使用赫赛汀后，复发风险可降低一半；而 ALK 阳性的肺癌患者使用克唑替尼，有效率高达 60%。药效背后，不只是药物强大，更是匹配精准。

中国在这一领域的布局也在加速。国家级数据库已覆盖汉族及多个少数民族的基因信息，为个体化用药提供了广泛数据基础。上海瑞金医院的研究显示，约三成中国人携带会影响氯吡格雷代谢的基因变异，这意味着他们可能需要换药或调整剂量——基因，正在成为用药决策的新指南。

未来，医生开出的不再是"通用药方"，而是"基因定制"的治疗方案。在这个过程中，药物基因组学不仅提高了治疗的安全性与有效性，也开启了个体化医疗的新时代。

5.3 生命科学突破：重写生命之书

引言：医学，不只是修复身体的技术，更是重写生命语言的艺术。

过去几十年，我们治病靠药、靠刀、靠经验。而今天，科学家开始直接给细胞"编程"，修改 DNA，打印器官——一场由基因、细胞与组织工程主导的生命革命，正在悄然展开。人工智能加速了这场变革的临床落地，使医学从"对抗病症"走向"重塑生命"。这不仅改变了治疗方式，更在重写我们对健康、疾病乃至人类自身的理解。

1. CRISPR 基因编辑：精准改写生命指令

2020 年，CRISPR-Cas9 基因编辑技术的两位发明者 Jennifer Doudna 与 Emmanuelle Charpentier 因其开创性贡献共同获得诺贝尔化学奖。这项被誉为生命科学"瑞士军刀"的技术，凭借前所未有的精度与高效，开启了"编写生命代码"的新时代。

如图 5-5 所示，CRISPR 的应用领域已遍及多个前沿场景：从治疗遗传疾病、开发新一代抗生素，到改良农作物、构建疾病模型，其可塑性令人惊叹。在医学领域，CRISPR 正在逐步走出实验室，进入真实的临床试验阶段，针对镰状细胞贫血、β-地中海贫血、遗传性失明和某些类型的癌症展开应用。

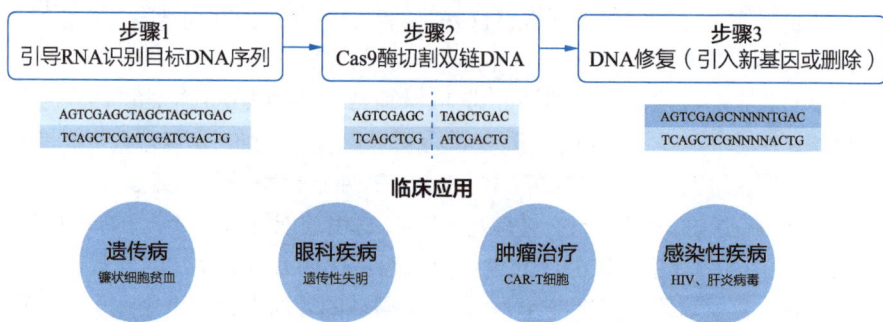

图 5-5　CRISPR 基因编辑技术原理与应用

中国科学家在 2020 年率先将 CRISPR 应用于人类临床，用以治疗晚期食道癌。研究团队从患者体内提取 T 细胞，敲除（gene knockout）PD-1 基因（该基因抑制免疫系统识别癌细胞），再将改造后的细胞回输体内，初步结果显示治疗安全可行，部分患者肿瘤明显缩小。

与此同时，美国的 Vertex 制药与 CRISPR Therapeutics 联合开发的 CTX001，也在多名镰状细胞贫血患者中取得显著疗效——患者摆脱了输血依赖，长时间无病痛发作，被医学界称为"突破性的治愈候选"。

值得注意的是，CRISPR 的脚步正从单基因疾病迈向多基因复杂病症。随着算法优化、脱靶率控制等技术难题逐步突破，未来，它不仅可能实现对重大遗传病的根除，还将重新定义"治愈"这一医学目标。

CRISPR 不只是科学工具，它重新打开了人类对"自身设计"的想象力。而我们必须思考的，已不仅是"我们能不能修改生命"，而是"我们是否准备好承担改变生命的责任"。

2. 细胞疗法：让身体成为自己的药厂

如果说传统药物是外部干预，那细胞疗法就是"由内而治"。它不靠外力清除病灶，而是激活身体内部的免疫军队，对疾病发起定向攻击。其中最具代表性的，是 CAR-T 细胞疗法。这一突破性技术通过基因工程改造患者自身的 T 细胞，使其具备识别并杀伤癌细胞的能力。2017 年，美国 FDA 批准了全球首个 CAR-T 疗法——诺华的 Kymriah，用于治疗急性淋巴细胞白血病。临床数据显示，83% 的患者在治疗后三个月内完全缓解，为那些传统疗法已束手无策的患者打开了一扇生门。

中国在这一领域同样走在全球前列。南京传奇生物开发的 LCAR-B38M 针对多发性骨髓瘤的有效率高达 88%，完全缓解率达到 76%。2021 年，复星凯特和药明巨诺分别推出国产 CAR-T 产品，标志着中国自主细胞疗法的临床落地。

尽管 CAR-T 在血液肿瘤领域已取得显著成果，但在实体瘤治疗中仍面临"识别难、渗透难、持久难"等技术挑战。为此，中国科学院等研究机构正致力于开发"多靶点识别""智能调控"的新一代 CAR-T 技术，努力突破实体瘤的治疗瓶颈。

除了 T 细胞，另一个潜力选手是 NK（Natural Killer，自然杀伤）细胞疗法。相比于 CAR-T，NK 细胞天然具备杀伤能力，且毒副作用更低，可实现"即取即用"的现货化生产。深圳的一家免疫细胞企业已开发出大规模扩增 NK 细胞的技术，在肝癌临床试验中取得了积极进展。

细胞疗法不是单一药剂，而是一种动态系统。它通过"自我改造、自我战斗"，不仅能清除病灶，更可能留下免疫记忆，为患者带来长期保护。这种"活药"的崛起，意味着医学从药物化学时代进入了"细胞工程时代"。

当治疗不再依赖工厂生产，而是来自患者自身的细胞工厂，我们对于"药"的定义，也正在被重新书写。

3. 组织工程与再生医学：修复与重建

当药物无法治愈、器官难以替换时，科学开始追问一个大胆的可能：我们能否"制造"人体的一部分？

组织工程与再生医学正试图回答这个问题。它融合细胞生物学、材料科学与工程原理，目标不仅是修复受损组织，更是重建身体的完整性。这项技术的意义，不止在于治疗疾病，更在于挑战自然设限。

在这一领域，3D 生物打印被誉为最具颠覆性的技术之一。美国 Wake Forest 再生医学研究所已成功打印并移植皮肤、软骨和骨组织，且全部源于患者自身细胞，大大降低了排异风险。打印的不只是结构，更是一种未来医疗的"定制能力"。

中国在该领域的创新也令人瞩目。四川大学华西医院团队开发的可降解 3D 打印气管支架，已成功用于先天性气管软化症儿童。这种支架可随孩子成长逐步降解，既避免了反复手术，也体现了"成长型医疗设备"的理念。

心脏组织的工程化也正在取得突破。哈佛大学的科学家培育出具备自主跳动能力的"微型心脏"，用于药物测试和疾病模拟。与此同时，西湖大学研究团队利用干细胞技术，构建出带有血管网络的心肌组织片，为心梗后的器官修复提供希望。

再生医学的终极目标，是用实验室里的"生命工厂"解决器官移植供体短缺的全球难题。这不再是科幻，而是科学日渐逼近的边界。每个被成功重建的器官，都是技术与生命之间达成的一次握手。

未来，也许医生不再"寻找"器官，而是"制造"器官。而再生医学，也许终将不只是治愈某个部位，而是重新定义"健康"本身。

5.4 医疗技术的拐点：机遇与责任共存

引言：技术越锋利，越需要价值来握柄。

人工智能正在进入诊室，基因编辑正在改写遗传密码，再生医学正在制造未来器官。这一切标志着人类医疗正处在一个从未有过的技术临界点。然而，每次跃迁，既是前进的契机，也潜藏新的风险。

当 AI 诊疗系统替代部分医生判断时，数据隐私就不只是技术问题，而是信任问题；当尖端疗法动辄数百万美元一剂时，精准医疗可能从"精准"变成"昂贵"；当基因剪刀精准无比时，我们也必须问一句：我们是否已经准备好编辑未来的伦理？

AI 系统的"黑箱"机制、药物推荐的算法偏差、治疗建议的不可解释性，正在挑战医生与患者之间传统的信任结构。制度如何跟上技术？伦理如何制衡效率？这些问题无法回避，也无法由某一方独自回答。

面对变革，我们不能只仰望技术本身，还需建设配套的治理能力：更加透明的监管规则，更具可解释性的 AI 系统，可负担的创新药物定价机制，以及让每个人都能理解、使用并受益的新型医疗服务。

尽管如此，这依然是值得期待的时代。融合 AI、基因组学与生物科技的新医疗模式，正让精准预测、个体化治疗和疾病逆转成为可能。技术不只是救命的工具，它正在成为延长健康寿命、提升生活质量的基础设施。

真正的医疗进步，不是某项技术的奇迹，而是技术与制度、伦理、公众教育共同进化，医疗迈向更公平、更可信、更可持续的未来。

⇕ 思考

当智能算法逐渐接管诊断与治疗时，我们是否在追求效率的同时，正逐渐失去医疗中的人文关怀？技术或许能治愈疾病，但唯有融合人性的温度，才能真正治愈病人。

CHAPTER 6

金融变革——
智能投顾、量化交易与反欺诈技术

曾几何时，金融是人与人之间的游戏，交易大厅里人声鼎沸，理财顾问靠直觉给出建议，信任建立在一次次握手和签字之上。而今天，这些画面正逐渐淡出舞台中央。我们开始习惯与算法共事：让智能投顾管理我们的财富，用量化策略秒杀市场波动，把欺诈风险交给一套看不见的模型守护。

金融正在静悄悄地被重构，不只是提效降本，而是从根本上改变它的运行语法。事实上，金融从来都是技术最敏感的战场。算盘变成键盘、直觉变成模型，每次工具更替，都会改写权力分配的格局。而人工智能，正以前所未有的"计算意志"，接管那些曾属于经验、判断和信任的领域。

这不仅是一次工具升级，更是一场哲学挑战。AI 的崛起，正在逼问金融的三大基石：谁拥有决策权？如何识别风险？我们还信任谁，又为什么信任？

如果判断力可以被建模，信任可以被训练，我们是否还需要人类在回车键之外做出最后的决定？而这最后的决定，是否也会被"智能建议"所引导？

本章将走进这场变革的三个关键战场：智能投顾、量化交易与反欺诈技术。从理财走向自动化，从交易走向极限速度，从风控走向算法对抗，金融行业正以前所未有的速度被智能重写。而真正值得思考的不是 AI 能带来多少便利，而是在一个算法编织的世界里，我们是否还拥有按下暂停键的能力。

6.1 智能投顾：财富管理的普惠之路

引言：算法不只是理财的工具，它正在重写财富的服务边界。

在过去，理财往往意味着两种选择：依赖一位专业顾问，或孤身摸索在信息的洪流中。那时，财富管理服务更多集中于高净值人群，而普通投资者则常常被排除在系统化服务之外。

今天，这一格局正在被重塑。智能投顾正尝试打破服务边界，让算法和数据为更广泛的人群提供接近专业顾问水准的投资建议，推动财富管理从"精英化"走向"普惠化"。

智能投顾本质上是一种自动化的投资管理服务。它融合人工智能、大数据分析与现代投资理论，依据投资者的风险偏好、财务目标和个性化画像，构建并动态调整投资组合，以低成本、高效率的方式完成传统顾问的工作。如图 6-1 所示，其典型流程包括需求采集、资产配置、策略执行与定期再平衡。

* 相比传统顾问服务，智能投顾全流程自动化，成本更低，效率更高
* 大部分平台最低投资额度从几百到几千元不等，真正实现普惠金融

图 6-1　智能投顾典型流程

1. 全球发展趋势与本地化演进

美国是最早探索智能投顾商业模式的国家。Betterment、Wealthfront 等平台，分别以用户体验与税务策略见长，吸引了大量年轻用户。Vanguard 以传统资产管理机构的身份入场，凭借极低的费率和品牌信任度迅速积累了数千亿美元的资产规模。

中国市场虽然起步稍晚，但增速显著。据 2023 年行业数据，中国智能投顾市场规模已突破 5000 亿元，用户规模超过 1 亿人，成为全球增长最快的区域之一。蚂蚁财富的"帮你投"、腾讯理财通的"智能投顾"与京东金融的"AI 投顾"等平台，正在以各自生态体系为依托，重塑大众理财服务的入口。

值得注意的是，2022 年，摩根士丹利推出融合人工智能与人工顾问的新型服务，业内称之为"混合投顾"，标志着行业开始从纯算法驱动转向"人机协同"。这一转变不仅反映了技术发展的阶段性选择，也体现了客户对可解释性与信任机制的长期诉求。

2. 技术优势背后的现实挑战

智能投顾的崛起，背后是多个关键技术的融合：现代投资组合理论（Modern Portfolio Theory，MPT）与因子模型为资产配置提供理论支撑；监督学习与强化学习算法实现策略的实时调整；自然语言处理（Natural Language Processing，NLP）使系统能"理解"财经资讯和市场舆情；而云计算则撑起平台的大规模响应与处理能力。图 6-1 中的每个模块，都是一个工程奇迹。

但技术的优雅，只在纸面上流畅。进入真实世界后，它首先遇到的，就是人性的不确定。在市场剧烈波动时，许多用户会选择"手动干预"算法推荐的投资组合。根据行为金融研究，大约三成用户在关键时刻偏离模型建议，做出出于焦虑的短期决策。这种人为干扰常常导致收益受损，也暴露了一个根本问题：理性可以被写入算法，但情绪永远不会遵守代码。

除了人性，信任也是一道隐形门槛。大多数智能投顾平台在算法设计上趋于"黑箱"：用户看到的是结果，却看不到推理路径。没有解释、没有理由，只有结论。这种不透明的系统设计，在市场下行时尤为脆弱——当投资组合出现亏损时，系统无法给出清晰的解释，而用户也无处追问责任。这种"结果知情而过程不明"的信任结构，注定难以长久维系。

技术对数据的依赖，也带来了另一道灰色边界。为了精准画像，智能投顾需要接触用户的大量敏感信息：收入水平、消费习惯、风险偏好甚至人生规划。但目前尚无统一标准界定数据收集的边界、使用的范围、保存的期限。当个性化成为卖点，隐私也被推向了交易的前台。

最难应对的，或许是制度上的空白。在现有金融监管体系中，智能投顾究竟是"建议提供者"还是"决策执行者"？当系统失误导致用户亏损，责任该由平台、模型还是数据提供方承担？这些都没有明确答案。监管滞后的现实，使得技术的每次飞跃都带有法律风险，更详细的说明见参考文献 [14]。

最终智能投顾的真正挑战，不在于技术是否足够先进，而在于它是否足够值得托付。预测力决定系统的能力上限，信任则决定它能否被真正使用。

在金融世界里，算法虽快，信任却慢。

6.2 量化交易：算法主宰的市场

引言：交易的核心已不再是判断力，而是计算力。

如果说智能投顾的目标是帮助普通投资者科学理财，那么量化交易的核心逻辑则更为激进——它试图将整个交易决策过程，从人类手中完全交还给机器。

在纽约、伦敦、上海等全球主要金融中心，基于数学模型的程序化交易已占据 60% ～ 70% 的市场交易量。一切由算法驱动：数据的采集、模式的识别、指令的下达直至成交的完成，几乎没有人为干预的空间。

量化交易的优势并不难理解。它通过高速计算从海量数据中寻找价格信号，执行效率远超人工，并能规避由情绪、直觉甚至贪婪驱动的非理性行为。在强调纪律性和反应速度的现代市场环境下，算法往往比人类更"冷静"，也更高效。主流量化交易策略的分类如图 6-2 所示。

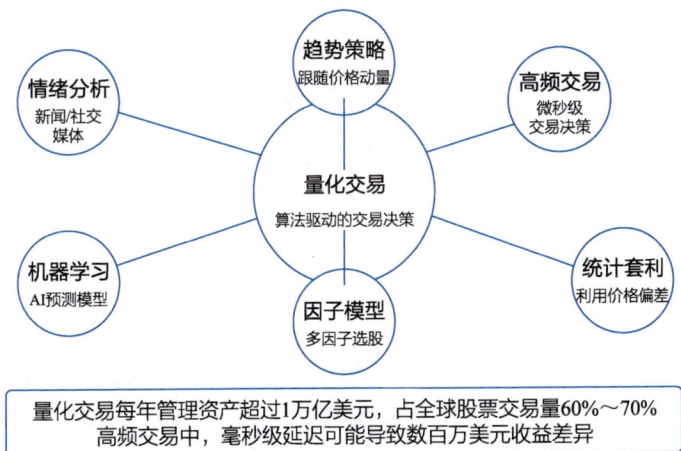

图 6-2　主流量化交易策略分类

1. 量化交易系统的四个关键组成部分

（1）数据采集系统：除基础市场数据（价格、成交量、订单流）外，越来越多机构将社交媒体情绪、搜索趋势、卫星图像等"另类数据"纳入建模框架。

（2）策略研发环境：使用 Python、R 等语言构建交易模型，并通过回测机制评估其历史表现与稳定性。

（3）执行系统：依赖低延迟引擎，以毫秒级速度将模型信号转化为真实订单，规避滑点与抢跑。

（4）风控系统：负责实时监控风险敞口、市场异常与模型偏离，避免系统性风险放大。

这一体系的根基在于对"信号"的捕捉与执行的精准，它改变了过去依赖交易员直觉和市场经验的传统机制。

2. 行业内标杆与典型案例

Renaissance Technologies 的 Medallion 基金被誉为量化交易领域的神话，其年化收益率据称超过 35%，但长期只对内部员工开放。Two Sigma、Citadel 等公司则采用多策略并行的结构，运行上百个模型以实现风险对冲和收益稳定。

中国量化行业起步稍晚，但近年来增长迅速。九坤投资自 2017 年创立以来，已管理逾 500 亿元资产；幻方量化则在 A 股市场探索深度学习与传统量化策略的结合，持续获得超额收益。

在机构系统方面，高盛集团开发的 SIGMA X 平台，是机器学习技术在交易执行中的经典应用。平台通过分析订单流与市场深度，动态判断最优交易路径，帮助客户平均节省约 10% 的交易成本。

3. 技术前沿与伦理思考

当前，量化交易的前沿探索正聚焦于三个方向。

（1）大型语言模型的金融应用：利用 GPT 等模型分析财报、新闻与舆情数据，辅助生成交易信号。

（2）强化学习策略优化：通过试错机制自动寻找最优交易路径，使模型具备自主适应能力。

（3）量子计算的潜在引入：理论上能显著提升模型在多因子高维空间中的求解效率，可能重塑复杂金融建模方式。

但与此同时，算法交易也引发了日益严重的市场伦理与系统稳定性问题。2010 年 5 月 10 日，据搜狐新闻报道，2010 年的"闪崩"事件中，道琼斯工业指数在几分钟内暴跌近千点，其中部分原因指向算法间的联动反应与流动性枯竭。这场事件之后，全球监管机构开始更加关注程序化交易对市场结构的冲击。算法不再只是执行工具，它已成为影响市场微观机制乃至系统性风险的一种变量。

量化交易的扩张，并非技术力量的单线胜利，更是整个金融市场在效率、规则与风险之间不断重新平衡的结果。谁能驯服速度，谁就能塑造秩序；而速度本身，从来不是终点。

6.3　反欺诈技术：金融安全的守护者

引言：欺诈在进化，但技术也在学会识别谎言的纹理。

数字金融的普及不仅带来了服务边界的扩展，也让欺诈手段更加复杂、多样且难以追踪。传统的风控机制越来越难以应对碎片化、高频化和跨境化的欺诈行为。值得庆幸的是，技术革新也在悄然构筑新的防线，人工智能与区块链正逐步成为金融安全体系的核心支柱。金融反欺诈技术架构如图 6-3 所示。

1. 技术的武器库：从识别到预测

现代反欺诈体系已不再依赖固定规则，而是转向动态建模与行为洞察。其中，几项关键技术正成为一线防御的核心。

（1）行为生物识别技术：不同于传统的指纹或面部识别，这一技术聚焦于用户与设备的交互方式——从打字节奏、滑动轨迹到点击习惯，每个人都拥有独特的"行为指纹"。研究表明，行为识别可将欺诈检测准确率提升约30%。

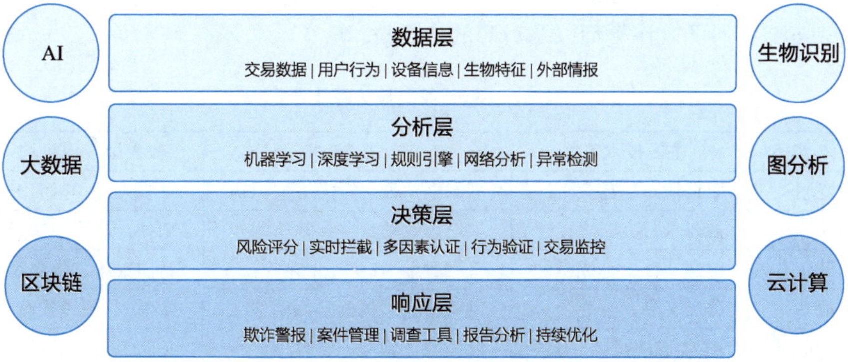

图 6-3 金融反欺诈技术架构

（2）图分析与关联建模：针对团伙式诈骗的隐蔽网络结构，图数据库能够可视化行为链条与隐藏关系，识别看似无关的交易背后潜藏的组织性犯罪。在中国，反电信诈骗平台通过这一技术已成功截断成千上万条诈骗链路。

（3）深度学习模型：相较于传统规则引擎，深度神经网络具备更强的异常行为感知能力。它可在大规模交易数据中自我学习，持续优化模型边界。美国运通应用深度学习技术后，欺诈损失降低了40%，误报率下降了60%。

（4）区块链系统：其不可篡改的特性，使得身份认证、交易记录和合同执行更加可信。新加坡金融管理局发起的 Project Ubin 项目，已将区块链应用于跨境支付与反欺诈流程，有效缓解了传统路径下的信息失真问题。

2. 全球金融机构反欺诈案例

PayPal 采用多层次的反欺诈策略，结合机器学习和行为分析，使其欺诈率保持在行业平均水平的一半以下。苏格兰皇家银行（RBS）利用 AI 技术检测小企业贷款中的可疑模式，避免了近千万美元的损失。

蚂蚁集团的"蚁盾"系统每天处理数亿笔交易，利用1000多个风险特征和实时计算引擎，将欺诈率控制在千分之一以下。微众银行则结合联邦学习和区块链技术，在保护用户隐私的同时提升了反欺诈能力。

一个典型案例是中国工商银行的"融安e信"平台，它整合了 AI 图像识别、生物特征识别和深度学习等技术，实现了 7×24 小时的全自动风险监控，将欺诈损失减少了 65%。

3. 新型欺诈与防御挑战

金融欺诈正进入"AI 对抗"时代。2023 年，全球报告的深度伪造欺诈案件增长了 300%，犯罪分子利用 AI 生成逼真的视频和语音，冒充公司高管实施诈骗。

同时，"欺诈即服务"模式在暗网兴起，使得欺诈工具的获取门槛大幅降低。这要求金融机构不断升级防御策略，从单点防御转向全面的安全生态系统建设。

表 6-1 罗列了欺诈类型以及对应的防御技术。

表 6-1　欺诈类型与防御技术

欺 诈 类 型	主要技术手段	防 御 技 术	典型应用机构
身份盗用	数据泄露、社交工程	多因素认证、行为生物识别	摩根大通、招商银行
交易欺诈	被盗卡号、账户接管	实时风险评分、异常检测	Visa、银联
贷款欺诈	虚假文件、合成身份	文档验证 AI、图分析	富国银行、微众银行
洗钱活动	分层交易、空壳公司	网络分析、机器学习模型	HSBC、建设银行
深度伪造欺诈	AI 生成的视频 / 音频	生物特征验证、活体检测	花旗银行、平安银行
内部威胁	员工共谋、权限滥用	行为分析、异常权限监控	高盛、中金公司

多年的演进使金融反欺诈技术从静态规则转向高度智能化的防御体系。未来，随着量子计算、同态加密等技术逐步落地，这一领域有望实现更强的实时性、联动性与解释能力。但归根结底，真正的防线从来不只是技术本身，而是技术背后对系统性风险的持续理解与响应能力。

6.4　AI 金融时代的思考

引言：真正需要警惕的，不是 AI 做了什么，而是我们在不知不觉中，把原本属于人的判断、责任与选择交给了它。

智能投顾的崛起，让财富管理第一次从"精英的特权"走向"多数人的入口"。算法将原本昂贵且依赖人力的理财服务，压缩成了一套可规模复制的流程。但服务的普及，并不意味着理解的平等。在参考文献 [15] 中给出，在中国，三四线城市和广大农村地区，金融科技的可达性依旧滞后；低学历、老年用户面对算法界面时的困惑，往往被归结为"不会用"，而非产品本身"没设计好"。

真正的普惠，不是让 AI 更聪明，而是让每个普通人都能安心地理解它、使用它、信任它。

与此同时，AI 正悄然重塑金融信任的基础结构。传统理财中，人们可以与顾问面对面交谈、提问、表达疑虑，并在解释与互动中建立信任。而在今天的智能系统中，推荐由模型生成、交易由算法执行，整个过程像一条封闭回路，用户只看到结果，却无法触碰过程。

研究显示，投资者并不反对算法介入，但他们希望"理解算法"——它为什么给出这个建议，它基于什么样的数据和假设，又如何与你的目标匹配？哪怕只是一个简单的因果图，或者一段可读的决策解释，都能成为建立信任的锚点。但现实是，许多平台仍将"黑箱逻辑"视为商业秘密，拒绝解释、回避交代，最终在关键时刻，用户只能"跟着结果走"，却无法为自己的选择找到判断依据。

更深层的问题，并不只是"体验不好"，而是制度缺位。模型越复杂，解释越困难，责任也就越容易在流程中消失。AI 可以带来更快的响应速度，但如果没有清晰的责任链，它也可能加速风险的扩散。在没有责任约束的系统中，效率不是资本，而是赌注。

随着金融体系日益依赖算法中介，制度设计必须同步进化：谁负责建模？谁承担失误？出问题时，用户如何申诉？监管如何介入？如果出了问题，连"应该对话的人"都找不到，那所有的科技加速，最后只会反噬系统本身的信任根基。

技术从来不是中立的。未来的 AI 不是一块冷冰冰的工具，而是一套嵌入了权力、偏见与结构选择的机制。我们必须警惕：不加边界的算法优化，可能在无意间固化偏见、放大不平等、掩盖风险。

AI 让金融变得更智能，也更抽象。在这场效率至上的转型中，我们不能只问"技术是否强大"，更该问"制度是否透明""解释是否清晰""人是否仍有判断空间"。在一个模型驱动的时代，人的角色不该只剩下"点击确认"。

⇕ 思考

当我们将财富决策交给一个无法被质询的算法时，我们交出的，或许不仅是判断权，更是理解风险与承担后果的能力。透明度与效率从不天然对立，但在现实中，它们常常以"牺牲彼此"的方式存在。监管与创新之间的博弈亦是如此。中国的监管沙盒制度提醒我们：自由并不意味着无边界。某些时候，有界的秩序比无序的速度更值得追求。

第 7 章

教育升级——
个性化学习、智能教师与 AI 教育助手

　　今天，教育的边界正在被重写。AI 正以前所未有的方式走进课堂、作业本与考试系统之中。它能根据每个学生的学习轨迹推送差异化内容，代替教师批改试卷，甚至成为全天候的虚拟导师，陪伴孩子完成一次次练习。但回过头看，我们不禁会问：教育真正的目标是什么？是提高分数，还是理解世界？是效率最大化，还是唤醒思考？

　　人工智能的加入，不只是一次工具更替，更是一场理念碰撞。从工业化教育体系中诞生的"统一标准"，正被算法驱动的"个性路径"所替代；教师从讲授者转变为引导者，学生也从被动接受转向主动探索。教育，不再只发生在讲台之间，也可以发生在屏幕前、对话框里，甚至在一个 AI 助手的实时反馈中展开。

　　本章将探讨教育在 AI 时代的变革图景：从个性化学习系统到智能教师工具，从 AI 助教的兴起到职业培训的重塑。当教学从"千人一面"走向"千人千面"时，我们也许更应思考：未来的教育，不只是传授知识的方式之变，更是"何为学习"这一古老命题的重新回答。

7.1　个性化学习：当 AI 遇见课堂

　　引言：真正的教育，从不是把相同的知识塞进不同的大脑，而是激发每个头脑独有的路径。

　　还记得我们上学时的情景吗？一位老师面对四五十名学生，用相同的教材、相同的讲解方式和统一的评价标准，去衡量一个个认知差异巨大的个体。这种"一刀切"的教学方式难以覆盖真实的学生分布：有些人因内容过于简单而感到乏味，

有些人则因跟不上进度而感到焦虑。

如今，人工智能正在逐步打破这一结构性限制。AI 驱动的个性化学习系统，正将教育从"统一供给"引向"差异响应"。如图 7-1 所示，AI 个性化学习相较传统教学，在反馈粒度、内容适配与节奏调整方面展现出根本性优势。

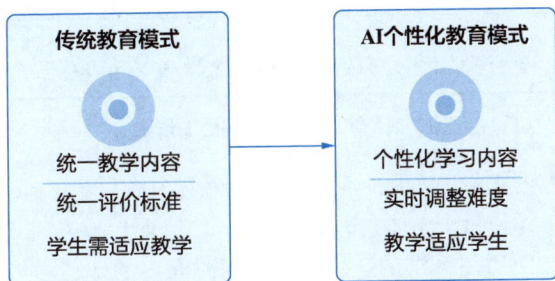

传统教育模式
● 统一教学内容
统一评价标准
学生需适应教学

AI 个性化教育模式
● 个性化学习内容
实时调整难度
教学适应学生

图 7-1　传统教育与 AI 个性化教育模式对比

这类系统通过实时采集学生在学习过程中的行为数据，动态识别其知识掌握程度、思维偏好和认知瓶颈。系统据此生成具备差异化内容、递进式难度与针对性反馈的个性化学习路径。例如，在数学学科中，系统能够精准捕捉一个学生在代数、几何、函数等模块中的具体短板，进而调整训练顺序与难度区间，使其始终处于"可挑战但可达成"的学习节奏中。

教育研究表明，这种以数据为基础的个性化学习方式，能够显著提升学习效率并减轻学习焦虑。在这一教学模式中，教师的角色也发生了本质变化：不再是内容的"广播者"，而成为认知旅程的"引导者"。AI 负责大规模信息处理与资源匹配，教师则将更多精力投入个别指导、批判性思维培养与情感联结之中。

更重要的是，个性化学习不再局限于基础知识的训练，它正扩展至支持批判性思维、问题解决与创造力培养等高阶能力领域，为教育的系统性重构提供了底层技术支撑。

1. 自适应学习系统：因材施教的数字实现

自适应学习系统是 AI 个性化教育的核心机制。它通过对学生学习行为的持续追踪与建模，实时评估其知识掌握水平、认知偏好和反应速度，并据此调整学习内容、路径和难度结构。

以美国的 DreamBox 和中国的松鼠 AI 为代表，这些系统不仅评估"答题是否正确"，更关注"解题过程是否合理"。当学生在某个知识点出现困惑时，系统会自动推送针对性的讲解内容；而当学生在某一领域表现出熟练度，则会引导其进入更具挑战的学习区间，从而保持学习的张力与兴趣。图 7-2 展示了自适应学习系统的工作流程。

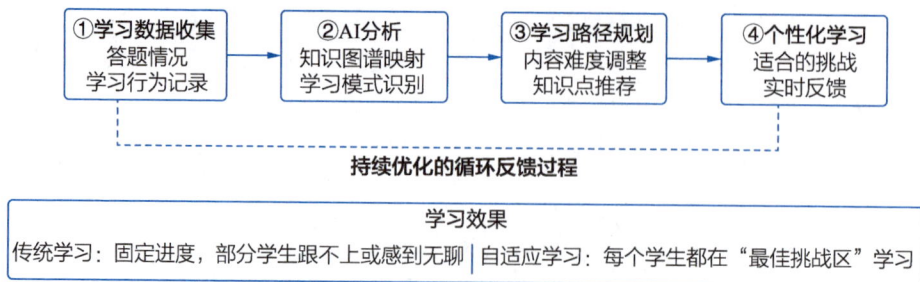

图 7-2　自适应学习系统的工作流程

松鼠 AI 创始人周伟曾指出，他们将知识拆解为数万个"知识原子"，并利用神经网络算法动态构建每个学生的"知识图谱"，进而形成实时更新的个性化学习路径。数据表明，使用该系统的学生，在相同时间内的知识掌握效率比传统教学方式提高约 30%。

在美国 K-12 教育体系中，Kahoot! 等游戏化学习平台也实现了高度响应式的教学机制。系统可以基于学生的互动反馈调整题目类型与讲解方式，显著提升课堂参与度与学习成果。一些学校报告称，在引入此类系统后，学生的平均成绩和课堂活跃度均有明显改善。

2. 虚拟助手与内容推荐：全天候的学习伙伴

除了自适应学习系统，AI 虚拟助手也正在成为个性化学习的重要一环。它们不仅能够实时解答学生提出的问题，还能在学习过程中提供个性化建议，甚至在学生情绪低落时，给予鼓励和陪伴。

以 Khan Academy 推出的 AI 助手 Khanmigo 为例，它不仅具备答疑能力，更强调"引导式学习"。当学生在解题过程中陷入困惑时，Khanmigo 并不会直接给出答案，而是通过一系列启发性问题，引导学生回溯思路、逐步拆解问题，从而自主构建解题路径。最好的老师不直接给你答案，而是教你如何提出更好的问题。如图 7-3 所示，这是一个 AI 虚拟助手与学生互动的示例。

这种对话型、思维驱动式的互动方式，正逐步取代传统"机械解答"的教学模式，也帮助学生在解决具体问题的同时，提升抽象思考与逻辑表达能力。与虚拟助手并行的，是智能内容推荐系统。它们如同学生专属的"数字图书管理员"，根据其学习历史、兴趣轨迹与掌握水平，动态推荐最匹配的学习资源。在未来的课堂里，学习资源不再依赖检索，而是被算法主动送达。

在中国，猿辅导、学而思等主流平台，已广泛部署基于 AI 的内容推荐机制。系统通过分析用户的学习行为数据与阶段目标，从庞大的教学资源库中自动筛选与推送最适宜的课程视频、习题模块和相关资料，帮助学生节省筛选成本，提升获取效率。

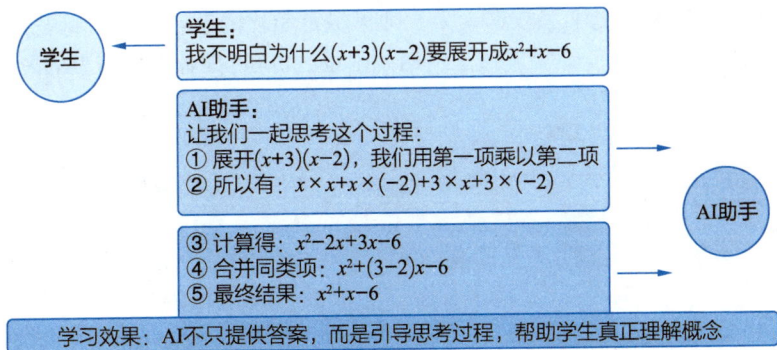

图 7-3 AI 虚拟助手与学生互动示例

这类推荐系统的底层逻辑，正是个性化算法在教育场景的精细化运用。类似于流媒体平台"猜你喜欢"的机制，教育推荐系统则依据知识图谱、错题回溯、认知节奏等维度构建用户画像，从而实现内容与认知状态的精准匹配。

随着数据积累和算法优化不断深入，内容推荐正在从"知识分发"走向"认知导航"，它不仅让学生学得更快，更重要的是，学得更合适。当教育系统开始理解每个学生的节奏，真正的学习也就开始发生了。

7.2 智能教师：AI 如何赋能教育者

引言：技术不能代替教育的温度，但它可以让教师腾出双手，更好地去触碰人心。

尽管人工智能在教育场景中的应用日益广泛，它的使命并不是取代教师，而是成为教师的有力助手。通过承担事务性、重复性的任务，AI 正帮助教师从繁重的工作中解放出来，将更多精力投入真正需要人类智慧与情感的教学活动中。

1. 课程规划与内容创作：教学设计的数字助手

在美国加州的一所高中，历史教师杰克正在准备一堂关于第二次世界大战的课程。过去，他需要花费数小时查找资料、设计教学结构、编写讲义。而如今，他只需向 AI 助手输入课程目标与学生背景，系统便能生成初步教案，推荐相关资源，并根据不同学生的阅读能力自动调整内容难度。

"AI 帮我完成了大部分的准备工作，"杰克说，"我所要做的就是审核内容、调整重点，再融入我的教学风格与理解。原来需要四小时的备课，现在一小时就能完成，而且质量更高。"图 7-4 展示了 AI 如何改变教师工作时间分配。

在中国，松鼠 AI 等教育科技公司也推出了类似的智能备课系统。系统能够结合课程标准与学生历史学习数据,为教师提供定制化的教学建议:哪些知识点需重点讲解、哪些学生可能在特定概念上遇到困难,甚至可推荐因材施教的分层练习。

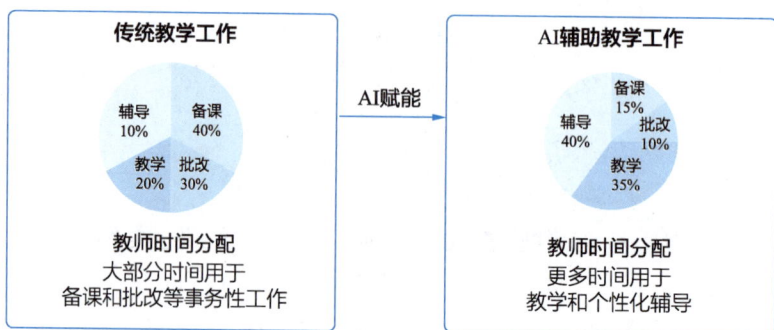

图 7-4　AI 如何改变教师工作时间分配

好的 AI 备课工具不是替代,而是增强。它让教师从内容搬运工变成教学设计师,将更多精力用于与学生的互动、批判性思维的引导及课堂氛围的营造。

2. 作业批改与反馈:让机器处理重复性工作

作业批改是教师最耗时的任务之一。美国一项调查显示,中学教师平均每周需花约 12 小时批改作业。而 AI 正在显著减轻这一负担。

由加州大学伯克利分校开发的 Gradescope 是一款广受欢迎的 AI 批改工具。数据显示,使用 Gradescope 可将教师的批改时间缩短至少 70%。它不仅可自动批改选择题,还可识别手写公式与简答题,分析解题步骤,并自动归类学生错误模式,帮助教师快速发现共性问题。图 7-5 展示了 AI 作业批改系统的工作原理及优势。

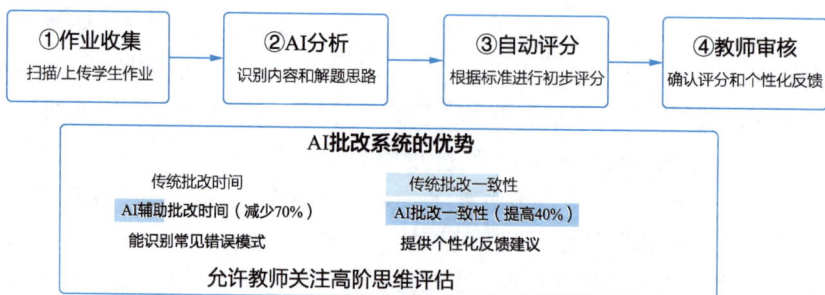

图 7-5　AI 作业批改系统工作原理及优势

在语言教学领域,AI 批改技术也展现出显著能力。微软的 Copilot 教育版与阿里的"智能阅卷助手",都能分析学生作文的语言结构、句法复杂度与逻辑连贯性,提供个性化的反馈建议。

AI 不再只是打分机器，更是认知分析师。它能识别学生写作中的表达盲点，帮助教师制定更具针对性的写作提升路径。更重要的是，它提升了教师反馈的及时性与覆盖率，使每位学生都能在学习中被"看见"。

3. 课堂管理与数据分析：了解每个学生的学习状态

AI 还正在成为教师的"数据中枢"，帮助他们更全面地了解每位学生的学习状态与行为模式。

美国的 Classcraft 平台将游戏机制与 AI 融合，实时追踪学生的参与度与课堂行为反馈，使教师能够基于数据动态调整教学策略。中国"学堂在线"则开发出基于 AI 的学习行为分析系统，通过追踪学生观看视频的时长、停顿频次、作业完成进度等，生成每位学生的"学习画像"。

这种数据驱动的监测机制超越了传统的纸笔测验或课后作业，构建了一个实时、连续、细腻的教学反馈系统。它让教师不仅能看到"结果"，更能洞察"过程"，从而实现更主动的教学干预与精准化支持。真正理想的教学，是在学生发出信号前，教师就已察觉变化。

7.3 AI 教育助手：打造全方位的学习支持系统

引言：当每个学习者都能拥有一位了解他节奏、回应他困惑的数字陪伴者时，教育开始走向真正的个体化。

除了辅助教师完成备课、批改和课堂管理工作，AI 还可以作为学生的"第二位老师"，在课前预习、课中巩固、课后复习等多个环节中，提供个性化、全天候的学习支持。根据学习场景与目标的不同，AI 教育助手也呈现出多样化的形态与功能。

1. 智能辅导系统：数字时代的私人教师

智能辅导系统（Intelligent Tutoring System，ITS）被誉为"数字时代的一对一教师"。这类系统通过实时分析学生的解题过程与思维路径，提供定制化的提示与反馈，不仅关注学生是否答对，更在意他们"是如何思考的"。

美国 Carnegie Learning 开发的 MATHia 平台是该领域的代表性产品。它能在学生解题过程中实时识别常见误区与概念模糊区，并在关键节点提供针对性引导。系统不只是纠正错误，更帮助学生理解"为什么错"以及"如何对"。不同类型的 AI 教育助手功能对比如图 7-6 所示。

哈佛大学的一项实证研究显示，接受 AI 辅导的物理学生在相同时间内掌握的知识量，是传统方式的两倍以上。这一差异的核心在于 AI 能够精准定位知识盲点，并动态匹配强化练习，从而形成更高效的学习闭环。

AI教育助手类型	主要功能	应用场景
智能辅导系统 如：MATHia 、松鼠AI	·分析学生解题过程 ·提供个性化学习路径 ·实时反馈和针对性指导 ·自动调整内容难度	·学科知识学习 ·概念理解和问题解决 ·自主学习和课后巩固
虚拟学习助手 如：Khanmigo、学习猫	·回答学生问题 ·提供学习资源推荐 ·学习规划和提醒 ·学习动机维持	·全科学习支持 ·自主探索学习 ·课外学习辅导
写作评估系统 如：Grammarly教育版	·语法和拼写检查 ·文体和连贯性分析 ·提供写作改进建议 ·检测学术不端行为	·语言和写作课程 ·论文和作文指导 ·学术写作支持

注：不同类型的AI教育助手可以相互结合，形成更全面的学习支持生态系统

图 7-6　不同类型的 AI 教育助手功能对比

中国的松鼠 AI 也采用类似机制。其将知识拆分为数千个"知识原子"，通过神经网络构建学生的个性化知识图谱，实现学习路径的动态优化。一位初中生家长评价道："系统总能找出孩子真正不会的地方，然后反复强化，直到真正掌握。"

2. 职业培训中的 AI 助手：技能学习的数字导师

AI 教育助手的应用不止于中小学或高校课堂。在职业教育与成人技能培训领域，它同样正在成为"数字导师"，帮助学习者适应快速变化的就业市场，完成从"知识更新"到"能力转化"的跃迁。

在西非，Kabakoo 学院通过 AI 虚拟导师为青年提供创业与技术技能培训。这些助手不仅提供学习资源与实时反馈，还能根据用户进度与兴趣定制职业发展路径，形成从学习到就业的完整闭环。

在医学领域，AI 模拟病人正被用于医学生与护士的临床训练中。系统能模拟多种疾病场景与突发状况，使学员在"零风险"的虚拟环境中反复练习，提高诊断判断力与操作熟练度。美国多所医学院报告称，AI 辅助培训显著提升了学生的临床决策信心与实践能力。图 7-7 展示了职业培训中的 AI 教育助手应用场景。

在技术与语言领域，GitHub Copilot for Students 和 Duolingo 编程课也利用 AI 技术辅助初学者学习编程。它们不仅提供代码建议与语法纠错，还能解释逻辑结构、标记易错点，极大提升了编程入门的效率与体验。

AI 教育助手在职业培训中尤其具有价值：它能高度还原真实工作场景，提供即时反馈与反复训练，帮助学习者在模拟环境中积累经验，显著提升"从知道到

会做"的转化效率。

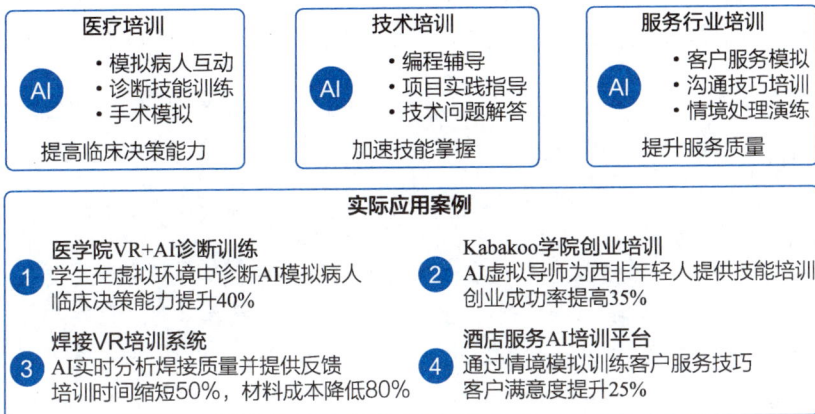

图 7-7　职业培训中的 AI 教育助手应用场景

7.4　AI 教育的当下与未来

引言： *教育从不是关乎工具有多强，而是关乎我们希望把人引向哪里。*

AI 是否真的能提升教育质量？教师的角色将走向何方？在数据日益泛化的时代，如何守护学生的隐私边界？这些问题，不仅是技术落地过程中的现实挑战，更是整个教育体系在重构过程中必须面对的核心命题。

从已有的实践与研究来看，AI 确实在多个维度显著改善了教学体验：它可以构建个性化的学习路径，让学生以最适配的节奏前进；它可以接管繁复的事务性工作，让教师将更多时间投入创造性教学与学生关系建设中；它还能实现即时反馈与微观干预，提升学习的响应速度与纠错效率。

然而，AI 也有其天然的局限。它擅长识别模式，却难以真正理解情绪；它擅长分发知识，却难以引导思维的深度跳跃。真正的创造力、批判性思维、道德判断，仍深深扎根于人类的经验、情感与复杂世界的理解之中。

更值得警惕的是，根据参考文献 [16]，在 AI 渗透教育全流程的过程中，大量学生行为数据被持续采集。这些数据是优化学习体验的基础，但同时也面临滥用、泄露与监控的风险。谁拥有这些数据？能否被删除？是否会成为未来"学术画像"的隐性偏见来源？这些问题至今没有得到系统性的回答。

教育越智能，我们越需要重新界定技术的边界，信任的结构，以及人作为学习主体的尊严。未来的教育不会是 AI 与教师的对立，而更可能是一种"协同式的进化"关系。AI 赋能教师，而教师赋予 AI 以人文目标。教育的根本不在于用最强的工具灌输最多的知识，而是塑造具有判断力、自主性与责任感的人。在 AI 能够预测学习路径的时代，我们真正该守护的，是每个孩子对世界保有好奇的权利。

⇕ 思考

　　在这场席卷全球的教育变革中，我们是否该重新审视：教育的终点究竟是效率，还是理解？当技术持续进步时，我们如何在精准推送与人文关怀之间找到平衡？也许，AI 教育的最大意义不在于替代教师，而是让教育回归其本质——激发每个人独特的潜能，引导他们成为能思考、能选择、能成长的完整个体。

　　教育的终点，不是让学生更像机器，而是帮助他们成为更完整的人。

第 8 章

制造业智能化——
智能工厂、机器人与工业 4.0

从蒸汽机的轰鸣到自动化产线的律动,制造业始终是技术变革最先觉醒的领域。人工智能、大数据与物联网融合涌入车间,一场新的智能革命正在悄然上演。智能工厂不再依赖人力的手动控制,而是以算法调度产能、以数据驱动决策,甚至在"黑灯"状态下高效运转。机器人不再是机械臂的代名词,而是具备感知与协作能力的"新工人"。

本章将走进这个新时代的制造现场,看 AI 如何赋能工厂,从分析数据到操控机械,从预测故障到参与装配;也将聚焦"工业 4.0"的核心逻辑:当一切设备互联互通、实时响应,当人机协作成为主流范式,制造业不再是钢铁与汗水的象征,而是演化为一个复杂、高智、高效的智能系统。这是一次技术的跃升,更是一场产业逻辑的重塑。

8.1 智能工厂的新时代

引言:智能制造不是关掉灯光,而是点亮另一种看不见的秩序。

在庞大的车间里,机器无声运转,灯光熄灭,人影散去,但产线从未停歇。这不是未来主义的想象,而是当下真实运作的"黑灯工厂"。当制造脱离人手,走向智能,一场关于工业秩序的深刻重构,已经悄然展开。

智能工厂,不只是自动化的升级版,而是一个由数据驱动、实时感知、自主决策的动态系统。人工智能、物联网与云计算在其中协同构成神经网络,机器不再只是"执行工具",而成为"思考主体"。智能工厂将人、工艺、设备与数据整合成一个闭环生态,各环节实时联动,自我优化,不断迭代。智能工厂核心组成如图 8-1 所示。

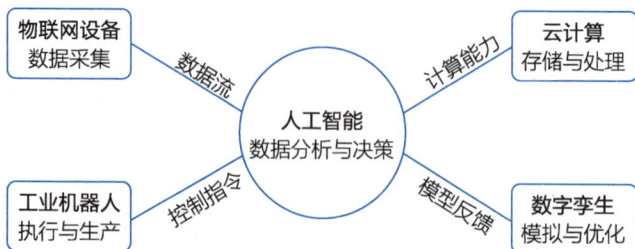

图 8-1 智能工厂核心组成示意图

德勤报告指出，86% 的制造业高管认为智能工厂将在五年内成为企业竞争力的核心来源。这并非潮流，更像是应对全球供应链压力、需求不确定性与成本控制挑战的结构性必然。

我们可以将智能工厂比作一个有机生命体：物联网是它的感官系统，云计算提供肌肉支撑，而人工智能则作为它的"大脑"统筹全局。在北京昌平，小米"黑灯工厂"已经实现了几乎全流程自动化。从原材料进入到成品包装出货，整个过程可以在无人照明的环境下完成，AI 系统与机器人共同运行，千余传感器实时监控、反馈、调整，生产效率与良品率显著提升。

类似地，施耐德电气通过 EcoStruxure 平台整合物联网、边缘计算与 AI，实现了高达 30% 的能源节约和 50% 的维护成本下降。这些系统不仅提升了工厂运行效率，更推动制造从"人找问题"变为"系统主动发现并修复问题"。

智能工厂不是让人退出生产，而是让人从重复性劳动中解放出来，将注意力回归到设计、创新与系统治理之中。正如工业革命让人摆脱了体力极限，智能制造则让人迈向认知边界之外。

8.2 工业机器人的智能进化

引言：它曾是重复的工具，如今正成为灵巧的伙伴。

工业机器人曾是流水线上的机械手臂，只会一遍遍重复预设动作。而今，它们已进化为具有感知、思考与协作能力的智能体，不再只是替代劳动的工具，而是在人类身边工作的"机械同事"。

这一转变，离不开人工智能的加持。从视觉识别到路径规划，从协作感知到任务决策，AI 赋予机器人更高维度的能力，也让制造流程更加灵活、精细与人性化。

现代工业机器人大致可分为三类。

（1）协作机器人（Cobot）：灵活、安全，能够与人类并肩作业，不再需要物理隔离。在小批量、多品种生产中展现出独特优势。

（2）自主移动机器人（AMR）：凭借激光雷达与摄像头进行环境感知与路径规划，自主穿行于车间之间，是智能物流与仓储的核心力量。

（3）垂直专用机器人：例如装配机器人、焊接机器人，仍在诸多高精度场景中发挥稳定作用，但逐步融入 AI 能力后，变得更加"懂你"。

如图 8-2 所示，AI 正在从三个维度重塑机器人的智能边界。

（1）分析型 AI：让机器人能实时处理传感器数据，应对环境不确定性。例如，机器视觉可在散乱物料中精准抓取目标部件。

（2）物理型 AI：通过模拟学习掌握精细动作，在虚拟环境中完成数千次训练后将技能迁移到现实中。

（3）生成型 AI：正在崭露头角，赋予机器人自主规划与创造性解决问题的能力，使其能应对未知任务，拓展应用边界。

在宝马的工厂里，AI 驱动的协作机器人与技工配合默契，能识别不同型号的零件并实时调整操作路径，无须重新编程。这种从"记忆执行"到"学习适应"的能力，是机器走向智能的关键标志。

瑞士 ABB 的 YuMi 双臂机器人更是柔性制造的代表：既能组装手表这样的精密产品，又能在无保护状态下与人共处，真正实现了"协作"而非"替代"。

当机器人不再只是替你动手，而是能与你并肩思考，一个更柔软、更精密、更智能的制造未来，正逐步成型。

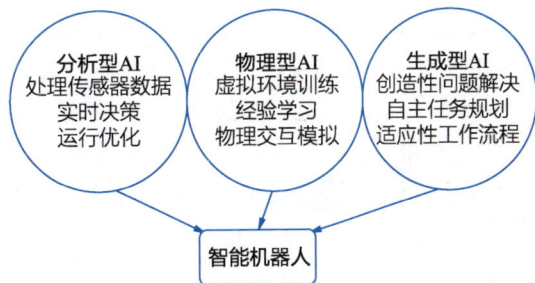

图 8-2　AI 赋能工业机器人的三个维度

8.3　工业 4.0 的新篇章

引言：过去的机器服从命令，今天的机器开始理解世界。

传感器连接设备、算法渗透流程、数据奔流在工厂的每个角落，我们正悄然跨入"第四次工业革命"的门槛。这场变革，不再只是流水线速度的提升，也不是自动化程度的堆叠，而是一次关于认知、协同与自我优化的系统重构。

"工业 4.0"最早源于德国，意指通过人工智能、物联网、边缘计算等技术，实现生产系统的全面智能化与互联化。如图 8-3 所示，它站在蒸汽、电气、信息化的肩膀上，将"感知—分析—决策—执行"这一智能闭环嵌入每一道工序。

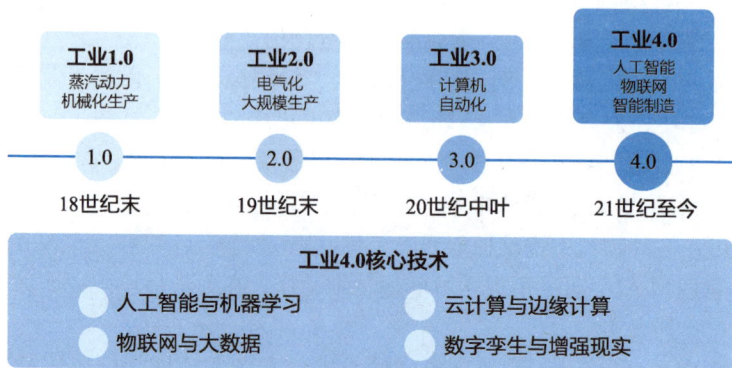

图 8-3　工业革命的演进历程

在这一体系中，人工智能的角色不再是配角，而是核心引擎。它不仅通过数字孪生技术在虚拟空间中预演现实，更在预测性维护、供应链管理和质量检测中扮演"大脑"的角色——预测未来、洞察风险、优化配置。

据搜狐新闻和博世官方报道，在西门子安贝格电子工厂，虚拟与现实深度融合，75% 的生产过程已实现自动化，缺陷率几近为零。在博世的生产线上，AI 替代了人眼，能够发现 0.01mm 的缺陷，成为最敏锐的质检员。而通用电气的数字孪生系统，则为航空发动机建了一份"平行履历"，通过实时反馈实现全生命周期的自我管理。

工业 4.0，不是更复杂的制造，而是更智慧的协作。它不仅重构生产方式，也重新定义了人、机器与决策之间的关系。

8.4　智能制造的实践与挑战

引言：真正的技术革命，不是建起一座未来工厂，而是让它在现实中持续运转。

智能制造既是新技术的汇聚地，也是组织能力的试金石。从初始部署的技术选择，到全流程的人员重构与数据治理，每个环节都可能成为决定成败的关键。智能工厂不是一次性投资，而是一场持续调优的系统工程。

1. 技术之外的挑战：难点不在"智"，而在"造"

虽然技术是起点，但大多数智能制造项目失败的根源往往不在算法，而在组织与管理。如表 8-1 所示，智能制造面临的挑战远不止"技术部署"这么简单。

表 8-1　智能制造面临的挑战类别

挑 战 类 别	具 体 表 现	应 对 策 略
技术成熟度	AI 技术仍在发展中，有些应用场景尚未成熟	选择成熟度高的应用点切入，循序渐进
人才缺口	缺乏同时精通制造业和 AI 技术的跨领域人才	培养内部人才，与大学和研究机构合作
数据质量	数据碎片化、不完整或质量差	建立数据治理体系，先解决数据问题再实施 AI
投资回报	前期投入大，回报周期长	从小项目起步，证明价值后再扩大规模
系统集成	新技术与旧系统难以兼容	选择能够与现有系统集成的解决方案
变革管理	员工抵制新技术，担心工作岗位被取代	强调人机协作，重新培训员工适应新角色

一个典型案例来自某国际汽车厂商：该公司试图"一步到位"推动全厂智能化改造，投入巨大，却因缺乏 AI 应用经验和数据治理能力，导致系统运行效率低下，最终不得不推倒重来，改为"小步快跑"的渐进式推进模式。

失败背后，是对"智能制造"作为长期系统工程的误解。资金可以堆出设备，却堆不出协作机制；技术可以导入，却无法代替认知升级。

2. 从"试点成功"到"规模复制"：转型的关键经验

与之形成鲜明对比的，是海尔的路径式推进。它并未一开始就铺开全局，而是先在单一生产线启动试点，边做边改，逐步积累经验。在此基础上，海尔建立统一的数据中台，为后续的 AI 算法部署打下坚实基础。更重要的是，它将智能制造与业务模式创新结合，不仅提高了效率，更催生了用户定制、柔性生产等新价值空间。

总结来看，成功推进智能制造的企业，往往具备以下五个共同点。

（1）问题驱动，而非技术驱动。不为 AI 而 AI，而是从最痛的点切入，例如良品率低、库存周转慢、换线成本高。

（2）数据先行。智能制造的根是数据，企业需要在动手搞 AI 前，先搞定数据质量、治理和标准。

（3）人机协同，而非人机对抗。AI 不是替代人，而是让人类从重复劳动中解放出来，聚焦更有价值的创造与判断。

（4）敏捷部署，小步快跑。先试点、后复制，比一口气改全厂更稳健，既能试错，也能积累信任。

（5）跨部门共建生态。智能制造是系统级重构，必须打通 IT、OT（操作技术）、管理层与一线工人的壁垒，形成合力。

智能制造不是某个"高精尖项目"，而是一次产业逻辑的深度重构。它要求的不只是技术实力，更是系统性执行力与组织韧性。

8.5　制造业智能化的思考

引言：当工厂变得更智能，制造的定义也随之改变。

智能制造，不只是一次技术升级，更是一场关于"制造本质"的重新书写。它不仅改变了产品的生产方式，更重塑了产业链的角色分工、价值分配和核心能力。

过去，企业的竞争力依赖于规模、速度与成本；如今，数据、算法与灵活响应成为新的护城河。企业不再只是产品的提供者，而是整体解决方案的构建者，甚至成为"以数据驱动的工业平台"。数据正在成为比机器更核心的资产，算法正在取代经验成为优化的逻辑。

与此同时，劳动力市场也在经历深层重构。流水线工人岗位逐步消失，数据工程师、自动化运维专家、AI 模型训练师等新型职业不断涌现。智能制造并非替代人，而是重新定义"人"的价值边界——那些无法被复制的判断力、创造力与系统洞察，正变得愈发稀缺而珍贵。

更深远的是全球制造格局的迁移。一些曾以低成本著称的制造中心，正因创新能力不足而被边缘化；而善于融合技术、管理与数据战略的新兴制造体，正悄然走向舞台中央。

未来的制造业不再以"有没有工厂"来定义，而是要看有没有能力将感知、学习与行动整合为一体。真正的智能制造，不只是让机器开动，而是让整个系统学会思考。

⇕思考

在这场由数据驱动的制造浪潮中，我们正在见证一个从"人管机器"到"人与机器共生"的时代转折。智能化是否真的能带来更高效、更可持续的资源配置？还是反过来，让技术强者更强，落后者更难追赶？当工厂开始自己"思考"，我们每个人也都必须重新思考：我所在的行业是否也将被重塑？我掌握的技能是否仍有价值？

在未来的制造体系里，唯有那些既理解技术逻辑又能守住人文尺度的人，才不会被边缘，而是成为系统中不可替代的"智慧节点"。

第 9 章

法律与合规——
AI 在法律行业的应用与伦理挑战

律师，是一门在理性与人性之间架桥的职业。曾经，我们以为这座桥永远只属于人类；如今，AI 正悄然走上桥面——它帮助律师检索判例、分析合同、辅助审查证据，速度快得令人惊叹，准确率也逐渐逼近甚至超越人类。在某些事务性工作中，AI 已成为不可或缺的伙伴。

但与此同时，一个根本性的问题也浮出水面：当法律服务越来越自动化，它的"判断力"还能保持独立与温度吗？当 AI 为法律行业赋能，它究竟是工具，还是会逐渐重塑这个行业的定义与边界？

本章将走进 AI 在法律行业的多个实践场景，从研究、合同分析到电子取证，从合规审查到风险预测，并进一步探讨这场变革背后的伦理挑战与责任归属。因为，只有厘清技术与正义的关系，才能在加速奔跑的 AI 时代，为法治社会保留清醒的头脑。

9.1 AI 悄然改变法律人的工作日常

引言：技术改变的是工具，真正颠覆的是习惯。

在人们印象中，法律行业一向以传统、严谨、保守著称。法庭的沉稳气氛、律师案头的厚重文书，仿佛天然拒绝技术的侵入。然而现实正在悄然重写这幅图景：一场由 AI 引发的效率革命，正在法律人的日常中悄悄发生。

据 Bob Ambrogi 2024 年 10 月 7 日发布的文章，2024 年的一项行业调查显示，已有 79% 的法律从业者开始将 AI 工具引入业务流程，远高于 2023 年的 19%。背后不仅是技术认知的跃迁，更是法律实践逻辑的一次深层重构。

想象一位律师，面对成千上万份法律文献、海量历史判例、跨境合同条款。以往这样的任务需要数天乃至数周，而今天，AI 研究引擎在几秒内就能完成检索、匹配和归类。数据显示，90% 的律师表示，通过 AI 工具，他们发现了过去常被忽略的重要案例。这不仅是效率提升，更是质量的跃迁。法律研究正在从"费力寻宝"变成"智能导航"。图 9-1 展示了传统法律工作与 AI 辅助工作的效率对比。

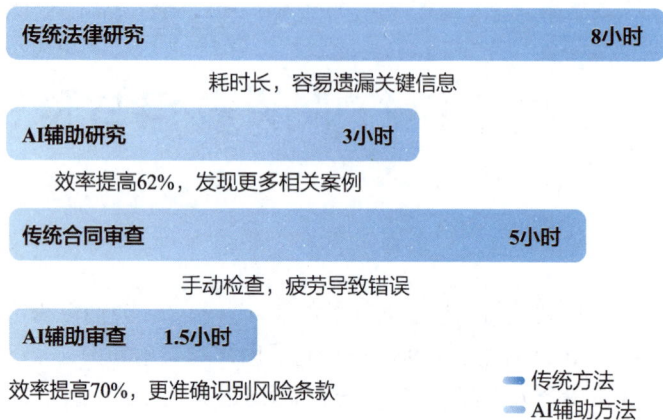

传统法律研究	8小时

耗时长，容易遗漏关键信息

AI辅助研究	3小时

效率提高62%，发现更多相关案例

传统合同审查	5小时

手动检查，疲劳导致错误

AI辅助审查	1.5小时

效率提高70%，更准确识别风险条款

■ 传统方法
■ AI辅助方法

图 9-1　传统法律工作与 AI 辅助工作的效率对比

合同审查的工作同样发生了根本变化。Kira Systems 等 AI 平台可自动识别和提取超过 1400 种合同条款与风险点。在 DLAPiper 的一次尽调任务中，AI 帮助律师团队将原需数月的合同审阅周期压缩至三分之一，他们不再淹没于机械比对，而是将时间用于更具判断价值的任务。

电子取证（eDiscovery）领域的变化更加惊艳。在知识产权诉讼中，Orrick 事务所使用 AI 助手 Everlaw，在海量数据中完成 1 万份文档的自动分类与证据识别。AI 不仅准确率高于人工，成本更是降低了一半以上。在数据成为案件核心资产的时代，AI 正在成为律师最可靠的"发现助手"。

这并不意味着人类律师将被替代，而是意味着他们的角色正被重塑。重复性劳动被 AI 承担，判断力与创造力被重新唤醒。AI 不是撬动法律职业的"杠杆"，而是帮助它重新校准重心的"支点"。

9.2　AI 如何应对日益复杂的法律合规挑战

引言：规则越密，风险越隐；而 AI 正是照亮灰色地带的光。

随着全球监管环境日益复杂，企业所面临的合规压力呈指数级上升。尤其是跨国企业，往往要在多个法律体系中游走，不仅要满足本地合规要求，还要应对国家间法规的不一致甚至相互冲突。在这样的"合规迷宫"中，传统方式已难以为继，人工智能正成为穿越复杂制度网络的新钥匙。以图 9-2 所示的全球数据保护法规为例，企业必须实时掌握每一项合规义务的最新变动，这正是 AI 擅长的领域。

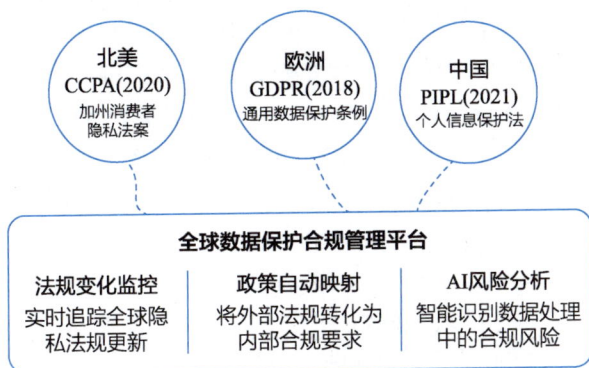

图 9-2 全球主要数据保护法规与 AI 合规监控

根据参考文献 [20]，渣打银行（Standard Chartered）的实践案例颇具代表性。面对日益复杂的多国监管要求，渣打部署了 AI 驱动的合规监控系统，利用自然语言处理自动解析法规文本，辅以机器学习模型评估潜在合规风险。系统上线后，违规事件减少了 40%，审查时间从数天压缩至几分钟。一个典型案例中，AI 系统甚至在人工介入前，自动识别并拦截了一笔可能导致高额罚款的可疑交易，成为银行"看不见的守门人"。

另一家值得关注的公司是 Archer（收购了 Compliance.ai）。据 Archer 官网报道，他们构建了一个能够实时追踪监管变化、自动映射企业内部政策的 AI 平台。不同于以往依赖人工整理的方式，该系统通过训练精细的行业模型，精准筛选出"与我相关"的监管信息，实现"只看重要、只做需要"的高效响应。

AI 不仅是监管内容的"翻译官"，更开始扮演"风险预警机"。埃森哲（Accenture）推出的 AI 风险合规框架，通过结构化评估流程，帮助企业识别模型偏差、审查数据使用合规性，并在系统上线前模拟潜在法律后果。这种"预防性治理"理念，正在成为全球企业负责任使用 AI 的新标准。

在中国，伴随《个人信息保护法》《数据安全法》等法规落地，AI 合规工具也开始普及。以蚂蚁集团为例，其智能风控系统已嵌入金融业务流程中，实时扫描交易合规性，为日常运营提供一张"数字底线"。

技术不是为了逃避合规，而是让合规变得可持续、可操作、可前瞻。在一个法规快速迭代的时代，AI 或许无法决定规则，却能让企业在规则之内，走得更稳，也更远。

9.3　AI 在法律领域的案例：从研究到取证

引言：法律不再只是书架上的厚重文献，也可以是算力驱动下的一次次精准判断。

在人工智能的加持下，法律实践正经历一场静悄悄却深刻的变革。从最初的信息检索，到如今的自动化研究、合同分析与电子取证，AI 正在从"效率工具"走向"认知引擎"，协助法律专业人士完成更复杂、更关键的任务。

1.　Westlaw Precision with CoCounsel：重新定义法律研究

传统的法律研究，往往意味着面对堆积如山的判例与法规，依靠经验、耐心和细致进行筛选。而今天，生成式 AI 正在将这种"慢工出细活"的流程转化为"快而准"的新范式。

Westlaw Precision with CoCounsel 就是这类应用的代表性工具。它允许用户用自然语言提出复杂法律问题，并在数秒钟内返回翔实答案及法律依据，真正实现"问题导向"的智能检索，其工作流程如图 9-3 所示。

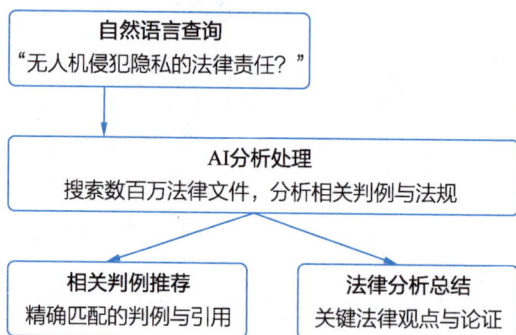

图 9-3　Westlaw Precision with CoCounsel 法律研究工作流程

在一起复杂的知识产权诉讼中，一家中型律师事务所需要厘清一个有争议的专利法问题。过去，这意味着数天甚至数周的案头研究。而借助 Westlaw Precision，这项任务被压缩到了几个小时内完成。更关键的是，系统自动识别出一个原本容易被忽视、却对案件至关重要的判例，最终成为赢得诉讼的关键一锤。

该平台的 Claims Explorer 功能更进一步，它不仅检索资料，还能基于案件事实，智能推荐最有利的主张路径。通过分析历史相似案例的走向与结果，系统协助律师建立更有胜算的法律策略，将"可能性"转化为"准备充分"。这不仅是效率提升的范例，更是 AI 与专业判断融合的典型场景：机器洞悉数据，人类洞察正义。

2.　Kira Systems：AI 如何改变合同分析

合同审查曾被视为法律服务中最繁重也最耗时的任务之一，尤其是在并购交易中，更是对律师团队体力与细致力的双重考验。而 Kira Systems 的出现，正在重塑这一环节的工作逻辑。

这款专为并购尽职调查设计的 AI 合同分析工具，具备强大的文档识别和提取能力，能够自动分类合同、识别修订内容，并提炼出超过 1400 种关键条款与数据点，极大压缩了人工审查所需时间。

在一次跨国并购项目中，DLA Piper 律师事务所面对超过 3000 份合同文件的审查需求。按照传统流程，这将是一个耗时数月、动用数十人的"马拉松项目"。但借助 Kira，他们在两周内完成了全部审查工作，时间缩短超过 70%，准确性反而更高。

Kira 内嵌的生成式 AI 摘要功能可以为识别出的条款生成简洁、清晰的语言描述，帮助律师快速理解重点内容。同时，配套的在线协作平台与数据可视化模块，让跨团队合作更加顺畅，进度一目了然，决策更为高效。Kira 的意义不仅在于提升速度，更在于构建一种新型工作模式：让律师将注意力从"翻页"转向"判断"，从机械操作转向战略思维。

3. Everlaw AI Assistant：电子取证的革命

在动辄数太字节的电子数据中寻找关键证据，曾是每位律师噩梦般的挑战。而如今，AI 正以令人惊叹的能力改写这一现实。Everlaw AI Assistant，正成为电子取证领域的破局者。

根据参考文献 [21] 的内容，在 Orrick 律师事务所处理的一起知识产权案件中，团队使用 Everlaw 对超过一万份文档进行了审查。系统基于大型语言模型的推理能力，对文档的相关性进行智能分类，不仅大幅提高了处理速度，更实现了在准确率上超越人工的表现。当 AI 判定某些文档"不相关"时，人工审查仅推翻其中一例——这背后，是对"信任 AI 判断力"的真实写照。图 9-4 展示了这一工作流程的高效协同模式。

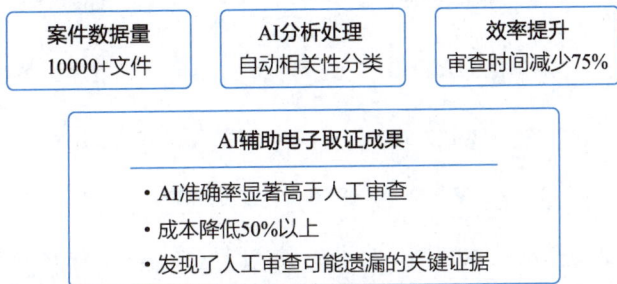

图 9-4　Everlaw AI Assistant 在 Orrick 律师事务所案例中的应用

更引人注目的是，这场技术介入带来的，不只是效率提升，而是实打实的成本革命。Orrick 估算，仅此一案，证据审查成本便节省超过 50%。放在一个大型诉讼项目中，这可能意味着数十万甚至数百万美元的支出差异。

Everlaw 还具备一个极具突破性的功能—— Project Query。它允许律师用自然语言提问，并在几秒钟内，从数太字节的取证材料中提取关键信息。这项功能在案件早期探索、疑点梳理、庭审准备乃至现场支持中，发挥着前所未有的"问即得"的检索能力。

在中国，AI 辅助电子取证的步伐也在加快。北京市高级人民法院已试点引入 AI 技术辅助证据审查，并逐步推广至其他高频互联网案件中。随着诉讼流程的数据化和案件数量的激增，AI 无疑将成为现代司法效率提升的关键引擎。这是一次革命，它不仅改变了"如何取证"，也在重新定义"取证能做到什么"。

9.4　AI 对法律专业的影响与挑战

引言：技术可以替代流程，无法替代判断；算法可以快速归纳规则，却无法体察人心。

人工智能正悄然重塑法律人的职业画像。据统计，AI 每周可为律师节省约 4 小时的工作时间，行业中约 74% 的小时计费型任务具备自动化潜力（见图 9-5）。但真正引发震动的，不只是效率的提升，而是这场变革所带来的认知和制度冲击。

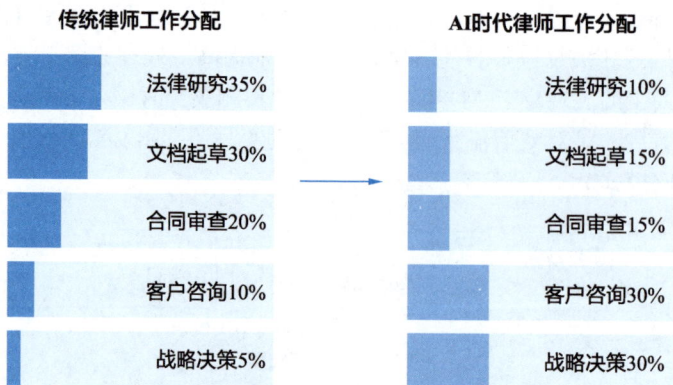

传统律师工作分配　　　　　　　AI时代律师工作分配

法律研究35%　　法律研究10%
文档起草30%　　文档起草15%
合同审查20%　　合同审查15%
客户咨询10%　　客户咨询30%
战略决策5%　　　战略决策30%

图 9-5　AI 对律师工作模式的影响

在海量文献中精准搜索判例、自动生成合同草稿、辅助法庭辩论策略……AI 正以令人惊叹的能力参与法律实践。但问题随之而来：法律判断的本质，究竟是什么？

剥去技术的外衣，法律从不是一堆"如果……那么……"的规则链。真正的法律思维，是将规则嵌入具体情境的能力，是对个案中情感、文化与价值的体察。AI 能迅速分析千页卷宗，却无法读懂一个家庭暴力受害者眼中的恐惧与沉默。法律，不仅是逻辑的产物，更是正义的温度。

职业伦理也被迫接受重新定义。传统"按小时计费"的模式，在 AI 时代正遭遇信任危机。当 AI 让一位资深律师 30 分钟完成原本需耗费 10 小时的工作，应按时间计费，还是按成果收费？这是一个关于专业价值认定的哲学问题，而非价格标签的更换。未来法律服务或将从"时间逻辑"走向"价值逻辑"，但这一转变挑战着整个行业的底层结构。

更复杂的问题出现在责任边界模糊时。若一份由 AI 辅助撰写的合同条款出错，导致客户损失，责任由谁承担？律师？ AI？开发者？在现有法律框架中，几乎没有答案。正如一位学者所言："算法可以给出建议，但无法被问责。"我们急需构建一套全新的责任体系，为 AI 时代的法律实践划清边界、厘清义务。

⇕ 思考

法律不仅是一种服务，更是一种信任的托付。客户将自己最隐秘、最艰难、最脆弱的时刻，交由律师托举与守护。这不仅是专业能力的体现，更是一段深刻的人际承诺。而 AI 的到来，让这种人际信任面临新的挑战：技术，真的能读懂一位母亲失去孩子的撕心裂肺，或一名员工面对不公时的屈辱沉默吗？

我们可以信任算法去分析合同、筛选证据、归纳规则，但在面对家庭破碎、道德冲突、社会不义之时，仍需要一个有血有肉、懂得"感受"的人类在场。同理心、伦理判断与价值取舍，才是法律不可替代的"人文底座"。

也许未来，AI 可以帮助我们"理解法律"，但唯有人类，才能真正"理解人"。正义从来不只属于理性，更根植于我们对彼此的理解、尊重与同情。

第 10 章

CHAPTER 10

媒体与创意产业——
AI 生成内容、数字人、艺术与音乐

如果说 AI 最初只是用于计算和分析的工具，那么今天，它正一步步踏入艺术的殿堂——作画、作曲、写诗、剪辑、配音……甚至塑造"数字人"，接管主播、演员乃至偶像的角色。

这是人类历史上首次，我们开始与"非人类"的创作者共享灵感的舞台。这场变化并不只是一次产业技术革命，更是一次文化与身份的震荡重组：谁是创作者？什么是原创？作品的价值如何评估？版权与人格权如何界定？当我们在 B 站刷到一位 AI 生成的虚拟 UP 主，或者在 Spotify 听到 AI 谱写的协奏曲时，我们正在无声中穿越人类创意边界的旧地图。

创意行业将 AI 的引入，并非横扫一切的征服者，它更像一面镜子，映照出人类审美、表达、情感与想象力的另一种可能性。是威胁，也是工具；是替代，也是解放。它挑战我们的原创性认知，也重塑创意生产的结构秩序。

本章将聚焦 AI 在内容生成、虚拟人、音乐艺术等领域的实际应用与伦理困境，探讨当"创意"被算法模拟、当"表达"由模型生成，我们该如何重估"人"的价值与边界。

10.1 AI 生成内容：从标题到文章、从文字到图像

引言：如果信息是这个时代的语言，那么 AI 正在学会说话——而且越来越像我们。

AI 正迅速从技术边缘走向内容产业的核心。从新闻报道到广告创意，从品牌营销到搜索优化，它已不再是创作者的辅助工具，而开始成为创意流程中不可或缺的"共创者"。这场内容革命，远不止效率的跃升，更重塑着媒体、公关与用户之间的表达逻辑。

1. 新闻媒体的 AI 记者

在澳大利亚广播公司（Australia Broadcasting Corporation，ABC），一位不眠不休、秒级响应的 AI 记者已在编辑室"上岗"。这款名为 ABC Assist 的 AI 工具，不仅能自动生成新闻摘要，还能提供引用原始链接，帮助读者核实信息，其工作流程如图 10-1 所示。ABC 特别强调：它并非要取代思考，而是让用户"更容易思考"。

美国 ESPN 则用 AI 扩大了报道边界——那些过去因资源有限而无人问津的小众赛事，如 Premier Lacrosse League，如今也能享有详尽的赛后报道。所有生成内容都需经过人工审核，并明确标注"由生成式 AI 提供"，既拓展了内容广度，也守住了透明底线。

图 10-1　ABC Assist 工作流程示意图

在德国，《商报》（*Handelsblatt*）则将 AI 渗透报道链条的每一环：标题生成、事实核查、语音克隆、文章配图甚至报纸排版，全面重塑新闻生产方式。AI 正在帮助媒体完成一项宏大的"写作现代化工程"，它既是在写字，也是在重写媒体的角色边界。

2. 创意营销的数字创新

过去的广告拼创意，今天的广告拼算法与语境感知。在 AI 的加持下，营销不再只是传播，更是实时互动、动态生成、精准适配。当算法开始理解城市的脉搏、人群的流动、情绪的温度，广告就不再是"写给所有人"，而是"说给此时此地的你"。

PODS 与广告公司 Tombras 联合打造的"世界上最智能的广告牌"，为我们展现了 AI 如何打破营销固有边界。借助 Google Gemini 模型，这些移动广告牌实时接入纽约 299 个社区的动态数据，包括天气、交通、地理位置和热搜关键词，仅用 29 小时就生成 6000 多条"因地制宜"的广告标题（见图 10-2）。广告，不再是静态海报，而是与城市共呼吸的"语言生物"。

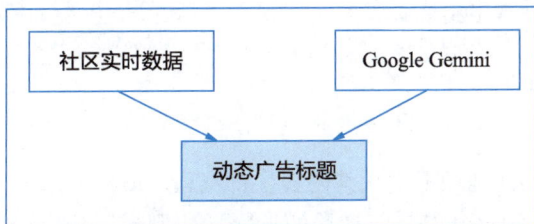

29小时内覆盖299个社区，生成6000+条标题

图 10-2　PODS"世界上最智能的广告牌"工作原理

93

大众汽车也在创造"说话的用户手册"。在其 myVWApp 中，集成了 Google Gemini 驱动的虚拟助手，可用自然语言回答驾驶相关问题，比如"这个按钮是干吗的？""轮胎该怎么换？"更惊艳的是，用户只需将手机摄像头对准仪表盘，AI 即识别该图标并给出语义解释。这是多模态交互的真实落地，说明书不再是文档，而是对话式知识。

而星巴克的 Deep Brew 平台，则更像是品牌的"数字中枢神经"。它汇聚用户订单修改、门店高峰、库存、设备维护状态等实时数据，不仅用于优化门店运营，也能个性化推荐得来速（Drive-through）菜单，提高顾客满意度。重要的是，AI 解放了员工，让他们回归"人与人"的温度交流，增强客户满意度，让技术回归服务，而非取代服务。

AI 不是取代创意，而是拓展创意的空间边界，让每个触点都变得更加"理解你"。

3. 内容效率与优化

内容的核心从未改变——触达真实用户的真实需求。AI 做的，不是替代写作，而是精准地告诉你该写什么。

在内容为王的数字世界里，AI 正成为品牌内容战略中不可或缺的策划师与编辑部。它不负责表达情绪，却擅长分析趋势；不参与灵感生成，却精准识别需求缝隙。内容创作从凭直觉走向凭数据，从大海捞针变为精准捕捉。

以睡眠品牌 Tomorrow Sleep 为例，初期其网站月访问量仅 4000 人，流量增长陷入停滞。借助 AI 平台 MarketMuse，他们构建了一个"内容机会地图"：挖掘用户高频搜索主题、分析竞争对手强势领域与薄弱环节，从而实现高效选题与内容布局。最终，网站流量飙升至 40 万 / 月，增长为 100 倍，见图 10-3。这不是写得更多，而是写得更"对"。

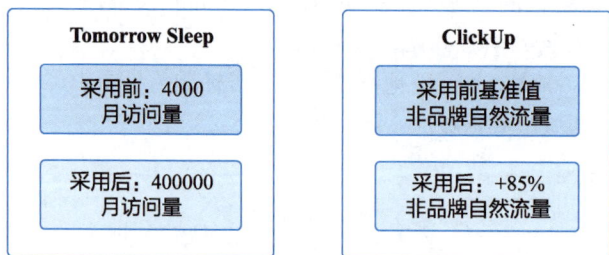

图 10-3 AI 内容优化效果对比

ClickUp 也在 AI 辅助下优化其内容生产流程。他们采用 SurferSEO 工具，在 12 个月内发布了 150 多篇高质量文章，非品牌关键词流量提升 85%。AI 不仅帮他们找到该写哪些关键词，还协助生成结构化大纲，并提供内容质量优化建议。文章不再只是发布，而是精准回应搜索意图的"解决方案"。

当内容进入"算法引导＋人类创作"的双轨协作时代，我们看到了一个新趋势：从流量内容到价值内容，从内容运营到内容战略，AI 正在让"写对"比"写多"更重要。

10.2　数字人：虚拟形象的崛起

引言：当数字形象开始说话，我们不得不重新定义"在场"。

数字人，正以意想不到的速度从实验室走入我们的工作、生活与文化舞台。无论是在企业培训中解说政策流程，还是在新闻演播室里读报传声，甚至登上音乐节的虚拟舞台，AI 构建出的"人"开始拥有越来越多的社会角色与功能身份。它们没有肉身，却有形象；没有情绪，却能表达；不具意识，却在改变人与内容的互动方式。

1. 虚拟主持人与数字员工

在屏幕的另一端，你看到的是一个说话流利、面带微笑、全天在线的"员工"——但它并非真人，而是一位由 AI 驱动的数字人。她不会疲惫、不请病假、不换岗位，却能以稳定一致的方式应对每位用户的需求。这并非遥远的科幻设定，而是正在发生的现实场景。

数字人，正在悄然重塑人类与服务之间的互动方式。在德国电信的门店，UneeQ 数字人作为"虚拟柜员"提供 7×24 小时服务，大幅减少了等待时间，提升了客户满意度。在卡塔尔航空，名为 Sama2.0 的 AI 虚拟人不仅能解答旅客的疑问，还能在沉浸式体验中提供定制化建议，成为"数字化奢华体验"的一部分。而在美国得克萨斯州的阿马里洛市，数字人 Emma 作为多语种政务助手，让本地居民首次体会到与"AI 公务员"对话的便利。

背后推动这场变革的，是如 Synthesia 这样的 AI 平台。用户无须摄像机、演员、录音棚，只需输入一段文字，即可生成拥有拟人面孔与语调的视频解说。这些"数字主持人"已覆盖超过 230 种形象模板、140 多种语言与口音，为企业节省了巨额内容制作成本的同时，也催生了全新的传播模式。

不仅是外部服务，数字人也正渗入企业内部流程。在 BSH 家电集团，6 万多名员工通过数字人完成培训，学习效率显著提升。LinkedIn 上一位创作者凭借 Synthesia 创建的"AI 分身"，快速突破 6000 万播放量，验证了"个人 IP×数字克隆"的传播潜力。数字人应用场景如图 10-4 所示。

当数字人成为客户代表、教学讲师甚至企业代言人，我们必须重新思考"人格"的边界。当形象与语言都可以被模拟，专业是否也能被模拟？信任能否复制？

在这场由代码驱动的人机交互革命中，数字人的崛起，既是技术的跃迁，也是身份与存在的新叩问。

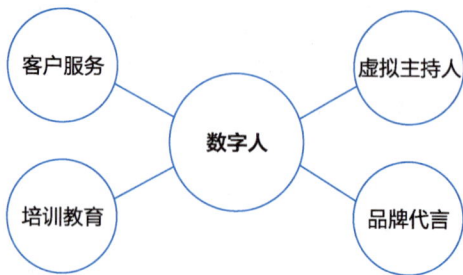

图 10-4　数字人应用场景

2. 数字演员与虚拟明星

一位演员，在去世近七十年后再次出现在大银幕上，演绎前所未有的角色——这是 AI 技术带来的"数字复活"，也是电影工业正在经历的一场静悄悄的革命。

在科幻片 *Back to Eden* 中，好莱坞传奇影星詹姆斯·迪恩被"重塑"：项目团队通过分析他生前的影像、音频与照片，构建出一个拥有其面容、声线与表演风格的数字替身。这不只是技术的炫技，更是电影叙事边界的一次拓展。过去只能依赖真人演员完成的表达，如今可以由算法驱动的"影像幽灵"重新演绎。

数字演员的崛起，为电影制作带来了前所未有的自由：他们没有档期冲突、不受年龄限制、不需排练甚至不会生病；他们可以永远年轻、永不失声，在虚拟片场中精准还原每个导演的想象。而从成本视角看，这些 AI 角色也不需要支付薪资、差旅或住宿费用，是"可复制的劳动力"，也是创意工业的"替身革命"。

但当我们欢呼技术突破的同时，也不能忽视另一重声音：演员的劳动是否会被"克隆版本"取代？角色的灵魂是否可以被复制？当"数字人"越来越多地参与创作，我们该如何定义"表演"的边界与价值？这一切，才刚刚开始。

3. 虚拟偶像现象

舞台灯光亮起，一个"人"缓缓登场，她没有血肉之躯，却拥有数以千万计的粉丝——虚拟偶像，正重新定义"明星"这一词汇的含义。

初音未来无疑是这个领域的开路先锋。2007 年，这位诞生于日本、由 Vocaloid 语音合成技术驱动的虚拟歌姬，迅速突破二次元圈层，成为全球性的文化现象。它不仅发行专辑、举办全息演唱会，甚至可以与真人乐队"同台飙歌"。更令人惊叹的是，它并非由某位艺术家"创作"，而是由千千万万个粉丝"共创"。得益于开放版权政策，初音未来的世界成为一个由社群共同建构的数字宇宙——技术赋予了它声音，而用户赋予了它灵魂。

在中国，虚拟偶像洛天依也走出了一条别具特色的路径。它不仅拥有清澈动人的声线和充满国风的视觉形象，还频繁亮相春晚、参与政府宣传，成为数字文化中"亦真亦幻"的公共形象。洛天依的流行，既体现了年轻一代的文化审美变迁，也标志着技术赋能下的软实力输出新形式。

而韩国 SM 娱乐公司推出的 aespa 更进一步打破了现实与虚拟的界限。该女子组合由四位现实成员与四位基于其数字克隆的"虚拟分身"组成，后者活跃于元宇宙，拥有独立性格、故事线和社交网络。这种"虚实融合"的偶像形态，既拓展了娱乐产业的想象空间，也引发了版权归属、人格延展等深层法律与伦理讨论。图 10-5 展示了虚拟偶像全球发展的时间线。

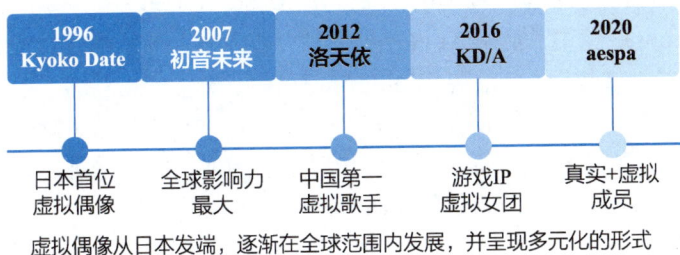

图 10-5　虚拟偶像全球发展时间线

虚拟偶像并不只是"工具人"的替代品，它们正在成为文化符号的载体。它们没有绯闻、不受时空限制，也不会疲惫或老去。在一个追求稳定情绪输出、可控公众形象的时代，这类"理想偶像"或许更符合品牌方与平台方的心理预期。

但与此同时，我们也应追问：如果偶像是"拟像"，那崇拜是否仍然真实？虚拟人物传递的情绪和信仰，会不会比真实存在更具感染力？当人类把情感投射在一个并不存在的"他者"身上时，我们是在逃避现实，还是在重塑现实？

这不仅是一场技术创新，更是一次对人类"情感建构方式"的深度挑战。

10.3　AI 在艺术领域的应用

引言：也许未来的创作者，不再拥有一双沾满颜料的手，而是一组训练完毕的模型参数。

艺术，曾被视为人类灵魂最不可复制的表达。而今，在算法的协助下，画布上的每道笔触、雕塑上的每个起伏，竟也能由机器精准"生成"。这不是对艺术的背叛，而是对"创作"概念的重新定义。

1. AI 绘画与雕塑的突破

2018 年，一幅模糊的人像画在巴黎佳士得拍卖行以 43.25 万美元成交，引发全球关注。这幅名为 *Edmond de Belamy* 的作品，并非出自某位艺术大师之手，而由一个生成对抗网络生成，其背后的创作者是法国 Obvious 艺术团队。他们用 1.5

万幅 14—19 世纪的肖像画训练模型，最终产出了这张"不属于任何人类"的作品。拍卖落槌的那一刻，不只是 AI 进入艺术殿堂的标志，更是一场关于"谁是作者"的哲学追问。

与此同时，土耳其裔媒体艺术家 Refik Anadol 则用算法作画、用数据雕塑。他将 AI 训练为"视觉炼金术士"，从博物馆的艺术品数据库中提取视觉纹理，重组为不断流动的抽象装置。在 MoMA 展出的 Unsupervised、在毕尔巴鄂古根海姆博物馆的 insitu 展览中，他用 AI 讲述了一种"非人眼"的艺术直觉。观众不再是看画者，而成为被数据吞没、与机器共感的存在。

根据 Microsoft 官网的信息，如图 10-6 所示，另一个令人惊叹的项目 *The Next Rembrandt* 则直接挑战了"天才创作者"的神话。由数据科学家、历史学家和艺术家共同参与，他们分析了伦勃朗 346 幅画作、提取 16 万个图像特征，通过深度学习和 3D 打印技术，"复活"了一幅仿佛由伦勃朗本人亲笔绘制的新作。这不仅是对风格的复制，更是一场"让算法模仿灵魂"的实验。

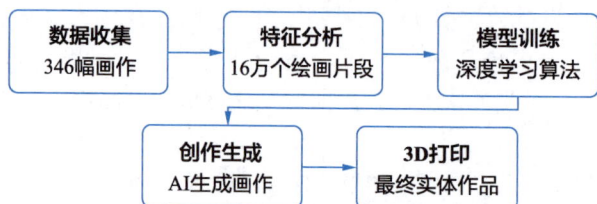

历时18个月，跨学科团队合作
"不是复制伦勃朗的作品，而是创造伦勃朗可能会画的新作品"

图 10-6　*The Next Rembrandt* 创作过程

2. AI 艺术市场的兴起

从边缘探索走向主流拍场，AI 艺术正悄然改变艺术市场的格局。2024 年，德国 Kunstmuseum Bonn 设立 Human AI Art Award，表彰人机共创的先锋力量；同年，Refik Anadol 再次以"AI 即艺术家"的身份在古根海姆举办展览，引发热烈讨论。佳士得与苏富比也不再观望，纷纷推出 AI 艺术专场拍卖会——艺术界最保守的堡垒，正在被技术轻柔而坚定地渗透。

2024 年 11 月 8 日，英国卫报发布博文，报道称由人形机器人 Ai-Da 创作的 AIGod.PortraitofAlanTuring 以 108 万美元在苏富比成交，刷新 AI 艺术品最高成交纪录。画作致敬计算机科学之父，创作者却是其数字后代，这场"向人类智慧致敬的演出"，也许正是 AI 艺术最大的隐喻。

更引人注目的是买家的变化：越来越多的年轻藏家将 AI 艺术视为数字时代的新"蓝筹"。不是因为它比传统艺术更美，而是因为它更符合这个时代对"创造力"

的新理解——一种不再源自灵感闪现，而源自模型训练的创造方式。

10.4 AI 在音乐领域的应用

引言：旋律是人类情感的语言，当机器也开始谱写音符，我们该如何重新定"创作"？

音乐是最古老也最感性的表达形式，而今这种"灵魂的节奏"也正在被人工智能重新演奏。无论是作曲、演奏还是舞台表演，AI 正从辅助者演进为共创者，甚至可能成为新时代的"数字作曲家"。在音符与算法交织的未来，我们听见的不只是旋律，更是技术与情感的共鸣。

1. AI 作曲与编曲的新维度

2016 年，AIVA 成为世界上首位被法国音乐作者作曲者与出版商协会（Society of Authors，Composers and Publishers of Music，SACEM）正式认可的 AI 作曲家。这个由卢森堡公司 AIVA Technologies 开发的系统，能够创作出原创的古典音乐作品，并已在影视、广告和游戏领域广泛应用。它的专辑 Genesis 完全由 AI 独立创作，演示了算法在复杂音乐结构中的掌控力。

OpenAI 推出的 MuseNet 更进一步。它基于 Transformer 架构，能够融合 10 种乐器、混搭风格，从莫扎特到披头士，从乡村到爵士，自由穿梭于人类音乐的风格谱系中。AI 不只是模仿，而是在多个维度上"演化"出新的组合。

面向普通创作者的平台也层出不穷。Suno AI 允许用户通过输入简单的歌词和风格指令，即可快速生成逼真的歌曲，仿佛是为创作打开了一扇"零门槛"的窗户。而 NotaGen 则将大型语言模型的训练范式引入古典音乐生成中，采用独特的"交织 ABC 记谱法"，在音乐性与逻辑结构之间找到了新的平衡。

如图 10-7 所示，AI 音乐生成正从单点突破迈向全面协同，逐渐构建出音乐创作的"多模态模型群"。

2. AI 音乐表演与复古焕新

2023 年 11 月，The Beatles 发布了一首名为 Now and Then 的"新歌"，这首歌曲却来自一盘 45 年前的 Demo 磁带。借助 AI 技术，团队成功从约翰·列侬的老录音中提取出清晰人声，并与现代演奏无缝融合。这首跨越时代的协奏，不仅唤醒了情感记忆，也展示了技术修复历史的温柔力量。

雅马哈也在音乐与身体语言之间进行了一次惊艳的桥接：借助 AI，舞蹈家森山开次通过肢体动作"指挥"钢琴演奏，开辟了音乐与动作同步创作的全新体验。这不是"控制"，而是一场感知的共舞。

AI系统	技术基础	特点与应用
AIVA	深度学习	专注古典音乐 首位获SACEM认可
MuseNet	Transformer模型	多种风格融合 支持多达10种乐器
Suno AI	生成式AI	用户友好界面 歌词到完整歌曲
NotaGen	大型语言模型（LLM）	复杂古典音乐创作 交织ABC记谱法

图 10-7　AI 音乐生成技术对比

虚拟偶像更是这一变革的先锋。初音未来以 AI 驱动的 Vocaloid 技术与全息投影为媒介，已在全球举办数百场演唱会，不再依赖现实身体，也不受生理限制。未来的音乐舞台，不是一个人站在聚光灯下，而是多种算法在背后协同奏响。

在某些场合，AI 甚至可以根据观众的情绪波动，实时调整音乐节奏与演奏风格，实现前所未有的"情境适配音乐体验"。

3. 市场反响与版权思考

音乐人们对 AI 的态度既期待又谨慎。AI 创作确实能提供前所未有的效率与新鲜感，但"情感的真伪"依然是绕不开的问题。一项调查显示，大多数听众仍倾向于相信："AI 能写歌，却难以写出痛苦。"

与此同时，版权问题正成为 AI 音乐面前最现实的门槛。谁拥有 AI 生成作品的所有权？是平台、用户，还是模型开发者？ AI 是否在不自知中侵犯了他人的旋律主权？这些问题尚未有清晰答案，也正推动各国在法律与道德层面加快回应。

美国音乐人协会、英国版权局等组织已开始提出监管建议，呼吁为 AI 生成音乐设立标注标准，并明确其与原创音乐人的权利边界。

如果未来每个人都能用一句话生成一首歌，那么什么才是"会写歌"的价值？当旋律不再稀缺，情感将成为唯一稀有的资源。

10.5　AI 生成内容的思考与启示

引言：当每个人都可以创作，创意的意义是否会被稀释，还是由此更加珍贵？

AI 的介入，正在重新定义"创意"的边界。它写诗、作画、作曲、建模、生成短剧，甚至能一键输出个性化的营销方案。但问题随之而来：机器生成的内容，是否削弱了人类创意的独特性与人文价值？又或者，它其实只是为我们打开了另一扇门——一扇通向"协同创作"的未来之门。

1. AI 是创造力的放大器，而非终结者

技术从未真正取代过创造力。AI 不是艺术家的替身，而是助手与工具。正如星巴克的 Deep Brew 平台所展示的那样，AI 可以承担结构化、重复性的工作，使人类将时间和注意力重新投注到"想象力"与"情感表达"上。

生成内容的自动化，让个体从表达的局外人变成局内人。在过去，一个没有绘画技巧的人难以表达内心画面，但今天，他们只需一段文字，便可生成图像。这并非"替代创意"，而是"释放创意"。

创意从未稀缺，缺的是让创意落地的能力。AI 正是那双将想法带入现实的手。

2. 虚拟形象的崛起：界限模糊，表达延伸

数字人技术正在模糊真实与虚拟之间的边界。我们可以与克隆的声音对话，接受 AI 主持的节目，甚至在社交平台上追随一个从未真实存在过的"虚拟偶像"。

这是否意味着我们正在远离真实？或许更贴切的说法是：我们正在进入一个多层次现实共存的时代。关键不是拒绝虚拟，而是要建立明确的识别机制与伦理框架——让用户知道他们面对的是谁，知道哪些内容是由 AI 生成的。只有如此，我们才能在技术带来的新表达形式中，继续维系真实、信任与责任的底线。

与此同时，数字人也为表达打开了全新的维度：它们可以跨越语言、时间、空间的限制，为品牌、艺术家、教育者乃至普通人提供低成本、高效率、高一致性的表达通道。

3. AI 艺术：创作还是"合成"？

2018 年，当《Edmond de Belamy 肖像》以 43 万美元的高价拍出时，人们第一次认真地问：AI 生成的作品，能算"艺术"吗？从技术上看，它是算法训练下的"风格合成"；从感知上看，它也许无法触及那些源自人类情绪深处的"灵魂波动"。

但这并不意味着 AI 艺术没有价值。它的价值，或许并不在于模仿人类，而在于开辟出一种全新的"非人类美学"路径。它是另一种感知、另一种结构、另一种形式。

AI 艺术的意义，不在于复制人类的灵感，而在于拓展"艺术"这个词的定义边界。

我们也许不必用同一把标尺去衡量 AI 创作与人类创作，就像我们不会用古典音乐的标准去评判电子音乐。但我们确实需要一个新的框架，去理解、接受并合理引导这股崭新的创作力量。

⇕ 思考

　　当我们凝视 AI 创造的艺术作品时，究竟是在欣赏算法的精巧，还是透过算法看到了人类创造力的映射？在不远的未来，我们或许将不再询问"这是人创作的还是 AI 创作的"，而是思考"这件作品触动了我们内心的哪些情感与思考"。AI 生成内容的终极价值，或许不在于它如何改变创作的方式，而在于它如何重塑我们对创造本身的理解。

第三篇

AI 如何改变我们的日常生活

第 11 章

智能家居——
AI 助手、智能设备与无缝互联体验

当你说出"我回来了"，AI 已经提前为你打开了灯、调好了室温、播放起了喜欢的音乐。这个家，不只是懂你，它还在等你。

智能家居不再只是"自动化"的代名词，而是正在演化为一种生活方式的全新接口。从语音助手到智能冰箱，从安防系统到"早安模式"，AI 正将我们的起居、饮食、安全与情绪编织进一张看不见的智能网络里。它不仅响应需求，更开始预测意图；它不仅简化操作，更在无形中重塑着我们的行为与习惯。

然而，每次舒适的背后，都是对隐私的让渡、对数据的信任。我们享受着设备"懂我"的贴心，却也在无声中接受了被算法"塑造"的现实。当家的定义开始延伸到"算法也能理解我"的程度，我们究竟是更自由，还是更被规训？

本章将带你走入一个家电会"思考"、环境能"适应"、情绪被"照顾"的智能世界，也提醒我们：真正的未来之家，不只是高效，而是温度、选择与掌控感的回归。

11.1 智能家居的核心：人工智能助手

引言：当我们不再下命令，而是在"对话"，AI 助手就不再是工具，而是家庭的一部分。

在智能家居的世界里，AI 助手正悄然取代传统遥控器，成为家庭中最具存在感的"新成员"。过去，我们与它的对话像是"按按钮"：说一句"打开客厅灯"，它执行一条命令。而现在，你只需说一句"客厅有点暗"，它就能理解语境，自动调亮灯光。你不再是命令者，而像是在与一个真正懂你的助理沟通。这种"理解力"的跃迁，源自自然语言处理（Natural Language Processing，NLP）技术的持续进化，让 AI 能真正听懂句子背后的意图，而不仅仅是关键词。

如图 11-1 所示，AI 助手正在成为家庭中控枢纽，将语音、视觉、传感器与各类智能设备编织成一张可感知、可决策的实时系统网络。

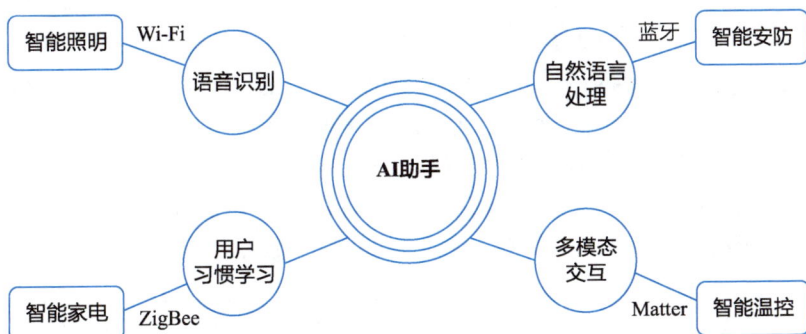

图 11-1　AI 助手功能架构与智能设备连接方式

真正聪明的助手，不只是能听懂，还能"记住"。它会学习你的作息、偏好和习惯——你喜欢的温度、爱听的歌、常点的外卖，甚至知道你每晚 10 点关灯的微妙节奏。在你习惯成自然之前，它已经开始主动服务：灯已熄、空调已调、窗帘已合，仿佛你"还没说出口，它就已知道"。

更进一步，AI 助手也正在从"语音交互"走向"多模态感知"。不仅听你说什么，还能"看见"你的手势、表情，甚至通过摄像头判断你的心情。当你一脸疲惫走进客厅时，它能播放一首轻柔的爵士乐；当你面带笑容步入厨房时，它可能调暗灯光、播放你常听的烹饪播客。你的环境，因你而动。

但这一切便利的背后，也提出了更严肃的问题：AI 助手为了实现"理解你"，必须收集你的语音、面部、日常行为与偏好数据，这些信息是否会被存储？会被谁访问？是否有退出机制？在便利与隐私之间，我们每次"允许"的背后，都是一次对自主权的再定义。

11.2　主流智能家居设备的 AI 应用

引言：设备的未来，不是越来越多功能，而是越来越"懂你"。

推开家门，你可能还没来得及说话，灯光便已调至最舒适的亮度，空调启动至你偏好的温度，厨房的冰箱也在轻声提醒：你常用的鸡蛋只剩两个了。智能设备，不再只是生活的"工具"，而是家中另一个懂你节奏的伙伴。

从智能音箱、照明系统，到安防摄像头与 AI 冰箱，AI 已悄然嵌入我们的日常起居。这些设备仿佛获得了"思考"的能力，开始主动理解和回应人的需求。

音箱不只能听，还能"懂"你。亚马逊 Echo、谷歌 Nest、小米小爱、百度小度，已经远不止"播放音乐"这一个功能。以 Echo Show 为例，它集成了语音助手、触控屏、摄像头，可以打视频电话、播天气、查看食谱，甚至远程控制家中一切智能设备。它像是一个无形的数字中枢，连接着每盏灯、每个插座、每个生活瞬间。

光，也开始有了情绪。飞利浦 Hue、Yeelight 等智能照明系统，早已不局限于"开关"与"亮度调节"。现在的灯光能根据一天的时间段自动切换色温：早晨的冷白激活注意力，夜晚的暖光助你放松安眠。而这些调节，并非机械设定，而是 AI 根据你的行为模式与生理节奏动态调整。光线，不再是照明，而是情绪管理的一部分。如图 11-2 所示，这些设备构成了一张紧密协作的"感知网络"。

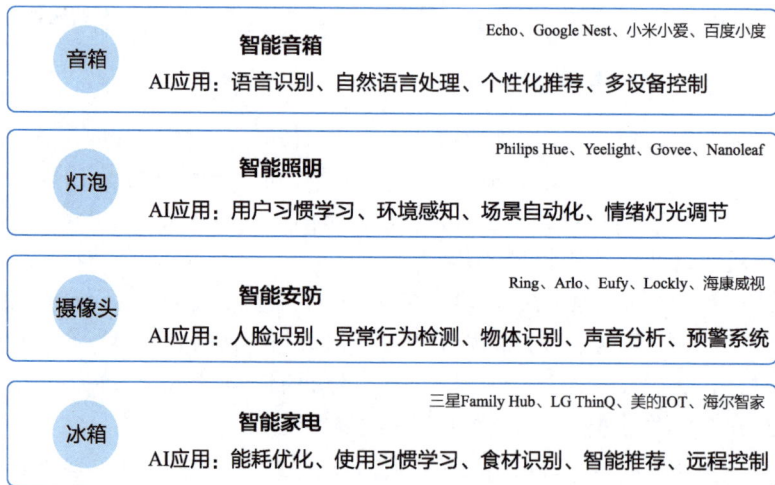

音箱	**智能音箱** Echo、Google Nest、小米小爱、百度小度 AI应用：语音识别、自然语言处理、个性化推荐、多设备控制
灯泡	**智能照明** Philips Hue、Yeelight、Govee、Nanoleaf AI应用：用户习惯学习、环境感知、场景自动化、情绪灯光调节
摄像头	**智能安防** Ring、Arlo、Eufy、Lockly、海康威视 AI应用：人脸识别、异常行为检测、物体识别、声音分析、预警系统
冰箱	**智能家电** 三星Family Hub、LG ThinQ、美的IOT、海尔智家 AI应用：能耗优化、使用习惯学习、食材识别、智能推荐、远程控制

图 11-2　智能家居设备与 AI 应用概览

安全从被动守卫，走向主动识别。过去的安防摄像头是"事后录像"，而现在的 AI 安防系统如 Eufy、Ring、海康萤石等，具备人脸识别、行为监测与宠物排除功能。当陌生人出现在门前时，它能在你开口之前发出警告；当猫在客厅走动时，它却安静地忽略，不再误报。AI 正在赋予"家门"前所未有的判断力。

家电，不只是听话，更会判断。三星的 Family Hub 冰箱能识别内部食材，追踪保质期并推荐食谱；LG 与美的的 AI 洗衣机能识别衣物材质和脏污程度，自动匹配最佳洗涤程序；Nest 恒温器能记住你的体感习惯，在你还未开口时就调整室温。

就连扫地机器人也开始"看懂"你的家。科沃斯、石头、小米的新一代产品，不仅能避开电线和地毯边缘，还能识别地板材质，灵活调整清扫模式。

这一切设备的共性是：它们从"执行命令"进化为"理解意图"，从等待被用，走向主动适配。

11.3 实现无缝互联的智能家居体验

引言：连接从不是难点，难的是让所有设备像一个整体"为你思考"。

智能家居的终极体验，不是靠单个设备的"炫技"，而是靠系统协同的"默契"。一个真正智能的空间，不该像临时拼凑的乐队，而应像一场精准配合的交响乐：语音唤醒、灯光调节、窗帘拉合、音响播放，一气呵成，毫无割裂感。

然而，现实却往往陷入设备"各说各话"的窘境。你兴致勃勃地买来一台智能音箱，却发现它无法控制家中另一品牌的灯泡；你配置好语音助手，却因协议不兼容，电视始终无法联动。这些碎片化的智能，构成了用户体验的最大障碍。

这种局面，正在被一个新的技术标准打破。

如图 11-3 所示，Matter 协议的出现，为智能家居生态带来了关键性的转折。由亚马逊、谷歌、苹果、三星等科技巨头共同推动，Matter 旨在为所有智能家居设备建立一个统一的"通用语言"——不再分品牌、分系统，而是"一次接入，全面联通"。

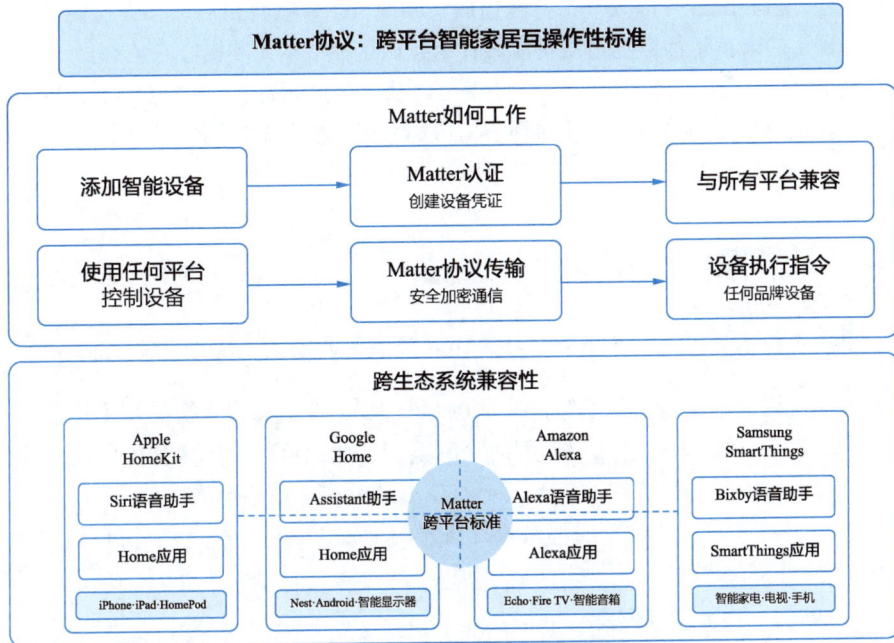

图 11-3 Matter 协议实现的智能家居无缝互联

Matter 协议基于互联网协议，支持 Wi-Fi、Thread 和以太网等网络层技术。它采用蓝牙低能耗（Bluetooth Low Energy，BLE）进行设备初始配网，并提供端到端加密与身份认证，既提升了连接效率，又保障了数据安全。最重要的是，它让用户真正拥有了"自由组网"的权利，不必再被某个品牌生态"绑定"。

这种标准化带来的协同，正在解锁更多"无感操作"的日常奇迹。例如，你对 Amazon Echo 说一句"我要看电影"，飞利浦 Hue 灯光随即调暗，LG 电视自动切换到观影模式，窗帘轻轻拉合——无须脚步穿梭、遥控操作，家的氛围已悄然就位。

更进一步，不同设备之间的数据共享能力也被激活。智能门锁可以向其他设备广播"已回家"状态，触发整屋进入"欢迎模式"；智能冰箱会将食材库存同步到购物 App，自动生成购物清单；智能恒温器结合天气预报与用户习惯，在你回家前就已调节好室温。

这些系统之间的"默契协作"，正在催生 AI 驱动的自动化场景。用户不再需要手动设定每一步，而是由 AI 根据行为模式持续优化。例如，系统观察到你每天晚上 10 点固定关灯、锁门并设闹钟，便主动建议创建"晚安模式"，一键完成这一连串操作。

在"早安模式"中，AI 会在闹钟响起时，悄然调度各类设备：窗帘打开，晨光透入；灯光亮起，色温配合外部天气；音箱播放新闻或音乐；咖啡机启动，智能镜子显示日程。真正的未来生活，不是设备能做什么，而是你根本无须操心它怎么做。

随着 Matter 协议的普及，用户终于可以从"品牌孤岛"中解放出来，自由搭建个性化的智能家居体系。对厂商而言，这意味着更开放的合作与更激烈的创新；对用户而言，则意味着"家的定义"第一次可以由自己真正主导。

11.4　智能家居应用案例：让生活更智能

引言：技术的意义，从不是炫技，而是用温柔的方式，改变日常。

如果说协议与架构决定了智能家居的"骨架"，那么每段真实的使用场景，就是它跳动的"心脏"。通过几个典型的家庭案例，我们可以一窥未来生活的真实模样：一切无须指令，却恰如其分；一切看似静默，实则贴心至极。

如图 11-4 所示，智能家居不再只是概念的堆砌，而是已经进入了厨房、客厅、卧室和每个值得被善待的角落。

1. 案例一：智慧起居室

现代智慧起居室通过多种智能设备的协同工作，极大提升了居住体验。用户下班回家时，只需对门口的智能音箱说一声"我回来了"，家中的环境便会自动调整：客厅的灯光亮起并调整到舒适的亮度和色温，智能窗帘自动打开，中央空调开始运行并设置到预设温度，智能音箱播放预设的音乐，电视开启并显示常用频道。

图 11-4　智能家居应用场景示例

在夜间，系统会根据时间自动调整为温馨的灯光环境。用户可通过简单的语音指令如"切换到电影模式"，使灯光自动调暗，窗帘关闭，电视切换到视频应用，无须任何遥控器或手动操作。

这些系统最显著的特点是学习能力。初期需要明确设置各种模式下的设备状态，但随着使用次数增加，系统会分析使用习惯并做出相应调整。例如，若用户周末早晨常在阳台休息，系统会在周末提前打开阳台的灯和咖啡机，为早晨活动做好准备。

2. 案例二：智能厨房

智能厨房的核心是设备互联和数据共享。智能冰箱通过内置摄像头记录库存，监测食材保质期，在食材即将过期时发出提醒。用户做饭前，可在冰箱显示屏上浏览基于现有食材的推荐菜谱。

智能烤箱能识别放入的食物类型，并推荐最佳烹饪设置。放入肉类时，烤箱会询问期望的熟度，然后自动设置时间和温度。烹饪过程中，内置摄像头监控食物状态，及时提醒翻面或取出。

智能锅具可监控食物温度，自动调节火力，在食物达到理想温度时发出通知。智能厨房秤与营养应用程序连接，帮助控制食材用量，维持健康饮食。

系统整合能力使烹饪流程更加顺畅。从冰箱食谱中选择菜品后，系统会自动将步骤指导发送到厨房显示屏，同时预热烤箱或提示准备所需锅具。

3. 案例三：智能安防

现代智能安防系统整合了门锁、门铃摄像头和安防摄像头，利用 AI 技术提供全方位保护。智能门锁可通过面部特征或指纹识别家庭成员，自动解锁；门铃摄像头能识别访客，通过手机应用通知主人。对于常来访的人员，系统会逐渐学习并能在通知中标注身份。

安防摄像头不仅提供 24 小时监控，还能区分正常活动和可疑行为。系统能识别快递员的正常投递行为，但如有人在门口徘徊或窥视窗户，会立即发出警报并录制证据。

当检测到家中无人时，系统会自动进入警戒模式，提高侦测敏感度。通过与智能照明联动，夜间可随机开关不同房间的灯，模拟有人在家的效果，增强安全性。

4. 案例四：健康助手

随着人口老龄化，智能家居在健康监测和辅助方面的应用日益普及。智能床垫能监测睡眠质量、心率和呼吸频率，发现异常时通知家人或医护人员。

智能药盒在服药时间亮起并发出提醒，记录药物是否已取出。如未按时服药，系统会通过语音助手反复提醒，必要时通知紧急联系人。

浴室中的智能镜子可测量体温和血压，将数据记录在健康应用中供医生远程查看。出现异常指标时，医生可及时干预。

系统的跌倒检测功能尤为重要，通过家中的动作传感器和摄像头，能识别跌倒等紧急情况，并自动呼叫急救服务和家人。这使独居老人能够更安全地维持独立生活，同时让家人安心。

这些案例展示了智能家居如何在不同场景下提供定制化服务，不仅提高了生活质量，还增强了安全性和健康管理。随着 AI 技术的不断进步和智能设备的普及，这些应用将变得更加普及和智能。

11.5 智能家居中的能源管理与安全防护

引言：真正的智能，不只懂你需要什么，更懂如何科学地服务你。

当我们谈论智能家居时，往往聚焦于舒适与便捷，但真正成熟的系统，应当在满足感性需求的同时，也具备理性节能与安全守护的能力。

如图 11-5 所示，AI 正让家变得更"聪明"——不仅会"开灯"，更知道"什么时候该关"；不仅会"识别访客"，更能预判潜在风险。

1. 智能能源管理

传统家居中，电器设备往往处于全功率运行或完全关闭两种状态，不能根据实际需求灵活调整能耗。智能家居系统则可以通过 AI 算法，实现更精细的能源管理，在保证用户舒适度的同时，降低不必要的能源消耗。

图 11-5　AI 在智能家居中的安全与节能应用

智能恒温器是其中的典型代表。例如，Nest Learning Thermostat 通过内置的 AI 算法，学习用户的日常习惯和温度偏好，结合室内外环境数据，自动优化供暖和制冷策略。它能够预测用户何时在家，提前调节温度；在无人时段自动进入节能模式；甚至能根据天气预报调整运行策略。根据制造商提供的数据，这种智能控制平均可以节省 10%～15% 的供暖费用和 15% 的制冷费用。

智能照明系统也是节能效果显著的领域。传统照明往往只有开关两种状态，而智能照明系统则能够根据环境光线、居住者位置和活动类型自动调节亮度和色温。例如，飞利浦 Hue 和 Yeelight 等智能照明产品可以通过光线传感器检测自然光线的强度，自动调整灯光亮度，避免不必要的能源消耗。同时，人体感应器能够检测房间是否有人，自动关闭无人区域的灯光。研究表明，智能照明系统可以减少 25%～30% 的照明能耗。

更高级的能源管理还体现在整体家庭电网的智能化上。例如，当电网处于用电高峰期时，智能家居系统可以自动延迟非必要家电（如洗衣机、洗碗机）的启动时间，或调低空调的工作功率，以减轻电网负担并节省电费。特斯拉的 Powerwall 等家用储能系统则可以在电费低谷时充电，高峰时放电，进一步优化能源使用。

2. 智能安全防护

传统的家庭安防系统往往面临两个主要问题：误报率高和反应滞后。智能安防系统通过 AI 技术大幅改善了这些问题。

AI 驱动的智能摄像头是当前家庭安防的核心设备。与传统摄像头不同，智能摄像头不是简单地记录视频，而是能够实时分析图像内容。通过深度学习算法，它们能够准确识别人脸、宠物、车辆等不同目标，并区分正常活动和异常行为。例如，Eufy、Arlo 和海康威视等品牌的智能摄像头能够识别包裹递送、家庭成员返回等正常活动，避免频繁的误报打扰；同时，对于陌生人长时间停留、异常接近窗户等可疑行为，则会立即发出警报。

生物识别技术在智能门锁中的应用也大大提高了家庭安全性。例如，LocklyVisage 和小米智能门锁等产品采用了指纹识别、面部识别等技术，避免了钥匙丢失或密码泄露的风险。它们还能记录每次开锁的时间和人员，方便用户查看家人的出入记录。

更先进的是 AI 系统对异常模式的识别能力。例如，如果系统检测到非常规时间的开门行为，或者门窗传感器在无人在家时被触发，它会立即发出警报。同时，AI 还能学习家庭的正常生活模式，例如灯光开关的规律、常见的活动区域等，一旦发现偏离正常模式的异常情况，即使没有明确的入侵迹象，也会提高警惕并通知用户。

对于独居老人或患有慢性疾病的人群，智能安防系统还具备健康监护功能。例如，如果系统长时间没有检测到用户的活动，或者监测到摔倒等紧急情况，会自动联系亲属或急救服务。

这些智能能源管理和安全防护技术不仅提高了生活质量，还在节约资源和保障安全方面发挥着重要作用，代表了智能家居技术的重要发展方向。

11.6　智能家居的思考与挑战

人类似乎总是对"方便"二字情有独钟。从最初的火种到如今的语音助手，技术的发展轨迹一直在回应着这种渴望。然而，当我们为智能音箱能精准识别指令而欣喜时，是否曾想过，这背后代表着什么？那个永远"倾听"的设备，究竟将我们多少私密时刻悄悄记录？

我们很容易陷入一种二元对立的思维：要么完全拥抱技术，要么彻底拒绝。但现实远比这复杂。每当我对着空气说出"嘿，小爱"，某种意义上我在与一个无形的第三者共享我的生活空间。这不仅是隐私与便利的简单交换，更是一种生活方式的重构，甚至是人类存在状态的微妙转变。

有趣的是，我们对隐私的担忧似乎存在某种矛盾。70%的用户担心数据被滥用，却仍在不断购买更多智能设备。这让我想起心理学中的"隐私悖论"——我们在意隐私，却又在日常行为中轻易放弃它。也许，比起隐私本身，我们更害怕失去对隐私的控制权。当我们主动选择分享信息时，心理上的不适感会减弱许多。

智能家居的复杂性引发了另一个值得思考的问题：技术是在连接还是在分化我们？表面上，它让万物互联；实质上，却可能加深了数字鸿沟。我的父母至今不知如何设置智能灯泡，而我的侄女则能轻松编程整个家居系统。随着家庭环境日益依赖技术，那些无法适应的人群是否会被无形地排除在外？家，本应是最平等的避风港，却可能因技术差异成为另一个不平等的体现。

更深层次的问题是智能家居对人类行为模式的重塑。当一切都变得自动化，我们是否正在失去某些基本能力？记得小时候，一个简单的开关就能点亮整个房间，现在却需要手机、网络和云服务的协同运作。这种依赖是否会让我们在断网时刻变得异常无助？更重要的是，当 AI 开始预测并满足我们的需求时，我们是否还能保持独立思考的能力？

智能家居技术中隐藏着一种微妙的控制幻觉。我们以为是自己在控制技术，实际上，技术同样在塑造着我们的行为和思维方式。家中的每个智能设备都在收集数据、学习模式，然后反过来影响我们的决策。当推荐算法开始决定我们听什么音乐、看什么电影甚至吃什么食物时，我们所谓的"自由选择"又有多少是真正自由的？

可持续性问题也值得我们深思。科技产品的更新换代速度越来越快，昨天的创新今天就可能成为电子垃圾。我们的家庭环境正在被设计为需要不断升级的消费系统，而非真正可持续的生活场所。当你的智能冰箱因软件不再更新而变得"愚蠢"时，你会如何选择？这种内置的技术老化是否符合环保和道德标准？

也许，智能家居最引人深思的悖论在于：它承诺让生活更简单，却往往让一切变得更复杂。原本只需按下开关的灯光，现在可能需要处理网络配置、固件更新和兼容性问题。我们是否在追求便利的过程中，创造了新的不便？

在所有这些思考中，我并非否定智能家居的价值。技术本身既非善恶，关键在于我们如何使用它，以及它如何改变着我们。也许真正的智慧不在于拥有最先进的技术，而在于理解技术与人类需求的平衡点。智能家居应该强化而非削弱我们的能动性，应该丰富而非简化我们的体验。

⇕ 思考

当家的每一寸都被算法理解，当冰箱懂得提醒、灯光学会哄你入睡、窗帘甚至能感知天气——我们或许正迎来前所未有的高效生活，但也正在悄然丧失那些原本属于生活的"不确定"。

那种忘了关灯的慌张、深夜手动调温的笨拙、在厨房边摸索边创作的即兴……这些"微小的混乱"，曾构成了生活的温度与张力。

真正值得思考的不是"设备是否更聪明"，而是我们是否还有空间去偶然、去即兴、去偏离算法所设定的轨道？

也许，最智慧的家，不是替你安排一切，而是在便利与混乱之间，留下一点你自由呼吸的余地。

第 12 章

未来出行——
自动驾驶、智慧交通与空中出行

　　未来的出行，不再是"怎么开车"，而是"是否还需要开车"。从自动驾驶到智慧道路、从无人配送到空中飞行，我们正走入一个交通系统全面智能化的时代。一场以 AI 为引擎的出行革命，正从地面、地下蔓延至空中。

　　它承诺更快的速度、更低的成本、更安全的体验；它连接的不只是城市与城市，更是将"移动本身"变成了一种即服务的智能网络。但在这场效率狂飙的进程中，我们也需反思：当一切路径都由算法最优解给出，我们是否还拥有"绕个远路"的自由？当你不再驾驶，是否也正在交出对世界节奏的掌控权？

　　本章将穿越三重出行维度——地面上的自动驾驶、城市中的智慧交通、天际线上的飞行器，并思考：未来的移动方式，将如何重塑我们的空间、关系与生活方式？

12.1　自动驾驶：从辅助到自主的智能进化

　　引言：当我们松开方向盘，交出的不仅是操控权，也可能是我们与世界互动的方式。

　　过去十年，自动驾驶技术经历了从边缘探索到产业竞赛的加速突进。从特斯拉的 Autopilot、百度的 Apollo，到 Waymo 的完全无人驾驶测试，AI 正一步步接管我们"去往何处"与"如何抵达"的决定权。

　　最初的自动驾驶功能多为辅助性，如自动紧急制动、车道保持、智能巡航等，系统仍依赖人类做出最终判断。而现在，随着多传感器融合、深度学习感知算法与高精地图技术的发展，车辆正逐渐具备自主环境感知与路径规划的能力，不再需要每次指令都出自驾驶者之口。

如图 12-1 所示，根据自动驾驶分级体系，这项技术被划分为 L0～L5 六个等级。从 L2 级"部分自动化"到 L3 级"有条件自动化"，再到 L4 级"高度自动化"乃至 L5 级"完全自动化"，每个台阶的跃升，都意味着人类控制权的进一步交出，也意味着责任边界的重新划分。

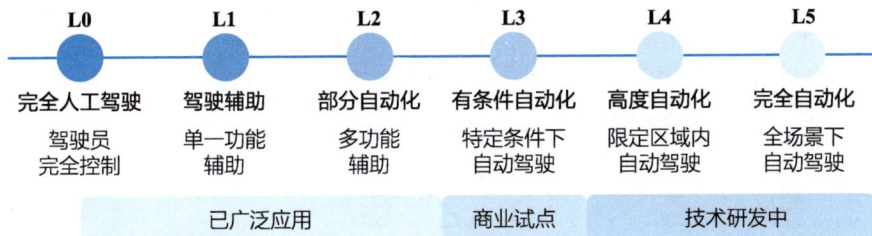

L0	L1	L2	L3	L4	L5
完全人工驾驶	驾驶辅助	部分自动化	有条件自动化	高度自动化	完全自动化
驾驶员完全控制	单一功能辅助	多功能辅助	特定条件下自动驾驶	限定区域内自动驾驶	全场景下自动驾驶

已广泛应用　　　　　商业试点　　　　技术研发中

图 12-1　自动驾驶级别划分

在一些特定城市区域，无人出租车已经悄然上线。在手机 App 上一键叫车，来的可能不再是司机与方向盘，而是一台冷静、沉默、不疲倦的 AI 车辆。无须交谈，也无法交涉，目的地被系统自动锁定，一切照算法最优路径运行。

这背后依赖的是 AI 对世界的实时理解能力。通过摄像头、激光雷达、毫米波雷达与惯性导航系统，自动驾驶车辆可"看见"周围环境；深度学习算法则"理解"行人行为、红绿灯状态与道路规则，并据此规划决策。

如图 12-2 所示，自动驾驶的进化不仅是技术堆叠，更是一种能力的整体迁移，从感知、到决策、再到执行，每层都在替代过去人类的本能反应。

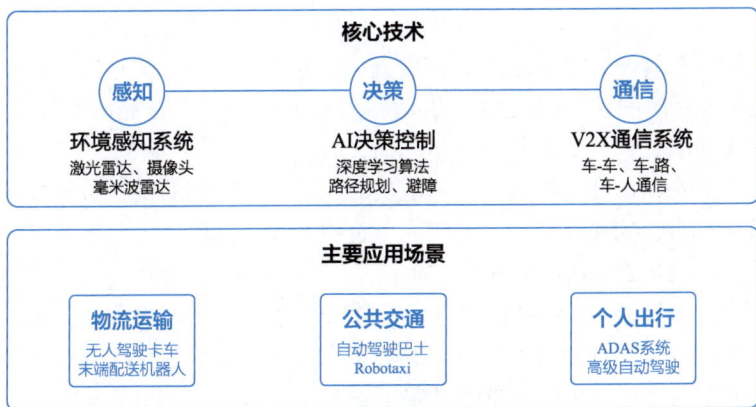

核心技术

感知	决策	通信
环境感知系统	AI决策控制	V2X通信系统
激光雷达、摄像头毫米波雷达	深度学习算法路径规划、避障	车-车、车-路、车-人通信

主要应用场景

物流运输	公共交通	个人出行
无人驾驶卡车末端配送机器人	自动驾驶巴士Robotaxi	ADAS系统高级自动驾驶

图 12-2　自动驾驶核心技术与应用

这是一场"沉默的替换"：起初只是帮你踩刹车，后来是替你握住方向盘，最后是让你坐在后座，安心，也略带陌生。我们开始习惯让算法"替我们看路"，却很少思考：当每次转弯都被最优路径安排，我们是否也失去了"绕个远路"的自由？

或许在未来，驾驶技术将不再是成年礼的一部分，"开车"这个动作会如打字一般成为时代记忆。但也正因此，我们更需要在技术飞驰之中，保留一些对速度以外的价值的敏感。不是所有的目的地都需要最快抵达，也不是所有的路线都该被算法决定。

自动驾驶将我们从注意力、疲劳与事故中解放出来，也在悄悄重构人与空间的关系。当你不再专注于"如何开车"，你将开始思考"这一趟，我是为了什么出发"。这也许是出行技术进化最深远的意义。

12.2　智慧交通：让城市"活"起来

引言：一座城市的智能，不该只体现在它能跑多快，而在于它是否懂得为人停下来。

自动驾驶让每辆车"更聪明"，而智慧交通则试图让整座城市动起来，且动得有序、有感、有温度。从智能红绿灯到信号优先系统，从车路协同到城市级交通数字中枢，我们正走向一个"交通系统主动服务人"的时代。

过去，城市交通的本质是"规则主导"：红灯停、绿灯行，行人和车辆按照事先设定的固定节奏流动。而在 AI 与物联网技术的加持下，交通系统开始具备"感知"和"判断"能力：它能知道哪里堵了、哪里人多、哪里需要调整路径；它不再只是布控者，而开始成为一个实时响应的"协调者"。

以"智慧红绿灯"为例，传统信号灯依据固定时长轮换，往往造成不必要的等待与拥堵。而基于 AI 算法的红绿灯系统，能根据摄像头和雷达回传数据，自动调整各方向放行时间，实现交通流量的动态平衡。据统计，部分城市引入该系统后，通行效率提升 15% 以上，拥堵时长下降约 20%。

再如"公交信号优先"技术，它能实时识别公交车辆的位置与拥堵状况，动态调整信号配时，确保高峰期公交畅通。这种方式不只提升了公交准点率，更释放出"公共优先"的交通价值观。

更复杂的系统如"车路协同平台"，则打通了交通信号、摄像头、路侧单元与车载系统，实现数据的全链路闭环。例如，当前方有事故、积水或施工障碍，系统会自动同步给接近的车辆，并规划绕行路径。

如图 12-3 所示，智慧交通的本质是城市基础设施的智能化联动，其核心不在于信息多，而在于"实时理解 + 高效调度"。

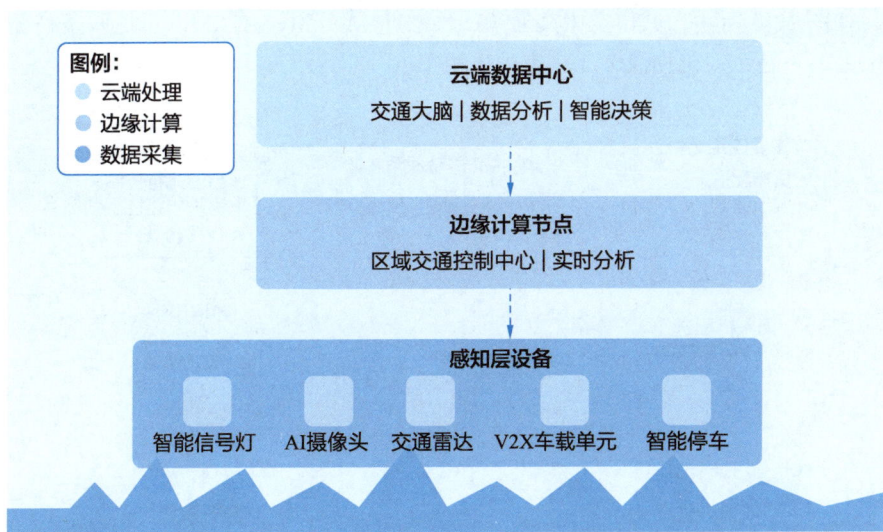

图 12-3 智慧交通系统架构

然而，一个系统越智能，越需要回应一个基础问题：它究竟是在服务谁？

城市的本质，从来不是由道路和信号组成的，而是由人构成的流动生活。在追求更快、更顺畅的背后，我们是否也为那些走得慢的人保留了空间？为骑车的、过马路的、行动不便的、喜欢散步的人，留下了安全而友善的街道？一个真正智慧的城市，不是人人都有车道，而是人人都有去处。

交通系统的终极目的，不是压缩出行时间，而是提升生活质量。智慧交通的成功，不该只由平均通行速度来衡量，更应当问：它是否让这座城市变得更宜居？更包容？更值得停下来？

当我们讨论"让城市活起来"时，或许真正的智慧，藏在它是否愿意为"慢"留白——那是一个城市对人的尊重，也是科技发展的温度。

12.3 空中出行：打开城市交通的"第三维度"

引言：我们飞越地面，不只是改变了通勤方式，也重塑了我们对"空间"的想象。

地面愈发拥堵，天际线便成为新的想象空间。2023 年 1 月，重庆两江新区上空，一架由亿航（EHang）研发的 216 型自动驾驶载人航空器完成试飞，飞行高度稳定、无须跑道，可载重 220kg、飞行 35km，这一幕不仅引发了公众热议，也标志着"空中出行"正在从科幻逐步走入现实。

如图 12-4 所示，城市空中交通（Urban Air Mobility，UAM）正沿两条路径并行推进：一是无人机物流，二是空中出租车。

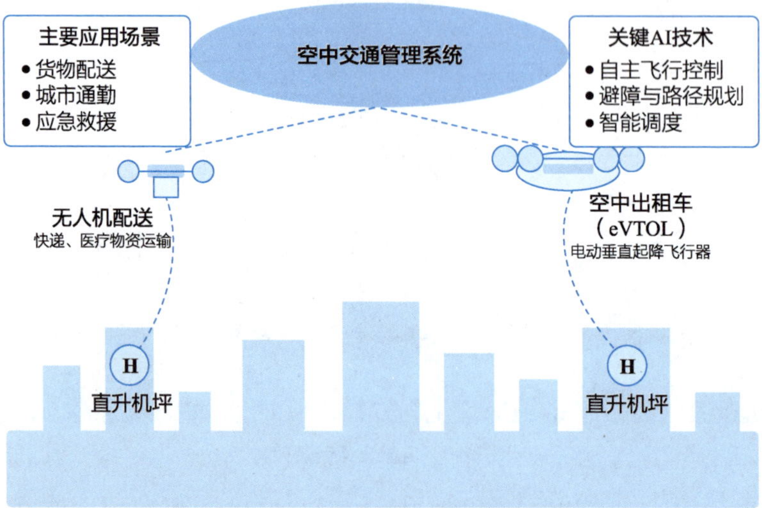

图 12-4　空中出行技术与应用

1. 无人机物流：为"最后一公里"插上翅膀

与传统配送方式相比，无人机拥有更高的灵活性与响应速度。京东早在 2016 年便在江苏宿迁试点送货无人机，可在 30 分钟内将包裹送达偏远村镇，填补"最后一公里"的物流空白。2021 年，顺丰在湖北荆门正式开通国内首条获得监管批准的商业化无人机航线，标志着空中物流迈入实用化阶段。

国际上，亚马逊的 Prime Air 在美国得州和加州部分区域运营试点，能在半小时内完成轻量包裹的配送；瑞士邮政则通过无人机传输医疗样本，将原本 45 分钟的车程压缩为数分钟，极大提升了医疗效率与紧急响应能力。

2. 空中出租车：不是飞行的幻想，而是起降的现实

更令人瞩目的是空中出租车的落地速度。以 eVTOL（电动垂直起降飞行器）为代表的新一代载人飞行器，正在成为"空中通勤"最具想象力的实践路径。

这些飞行器不仅具备低噪音、零排放和垂直起降的优势，还跳过了传统交通基础设施的制约，适配城市中短途高频出行需求。亿航智能率先获得中国民航局颁发的全球首个载人级别自动驾驶 eVTOL 型号合格证，并在广州、杭州等地开展测试。小鹏汇天的 X2 也在迪拜完成首次公开飞行，飞行高度达 30m，全程约 2km。

全球范围内，飞行竞赛愈演愈烈：Joby Aviation 正与丰田合作研发，计

划 2025 年在美上线；Volocopter 的 VoloCity 已在新加坡多次试飞；Archer 的 Midnight 获得了来自联合航空的 10 亿美元大订单，计划在芝加哥与洛杉矶启动商业服务。

这一切意味着，未来的"打车"，可能不再是地面调度，而是起飞、上升、飞行与降落之间的无缝协作。

3．AI：让飞行变得安全、高效、可管理

AI 在空中出行中的角色，不再只是"技术配角"，而是贯穿整个系统的核心神经：在自主飞行方面，AI 帮助飞行器识别环境、避障规划，完成全程导航；在空中交通管理上，AI 协调不同飞行器与航线，确保空域秩序；在能源效率与环保控制中，AI 还能优化飞行姿态、降低噪音、延长续航。

在应急救援领域，无人机更展现了不可替代的灵活性。2020 年疫情期间，它们用于医疗物资运送与城市空中消杀；2021 年河南洪灾中，无人机深入灾区进行侦察、物资投送与定位搜救，为"黄金救援时间"争取了宝贵窗口。

如果说自动驾驶改变的是地面的秩序、智慧交通重构的是城市的节奏，那么空中出行带来的是一场维度的跃迁。它不再局限于道路优化，而是打开了"城市之上"的全新空间层级，让天际线不再只是建筑的终点，而是成为人类通勤的起点。

当然，这场飞行革命并非没有挑战。不只是技术可行性以及基建成本，而是社会接受度与系统融入度。人们是否愿意在头顶听到飞行器的嗡鸣？城市是否能容纳这种新的"高空轨道"？监管如何在安全、隐私与效率之间达成平衡？但趋势已十分明确：未来 5 ～ 10 年，空中出行将不再只是试验场里的演示，而是城市交通体系中的一员。

12.4　未来出行的融合与思考

引言：也许未来最令人向往的旅行，不是算法规划出的最短路径，而是那条允许你走神、绕远、偶遇风景的慢路。

未来的出行系统，将不再是各项技术的叠加，而是一张彼此感知、协同调度的智能网络。自动驾驶、智慧交通、空中飞行，最终将在一个高度融合的平台中汇聚，形成真正意义上的"出行即服务"（Mobility as a Service，MaaS）体系。

如图 12-5 所示，MaaS 平台将整合地面与空中各类出行方式，为用户提供一站式、无缝衔接的端到端出行体验。

人工智能将在这一融合过程中发挥关键作用。目前，中国多个城市已开始测试综合出行服务平台，例如在上海、北京等地推出的智慧出行应用。这类应用只

需用户输入目的地，系统便会根据实时交通状况、用户偏好和成本等多种因素，自动规划最优的出行路线，往往结合共享单车、地铁和智能网约车等多种交通方式。这些平台还具备实时路线调整功能，能够根据交通变化动态优化行程，确保乘客以最高效的方式到达目的地。

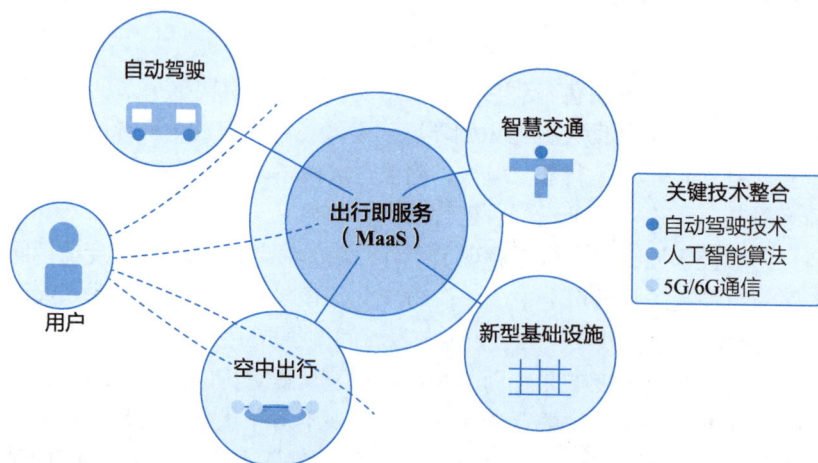

图 12-5　未来出行融合生态

　　每当我们使用那些集成了地铁、公交、网约车的智慧出行 App 时，看着屏幕上闪烁的最优路线，可以感受到一种微妙的控制权转移，从直觉和经验，到某个不可见的算法决策系统。是的，它省去了查询多个时刻表的麻烦，但同时也悄悄改变了我们与城市的关系。我们不再需要记住街道的名字，不再偶遇街角的小店，不再体验迷路后的惊喜发现。效率提升了，但城市在我们心中逐渐变成了一个个坐标点的集合。

　　未来出行的核心似乎是"无缝"，没有等待，没有转换的摩擦，没有计划外的插曲。这种无缝体验的追求反映了现代社会对效率的崇拜，但我们是否问过自己：在移动中的间隙、在换乘的片刻停顿中，是否也蕴含着某种价值？那些被视为"需要消除"的时空缝隙，是否恰恰是我们思考、观察和偶遇的宝贵机会？

　　关于技术的讨论总是沉浸在可能性中，却很少触及必要性。无人驾驶汽车、飞行出租车、超级高铁，这些技术无疑令人惊叹，但我们很少停下来思考：更快的移动是为了什么？是为了让我们有更多时间工作，还是有更多时间与家人相处？是为了让城市更宜居，还是为了支持更分散的生活版图？技术应该服务于怎样的生活理念？

　　未来出行系统的整合可能会重塑城市空间。停车场可能变成公园，马路可能变窄以容纳更多步行区，建筑可能添加垂直起降平台。这听起来美妙，但让人担忧的是，技术往往按照自身的逻辑重构空间，而非人类体验的需求。历史告诉我们，每次交通革命都深刻重塑了城市，汽车创造了郊区，削弱了社区连接；高速公路切割了城市肌理，制造了社会隔离。未来出行技术会带来什么样的城市变迁？它会让城市更加人性化，还是更加碎片化？

环保似乎已经成为未来出行的标准配置，电动化减少排放，共享减少资源浪费，智能系统减少拥堵。但这种简化的环保忽略了更复杂的现实。电动车需要大量矿物资源开采，带来新的环境成本；更便捷的出行可能增加出行总量，抵消单次出行的环保收益；自动驾驶系统维护的能耗也不容忽视。我们需要更全面的生命周期视角，而非片面的环保乐观主义。

或许更深层的问题在于：当移动变得过于便捷，过于封闭，过于舒适，我们是否会失去与周围世界互动的能力和意愿？当我们看到车内人人低头看屏幕的景象，就不禁怀疑，自动驾驶汽车会不会成为另一个隔绝我们与现实的数字茧房？当我们可以轻松地飞越城市，我们还会关心地面上的街道和社区吗？

⇕ 思考

当科技让每次出行都变得精确无误，我们是否也在失去那些美妙的偶然？那些原本属于街角的邂逅、换乘间的走神、偏离轨道的灵感，是否也一并被最短路径算法压缩殆尽？

也许，未来最稀缺的，不是更快的速度，而是放慢脚步的权利；不是一键到达目的地的便捷，而是在熟悉的城市中故意迷失方向的勇气。真正值得我们捍卫的，是技术之外，那些保留"人"的模糊性、偶然性与探索欲的缝隙。

第 13 章

零售与消费——
AI 推荐系统、无人商店与智能购物

在这个由数据驱动的世界，我们的每次滑动、停留与点击，都是投向 AI 系统的一枚"隐形选票"。它们被记录、被建模、被预测，然后变成一条推送通知、一张智能货架上的闪烁图像，或是一家无人商店中悄无声息的扣款动作。人工智能不仅改变了我们买什么，更在悄悄重构我们如何做决定。

推荐系统愈发"先于你"理解你，自动化商店消除了选择的缓冲与犹豫，智能购物助手将整个消费流程压缩为一次"无缝的数据旅程"。一切顺滑，却也令人不安：我们是否还在主导欲望，还是只是算法脚本中的"可预测变量"？

本章将深入 AI 重塑零售与消费的最前线，从推荐算法、无人商店、感知营销到虚拟试衣镜，并追问一个日益重要的问题：当"选择"本身被技术设计，我们还能说自己是在真正地"选择"吗？技术让消费更便捷，也让人更透明、更易被洞察，甚至更容易被引导。在这个所有行为都能被量化与预测的时代，也许我们该重新定义什么是消费的自由，什么又只是被推荐的幻觉。

13.1 AI 推荐系统：个性化购物体验的幕后推手

引言：你还未开口，推荐系统已替你"做了决定"。这仍然算是选择吗？

每次打开 App，我们看见的世界早已不是"客观呈现"，而是为你量身定制的版本。淘宝首页浮现你可能想买的商品；在爱奇艺上，推荐的正好是你昨晚犹豫是否点击的那部电影；刚在亚马逊下单买了一本书，下方立即出现"购买此商品的人也买了……"的巧妙提醒。

这一切的背后，是 AI 推荐系统在默默运转。它分析你的每次滑动、停留、点击，拼凑出一个关于"你是谁"的数据画像,并据此预测你下一步可能的兴趣、欲望甚至冲动。

1. 从规则到深度:算法如何"懂你"

如图 13-1 所示,AI 推荐系统经历了从基于规则的筛选,到协同过滤(Collaborative Filtering),再到如今深度学习驱动的精准推演的演进过程。当前主流模型已大量采用神经网络结构,如神经协同过滤(Neural Collaborative Filtering,NCF)、变分自编码器(Variational AutoEncoder,VAE)等,在大数据与高计算力的支持下,为每位用户构建出几乎独一无二的推荐场景。

亚马逊是这一领域的标杆。其推荐系统不仅基于购买历史和浏览行为,还构建出跨品类、跨人群的"关联网络",精准推荐配套商品。这一系统贡献了其 35% 的销售额,可谓电商之"核心引擎"。

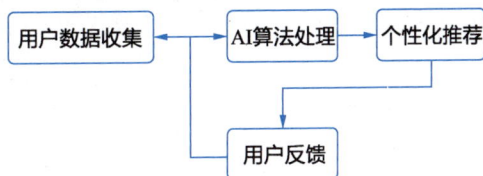

图 13-1 AI 推荐系统工作流程图

淘宝的"猜你喜欢"功能同样强悍。通过分析用户的浏览路径、点击时长、互动频率,阿里开发的 X Deep Learning 系统可在海量商品中为你精准匹配兴趣对象,几乎做到"心有灵犀"。

2. 内容平台:你还在选择,还是在被选择?

视频平台的推荐系统,已成为内容消费方式的"决定性力量"。

YouTube 采取"双阶段推荐"策略:先用轻量算法预选候选池,再通过神经网络排序内容,提升个性匹配度。抖音则更激进,数分钟内就能基于互动轨迹建立用户画像,实现高度个性化内容喂送。你以为自己在"刷视频",但更真实的可能是——你在被持续训练为一个可预测的人。

Netflix 采用混合模型,将协同过滤与内容属性建模结合,不仅提升用户黏性,每年更因此减少超 10 亿美元的用户流失损失。平台希望你一直看下去,它用技术确保你"真的停不下来"。表 13-1 展示了国内外主要平台的 AI 推荐系统比较情况。

表 13-1 国内外主要平台 AI 推荐系统比较情况

平　台	核心技术	数据来源	主要特点	商业价值
亚马逊	协同过滤、关联规则	购买历史、浏览行为、点击数据	推荐相关配套商品	贡献 35% 销售额
淘宝	深度学习、神经网络	浏览历史、停留时间、搜索关键词	"猜你喜欢"个性化推荐	提高用户留存与转化率
YouTube	两阶段推荐系统	观看历史、停留时间、互动行为	海量视频中精准筛选	增加用户观看时长

续表

平　　台	核 心 技 术	数 据 来 源	主 要 特 点	商 业 价 值
抖音	强化学习算法	滑动行为、停留时长、互动数据	快速学习用户偏好	高用户黏性和留存率
Netflix	混合推荐策略	观看历史、评分、内容标签	类型与风格匹配	每年节省 10 亿美元

3. 零售品牌：推荐系统正在变成"销售助理"

精准推荐也在深度改变传统零售业的用户关系。Yves Rocher 通过 AI 驱动的商品推荐，使购买率提升了 11 倍；宜家借助个性化推荐结合 AR 技术，大幅提升线上转化率与客户满意度；还有更多品牌将"推荐"嵌入每次浏览与交互中，让商品在对的时机"自动出现"。

推荐系统不再只是营销工具，而是企业"懂用户"的核心能力。它不仅减少用户的选择疲劳，更以一种几乎不被察觉的方式，改变了人们的消费路径与偏好构成。但是当你习惯了"被推荐"，你是否还知道什么是"原始的兴趣"？

我们当然受益于精准推荐，节省时间、提高效率、减少选择焦虑。但当所有选择都变得太聪明时，我们是否也悄悄放弃了探索、偶遇与惊喜的权利？在信息过载的世界里，推荐系统是导航仪，但它也可能是隐形的引导者——将"选择"变成"被决定"，将"兴趣"转译为"模型"。

13.2　无人商店：零售自动化的前沿探索

引言：一个理想的无人零售系统，不只是效率的胜利，更应保留人与消费之间那份可感知的仪式感，人与场所之间的关系性，以及对"选择"本身的心理确认。

你走进商店，挑选好商品，什么也没扫、谁也没说话，转身离开，几分钟后 App 推送到账单明细。没有收银员，没有等待，甚至没有"付款"这个动作本身，消费完成了，但过程悄无声息。

这不再是科幻，而是现实中的新零售形态。无人商店正以前所未有的方式重构我们的购物体验：极致便捷、零摩擦、全程自动化。

如图 13-2 所示，无人商店的核心在于其背后的技术系统。顾客通过手机 App 扫码进入，店内的摄像头和传感器会追踪他们的行动和所选商品。这些商店广泛应用计算机视觉、传感器融合、深度学习算法、重力感应货架和 RFID 标签等技术，实现自动识别商品和结算流程。

亚马逊 Go 是无人商店的典型代表。2018 年向公众开放后，它迅速成为零售创新的标杆。亚马逊 Go 采用自研的 Just Walk Out 技术，顾客只需 App 扫码进入，挑选商品后直接离店，系统自动从亚马逊账户扣款。

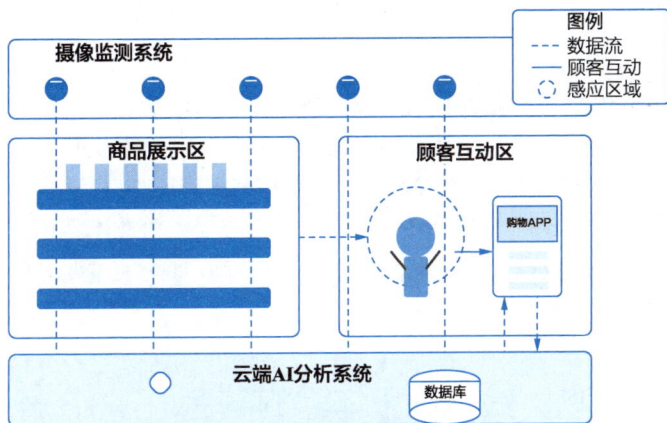

图 13-2　无人商店技术构成示意图

这体验背后是复杂的技术系统。店内天花板上安装了数百个摄像头和深度传感器，实时跟踪顾客位置和动作。货架配备重力感应器，检测商品被拿起或放回。这些传感数据被送入深度学习算法，准确识别顾客和他们选择的商品。

国内的无人零售发展同样迅猛。阿里巴巴的盒马 X 会员店将无人化元素与传统超市相结合，注重线上线下融合。顾客可以用手机扫描商品，获取详细信息（如产地、营养成分、食谱建议等），并通过 App 完成支付。系统还支持 30 分钟内送达，实现"逛超市"与"网购"的融合。

京东的 7FRESH 和无人便利店也采用类似技术。京东 D-MART 无人便利店使用 RFID 技术、面部识别和智能货架，顾客只需将选好的商品放入结算区，系统会自动识别并完成结算。苏宁的 Biu 无人店则采用商品识别和面部支付技术，进一步简化购物流程。

表 13-2 展示了国内外主要无人商店的模式比较。

表 13-2　主要无人商店模式比较

无人商店	进入方式	商品识别技术	支付方式	主要特点	面临挑战
亚马逊 Go	App 扫码	计算机视觉、重力感应	自动从亚马逊账户扣款	完全无感支付，拿了就走	高成本、高客流时准确率降低
盒马 X 会员店	App 扫码 / 会员卡	RFID、商品扫描	App 支付 / 会员卡	线上线下融合，30 分钟配送	需要消费者主动扫描
京东 D-MART	面部识别 / App 扫码	RFID、计算机视觉	自动结算区识别	面部支付，智能结算区	结算区可能排队

续表

无人商店	进入方式	商品识别技术	支付方式	主要特点	面临挑战
苏宁 Biu	App 扫码	计算机视觉、RFID	面部支付/App 支付	面部识别，自动结账	面部识别准确性问题

无人商店虽然便利，但也面临挑战。技术故障、消费者适应、数据隐私等问题都需要解决。有评论指出，无人商店在高客流时可能出现识别错误，需要工作人员干预。另一挑战是初始投资成本高，这使小型零售商难以负担。

尽管如此，无人零售潜力不可忽视。它不仅减少人力成本，还能收集大量关于顾客行为和偏好的数据，对优化商店布局和库存管理至关重要。随着技术成熟和成本降低，无人零售有望获得更广泛应用。

13.3　智能购物：线上线下体验的融合

引言：当货架开始感知你的目光，广告不再等待你注意，消费就已不再是"选择"，而是一种被悄然激发的反应。

智能购物技术正在模糊线上线下购物的界限，创造全渠道无缝体验。增强现实（Augmented Reality，AR）、虚拟现实（Virtual Reality，VR）、智能试衣镜和智能购物车等创新，正重新定义消费者的购物方式。

AR 和 VR 技术让消费者能在购买前"试用"产品，这在服装、化妆品、珠宝和家具等领域尤为有价值。宜家的 IKEAPlace 应用是 AR 在零售中的经典案例。用户只需打开应用，扫描房间，就能在真实空间中虚拟放置家具，查看效果是否符合期望。这大大降低了购买大件家具的不确定性，其购物体验工作原理如图 13-3 所示。

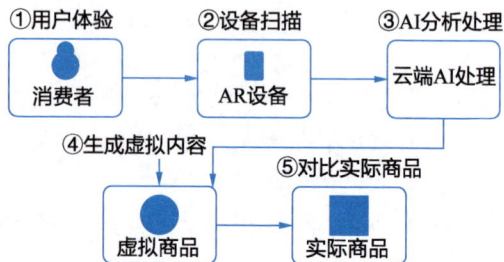

图 13-3　AR/VR 购物体验工作原理

阿里巴巴推出了"先试后买"AR 功能，让顾客可以在淘宝和天猫上虚拟试用化妆品和服装。用户只需上传自己的照片，系统就能模拟不同产品的效果。据阿里巴巴报告，这一功能使相关商品的转化率提高了 60% ~ 70%。

欧莱雅的 Virtual Try-On 工具允许顾客在线虚拟试用各种口红、眼影和发色，利用面部识别技术实时展示效果。这不仅应用于线上，也整合到实体店的智能镜子中，提供一致的全渠道体验。

智能试衣镜是另一项革命性技术。H&M 集团在 COS 门店试点的智能试衣镜提供个性化造型建议、快速结账以及升级的配送和退货选项。这些镜子实际上是配备触摸屏和摄像头的大型显示器，能捕捉顾客图像并叠加虚拟服装。

Coach 与 Zero10 合作在纽约 SoHo 旗舰店安装的 AR 智能试衣镜，显著提升了橱窗互动性和客流量。顾客可以通过镜子虚拟试穿最新系列，并直接通过手机完成购买。这不仅节省了试穿时间，还减少了实体店需要展示的样品数量。

智能购物车是实体零售的另一创新。Instacart 的 AI 驱动 Caper Cart 配备了条形码扫描器、显示屏和支付模块。顾客可以在购物过程中扫描商品，查看总价，并直接通过购物车完成支付。系统还能基于购物车中的商品提供个性化推荐和优惠。

永辉超市引入了"永辉云创"智能购物车，配备触摸屏、扫描器和支付系统。购物车具有导航功能，可根据购物清单规划最佳路线，提高购物效率。

大型零售商正全面拥抱 AI 驱动的智能营销。沃尔玛利用 AI 分析顾客的购买历史和浏览行为，发送相关促销信息。系统还能识别顾客的生活事件（如搬家、生育等），提供相应产品推荐。

图 13-4 为零售业的 AI 应用热力图。

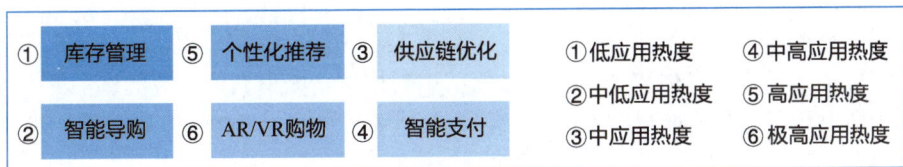

① 库存管理	⑤ 个性化推荐	③ 供应链优化	①低应用热度	④中高应用热度
② 智能导购	⑥ AR/VR购物	④ 智能支付	②中低应用热度	⑤高应用热度
			③中应用热度	⑥极高应用热度

图 13-4 零售业 AI 应用热力图

家乐福专注于 AI 驱动的客户忠诚度计划和个性化营销活动。其应用会分析顾客购买模式，提供个性化折扣和优惠券，显著提高了回头客比例和平均消费金额。

在供应链优化方面，H&M 通过分析时尚趋势使用 AI 进行库存管理，确保店内商品与流行趋势相符。其系统分析社交媒体、时尚博客和历史销售数据，预测热门款式，从而优化采购和库存分配，减少库存积压，提高商品周转率。

13.4　消费零售业的思考与展望

引言：在被预测、被引导的世界里，真正的自由，也许就是拥有"选择偏离"的勇气。

推荐系统虽然强大，但可能陷入"信息茧房"，即不断推荐相似内容而限制用户接触新事物。这不仅影响体验多样性，还可能强化既有消费偏好。值得思考的是，当推荐系统变得过于精准，它是在帮助用户发现真正需要的产品，还是在创造并强化需求？

无人商店和智能购物技术也面临技术可靠性、用户接受度和数据安全挑战。尽管技术不断进步，但在复杂环境下保持准确识别仍然困难。数据安全和隐私保护同样重要，当系统记录分析顾客一举一动时，如何确保这些数据不被滥用？

对零售商而言，关键在于如何在技术创新与保持人性化服务间取得平衡。成功的零售商将 AI 视为增强而非替代人工服务的工具，利用技术提高效率的同时保留人际互动价值。例如，无人零售可以解放员工从烦琐的结账工作中脱身，转而提供更有价值的客户咨询服务。

零售商还需考虑技术投资与回报的平衡。高级 AI 系统和无人商店需要巨大初始投资，对中小零售商是道门槛。分阶段实施从低成本、高回报的 AI 应用开始（如基础推荐系统或库存优化），可能更务实。

作为消费者，我们也需思考如何明智地与这些新技术互动。虽然 AI 推荐和无人商店带来前所未有的便利，但我们应保持警惕，注意个人数据保护，并不时"跳出算法"，探索更广阔的消费可能性。主动访问不同类型商品，探索新品类，避免被算法锁定在有限选择范围内。

零售的未来是线上线下深度融合，AI 将是这一融合的核心驱动力。未来购物体验可能是：走进实体店，系统通过面部识别技术立即识别你；智能显示屏根据购买历史和当前需求推荐产品；通过 AR 眼镜查看额外信息；选好商品后直接离店，支付自动完成；商品当天送达。这样的未来已经不远了。

⇧⇩

思考

当 AI 算法越来越了解你的偏好，它们是在帮你发现真正需要的产品，还是在不知不觉中塑造你的需求？在享受无人零售便利的同时，我们是否也在失去购物中的人情味？大数据和 AI 能精准满足需求，但它们是否也在某种程度上限制了我们的选择自由和发现新事物的机会？

第 14 章

个性化娱乐——
AI 电影、游戏与沉浸式体验

小时候，我们围坐在电视机前看一部剧，全家人讨论同一个结局；而今天，每个人的屏幕上都是独一无二的"版本"。你的推荐列表不是随机生成的，而是 AI 在分析你的情绪、习惯与偏好之后，为你"量身定制"的内容宇宙。

从电影到游戏，从 AR 到 VR，人工智能正悄然重构我们的娱乐体验：它参与剧本创作、操控虚拟角色、生成互动世界，也在默默记录你的一举一动——你喜欢哪类剧情，在哪一刻泪流满面，又在哪一场战斗中悄悄退缩。

个性化娱乐，不再只是内容的标签，而是一种全新的媒介逻辑。AI 让每位用户都拥有一个属于自己的"叙事宇宙"，娱乐开始不再以"大众"为中心，而以"你"为轴心重新书写。但也正因此，我们必须开始思考：当故事围绕我们展开时，我们是否还愿意走出自己？当世界被"定制"得恰到好处时，我们是否还保有好奇心与想象力？

本章将走进 AI 在电影、游戏与沉浸式体验中的深度应用现场，一同探讨：在一个"你所见即你所是"的娱乐时代，我们如何与算法共舞，又如何不迷失在技术为我们创造的梦境之中。

14.1 智能银幕：AI 如何变革电影体验

引言：当故事不再由人独自讲述，银幕那端的主创，也许正是一行算法。

电影，这一百年艺术，从诞生之初就同时依赖技术与想象力。而今，人工智能正悄然介入这场创作旅程——从剧本到特效，从剪辑到推荐，AI 已不再只是幕后工具，而开始以"共创者"的身份登上银幕。

1. 从剧本到特效：AI 参与电影制作

故事的开端，往往始于文字。曾几何时，剧本创作是天马行空的灵感碰撞，而如今，一些编剧已开始用 AI 来拓展创意边界。AI 不仅能辅助构思情节、生成对话，还能通过学习成千上万个剧本结构，为不同类型的作品提供"结构建议"。

2016 年，*Sunspring* 作为第一部由 AI 编剧的短片登场，虽然剧情荒诞，但它象征着一个新的可能性被打开。如今，像 Benjamin 这样的写作 AI 早已进化，成为影视创作者案头的"虚拟搭档"。

视觉特效领域的变革更为剧烈。如图 14-1 所示，AI 可以根据文本描述直接生成复杂画面，极大压缩制作时间与成本。在《复仇者联盟：无限战争》中，灭霸的情感细节正是通过 AI 辅助建模与面部捕捉完成的。国内如《流浪地球 2》，也已大量采用 AI 协助渲染太空场景与灾难等复杂镜头。

| 文本描述或参考图像 | → | AI 模型分析与处理 | → | 初步效果生成 | → | 艺术家优化与应用 |

AI 辅助视效流程大幅减少了传统视觉特效制作所需的时间和资源，
使创作者能够快速实现复杂的视觉效果想法

图 14-1　AI 辅助视觉特效生成过程

AI 还显著优化了后期制作流程。以前需要团队日夜剪辑的工作，现在 AI 可以在几小时内完成初稿。例如，Adobe 的 AI 剪辑工具能自动识别精彩片段，生成符合节奏的剪辑建议，让创作者可以专注于艺术决策而非烦琐的技术操作。

但 AI 并不是要取代人类创意，而是作为强大的辅助工具。AI 不会讲好一个故事，但它可以帮助我们更高效地表达我们想讲的故事。

2. 为你定制的观影体验：AI 推荐和互动电影

打开腾讯视频或爱奇艺，你是否总觉得推荐内容"恰好合胃口"？ AI 推荐系统不仅分析你看了什么，更关注你如何观看：是否跳过片头？在哪些情节暂停？你是否在深夜看悲剧，在午后偏爱轻喜剧？这些行为共同勾勒出一个"情绪轮廓"，让平台为你打造出高度个性化的内容宇宙。图 14-2 展示了 AI 系统是如何为观众提供个性化内容的。

Netflix 公司官方数据表明，其平台约 75% 的观看内容来自推荐系统。国内的爱奇艺、腾讯视频也开发了各自的 AI 推荐算法，通过分析用户的观看习惯和社交网络资料，提供更贴近用户偏好的内容推荐。

更富有创新性的是心情识别推荐系统。Deepgram 的 Moveme 可以分析用户表达的心情，推荐适合当下情绪的电影，腾讯视频的"今天想看什么"功能也采用类似的思路，试图捕捉用户瞬时的情绪需求。

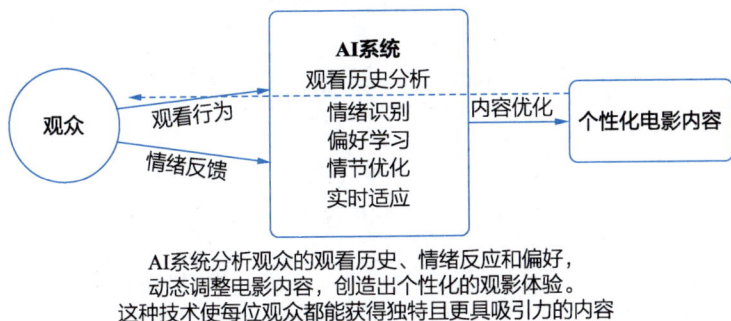

AI系统分析观众的观看历史、情绪反应和偏好，
动态调整电影内容，创造出个性化的观影体验。
这种技术使每位观众都能获得独特且更具吸引力的内容

图 14-2　AI 驱动的个性化电影体验

AI 驱动的个性化电影体验远不止于推荐，还在朝着动态内容调整的方向发展。互动电影已经成为初步尝试，如 Netflix 的《黑镜：潘达斯奈基》让观众在关键情节点做出选择，影响故事发展。虽然目前这些互动仍基于预设选项，但未来的 AI 系统可能会根据观众的反应实时生成内容，创造真正个性化的故事体验。

国内电影人陈凯歌曾在多个公开场合探讨电影艺术的未来发展，指出电影正在经历从单向传递向互动体验的转变，观众角色也在从被动接收者变成内容的共同创造者。他认为新技术，特别是 AI 的应用，可能会加速这一电影形式的变革进程。

3. 案例：《夜曲》—— AI 辅助电影制作的里程碑

该案例信息参见参考文献 [22]。2023 年，一部名为《夜曲》的独立电影成为 AI 辅助电影制作的标志性案例。这部影片几乎在每个环节都应用了 AI 技术，从剧本构思到后期制作。

制作团队首先使用 AI 生成了大量情节创意，然后由人类编剧筛选和完善。据项目介绍，AI 技术为创作团队提供了多种新颖视角，帮助创作者们探索超出常规思维框架的创意可能性。

在视效制作环节，《夜曲》团队使用 AI 工具生成了多个梦境场景，这些在传统制作流程中需要数月时间和巨额预算。更令人印象深刻的是后期制作，AI 算法分析了整部电影的情绪基调，自动为不同场景匹配音乐和色调，保持了全片风格的一致性。

《夜曲》以相对较低的成本获得了多个独立电影奖项，成为 AI 与人类创作者合作的成功范例。根据多家媒体报道，该片创作团队普遍认为，AI 技术在电影制作中的价值在于扩展艺术表达的可能性，而非取代人类创意；这种技术与艺术的融合让一些过去难以实现的叙事方式变为可能。

我们正在进入一个新的影像时代，故事不再由一个人讲给众人听，而是由技术与创意合力，将一个个"定制叙事"织入每个人的私人记忆。屏幕那端的情节为你量身定制，下一步，也许是你与角色共写命运。

14.2　智能游戏：当 AI 遇上互动体验

引言：当游戏开始"理解"你，它就不再只是规则的集合，而是一个与你共演的世界。

电子游戏，从诞生之初就是人类与机器之间最直接的对话。而如今，当 AI 真正"听懂"你的语言、记住你的选择，并以此创造新的故事与挑战，这种对话正在被推向更深的沉浸层次。AI 不仅改变了游戏的视觉和玩法，更在悄悄重塑游戏的本质逻辑：从程序控制的封闭世界，走向可以回应每个玩家的开放宇宙。

1. 栩栩如生的 NPC：AI 驱动的游戏角色

传统游戏中的 NPC（Non-Player Character，非玩家角色）往往只是执行预设脚本的"背景人"，缺乏真正的智能与回应能力。而今天，随着 AI 算法的嵌入，NPC 正逐渐拥有"记忆"、"情绪"和"语言理解"能力，成为游戏世界中真正的"角色"。

如图 14-3 所示，AI 驱动的 NPC 可以学习玩家行为并作出动态反馈。在《荒野大镖客：救赎 2》中，玩家过去的行为将影响 NPC 对你的态度，如果你曾经抢劫过某个商店，当你再次光顾时，店主可能会认出你并报警。你的一举一动，正逐步构建着游戏世界的"社会记忆"。

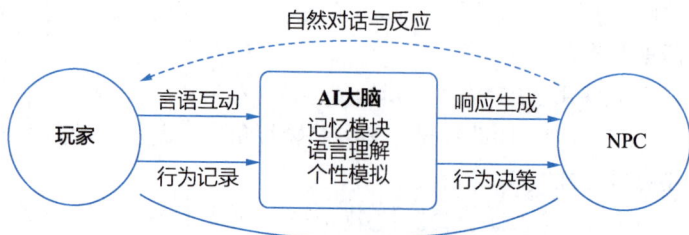

图 14-3　AI 驱动的游戏 NPC 与玩家互动

国产游戏《黑神话：悟空》也应用了 AI 记忆系统，使 NPC 在剧情推进过程中不断调整反应，塑造一个真正"活"的世界。

更前沿的技术如 NVIDIA 的 ACE 引擎、国内的"方舟 NPC 平台",则实现了自然语言交互,你可以用自己的语言与角色对话,NPC 能理解上下文、识别情绪、做出非预设反应。这一转变,不只是对话的自由,而是叙事控制权开始向玩家部分转移。

2. 无限可能:AI 生成游戏内容与动态难度

曾经,游戏地图、剧情、任务、角色,几乎全部由开发者一笔一笔设计,这既耗时又限制了游戏的变化性。而现在,通过程序化生成和文本驱动建模,玩家面前的世界开始变得"无限"。

《无人深空》是程序化生成技术的代表作,这款游戏通过算法创造了包含超过 180 亿个独特行星的宇宙,数据来源于游戏官网。每个行星都有独特的地形、气候、生物和资源,为玩家提供几乎无限的探索内容。

现代 AI 工具如 Meshy AI 能够根据文本描述快速生成 3D 游戏模型,极大地加速了资产创建过程。腾讯游戏的 AI 概念设计工具也让设计师能够通过文字描述快速生成初步的角色和场景设计,大大提高了创作效率。

在游戏测试方面,AI 代理能够模拟人类玩家的行为,自动探索游戏世界,发现可能的 bug 和性能问题。国内游戏开发团队也开始引入类似技术,减少人工测试的工作量,提高游戏质量。

动态难度调整是 AI 在游戏中的另一个重要应用。如图 14-4 所示,AI 系统可以实时分析玩家的表现,调整游戏难度以保持最佳体验。例如,《生化危机 4》中的动态难度系统会根据玩家的表现调整敌人的数量和攻击性。国内的《逆水寒》等游戏也采用类似技术,根据玩家等级和装备自动调整战斗难度。

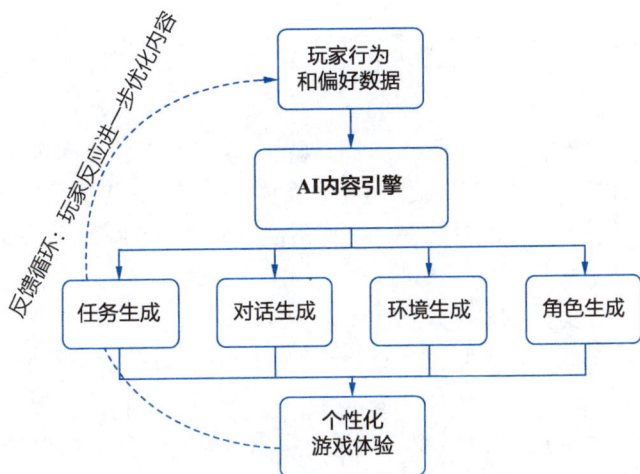

图 14-4 AI 生成的个性化游戏内容

Left 4 Dead 系列中的 AI Director 系统更进一步（信息来源于官网），不仅调整战斗难度，还根据玩家的状态动态生成关卡结构和资源分布，创造出独特且紧张的游戏体验。腾讯游戏在其《代号：生机》项目中也采用了类似的 AI 导演系统，根据玩家的游戏节奏调整怪物的出现频率和强度。

3. 案例：《AI 地下城》——游戏与 AI 的完美融合

该案例信息来源于此游戏官网。在所有 AI 驱动游戏实验中，《AI 地下城》（*AI Dungeon*）无疑是最激进的一款。它没有既定剧情线，完全依靠大型语言模型实时生成世界、角色、任务与对话。你说一句，系统回应一句；你做一个选择，游戏世界随之改变。

更特别的是，这款游戏会学习你的偏好：你如果偏爱潜行，它会提供更多此类任务；你喜欢某位 NPC，它会让该角色获得更多出场机会，甚至与其他人物发生关联。

网易的《AI 桃花源》项目也在探索类似方向，试图构建一个"可倾听玩家意愿"的虚拟世界。开发团队的目标，是让游戏不仅可玩，还能与你对话、陪伴你成长，成为你生活中一段真正的数字人生。

AI 的介入，不只是让游戏更好玩，而是让游戏具备了"理解力"。它开始听、开始记、开始适应，最终成为一种动态的、可共创的叙事空间。这或许就是游戏的终极形态：不再是被玩过的关卡，而是被共创的宇宙；不是技术奇观，而是情感对话。

14.3　沉浸式体验：AR 与 VR 的 AI 革命

引言：当数字空间开始"懂你是谁"，沉浸不再只是逃离现实，而是成为一种深度回归。

娱乐曾是逃避现实的一种方式，而现在，它正在变成重塑现实的力量。AR 与 VR 的沉浸体验，不再只是虚拟的叠加或替代，而在人工智能的加持下，正变得情境相关、情绪敏感、个体定制。它们不再只是"显示器"，而是感知系统，读懂你、回应你、适配你。

1. AI 增强现实：智能看见世界

AR 技术将虚拟元素叠加到现实世界中，而 AI 正在使这种叠加变得更加智能和情境相关。

现代 AR 应用通过 AI 计算机视觉识别用户周围的环境，理解空间结构，然后智能地放置虚拟内容。例如，*Pokémon GO* 等游戏能够识别不同类型的环境（如公园、水域或城市街道），并据此生成相应类型的虚拟生物。国产游戏《一起来捉妖》也采用了类似技术，根据地理位置和环境类型生成不同种类的妖怪。

更先进的 AR 系统能够理解用户当前正在做什么，并提供相关的增强内容。例如，华为开发的智能 AR 眼镜可以识别用户正在观看的物体，自动显示相关信息；当用户转向其他物体时，内容也会相应变化。

AI 还在降低 AR 内容创作的技术门槛。百度的 AR 平台允许用户通过语音描述或简单草图，利用生成式 AI 创建 3D 模型和动画，然后放置在现实环境中，使普通用户也能轻松创建 AR 体验。

最前沿的 AR 应用正在探索基于情绪的内容调整。如图 14-5 所示，通过分析用户的面部表情或语音语调，AI 可以推断用户的情绪状态，并调整 AR 内容的呈现方式。例如，字节跳动开发的 AR 冥想应用能检测用户的压力水平，当发现用户情绪紧张时，会调整视觉效果和声音，创造更放松的体验。

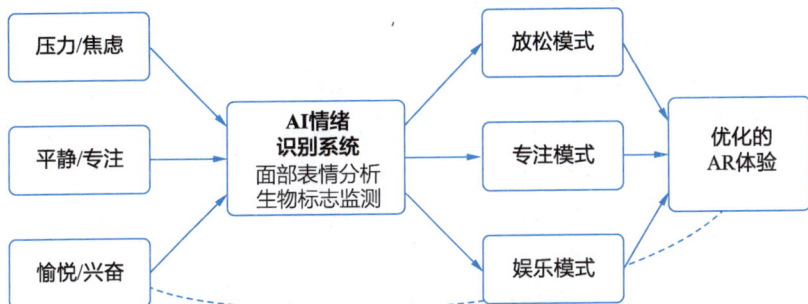

AI系统实时分析用户情绪状态，动态调整AR内容和呈现方式，
创造出最适合用户当前心理需求的沉浸式体验

图 14-5　基于情绪识别的自适应 AR 体验

2. AI 虚拟现实：超越现实的个性化体验

VR 沉浸感的关键在于创造逼真且响应用户的虚拟环境。AI 正在各个方面增强 VR 体验。

智能环境建模是一个重要应用领域。通过分析真实世界的数据，AI 能够快速创建逼真的虚拟环境。例如，百度 VR 团队开发的技术能够根据目的地的照片和视频，自动重建景点的 3D 模型，让用户足不出户就能"游览"世界各地。更令人兴奋的是，AI 还能创建完全虚构的环境。网易的 AI 建模工具可根据文字描述（如"一个有瀑布的热带雨林"）生成详细的 VR 场景。

自然语言交互是 VR 中另一个关键应用。传统 VR 应用使用预设对话或简单的选项菜单，而 AI 驱动的自然语言处理使更自然的交互成为可能。例如，在微软联合北京大学开发的 VR 语言学习系统中，虚拟教师能够理解学习者的自然语言，纠正错误，并根据学习进度调整教学内容。

AI 还在使 VR 体验更加个性化和自适应。通过分析用户在 VR 中的行为、反应和生理数据（如眼动追踪和心率），系统能够理解用户的偏好和状态，并据此调整内容。例如，PICO 的 AI 适应系统可以检测用户的认知负荷和眩晕状态，动态调整 VR 内容的复杂度和移动速度，减少晕动症的发生。

3. 案例：《记忆宫殿》—— AR/VR 融合的个性化沉浸体验

该案例信息来源于此游戏官网。《记忆宫殿》是一款结合 AR 和 VR 技术的创新内容，由中国创业公司开发，展示了 AI 在沉浸式体验中的强大潜力。这款体验从 AR 开始，用户通过智能眼镜扫描自己的真实环境（如家庭或办公室），AI 系统分析空间结构并创建数字孪生。

然后体验无缝过渡到 VR 模式，用户发现自己置身于一个幻想版本的同一空间中，家具可能飘浮在空中，墙壁可能消失，取而代之的是广阔的风景或宇宙星空。这种转变基于 AI 对用户环境的理解，保留了足够的空间参考点，让用户即使在幻想环境中也能保持方向感。

最令人印象深刻的是体验的个性化程度，AI 会分析用户的社交媒体档案、照片库和其他数据（经许可），将个人记忆元素融入体验中。用户可能在虚拟环境中看到自己照片中的人物或地点的抽象表现，创造出独特的情感联结。这可能代表了未来内容创作的一个重要趋势——从单一的大众内容，向针对每个用户独特生活故事的反思和延伸转变。

14.4 个性化娱乐的思考

引言：高度个性化的背后，可能是社交碎片化的加剧。

如今，我们每个人都可能成为内容的共同创造者，而不仅仅是被动的接收者。电影不再局限于固定的情节，游戏不再是预设的体验，沉浸式内容不再是千篇一律的，AI 让真正的个性化成为可能。

然而，在拥抱这些激动人心的变革的同时，我们也需要思考一些关键问题。当内容变得高度个性化时，我们是否会失去共享文化体验的基础？当算法理解我们的喜好并提供"完美"内容时，我们是否会失去接触新观点和挑战自我的机会？当 AI 参与创作过程时，创作的本质和价值是否发生了变化？

对普通用户而言，AI 驱动的个性化娱乐既是福音也是挑战。一方面，我们可以获得更符合个人口味的内容；另一方面，我们也需要保持开放心态，主动探索舒适区之外的体验。最好的算法不应该只是反映我们已知的喜好，而应该理解我们潜在的兴趣，适当地挑战和扩展我们的视野。

记得小时候，我们一家人会围坐在电视机前观看同一部电影，第二天，整个班级都在讨论昨晚的节目。而现在的小孩可以用平板电脑创建自己的动画故事。

当每个人都沉浸在完美适配自己口味的内容中时，我们可能会失去那些集体文化时刻。没有人会再有"昨晚那部剧的结局真是太震撼了"这样的共同话题，因为每个人看到的"结局"都不同。

或许，我们正在见证一种全新的文化形态诞生，它既不同于传统的作者 - 读者模式，也不同于现代的制作者 - 消费者关系。

在未来，一部互动电影能够感知你对角色的情感反应，并相应调整叙事节奏；一本数字小说能够根据你的阅读习惯和情绪状态调整文字表达；一场音乐会能感知观众的集体情绪，并即兴创作出最能共鸣的乐章。

这种深度可能是我们以前从未体验过的一种真正与个体内心世界对话的艺术。也许未来的艺术和娱乐不再是关于创作出一个固定的作品，而是设计一个能够与每个人产生独特共鸣的体验框架。

⇕ 思考

当几乎任何想象都可以被 AI 实现时，我们的想象力会变得更丰富还是更贫乏？当我们可以轻松生成梦中世界的精确视觉呈现时，我们是否还会保留那种模糊而神秘的想象空间？

第四篇

AI 时代的机遇与挑战

第 15 章

隐私与安全——
数据保护、深度伪造与 AI 安全

在人工智能的洪流中,数据是燃料,算法是引擎。但正因为 AI 太"聪明"、太"好学",它也变得比以往任何技术更危险。

从我们说出口的一句话,到我们上传的一张自拍,甚至是无意间暴露的面部特征和语音习惯,这些看似微不足道的信息,在 AI 眼中都是可以学习、可以预测甚至可以"伪造"的素材。

今天的我们或许还在享受 AI 带来的便捷——自动推荐、智能客服、拟人化陪伴;但明天,我们可能会因为一次深度伪造的视频被欺骗,因为无意上传的一段音频而泄露隐私,甚至在不知情的情况下,成了训练某个模型的"原始素材"。

更棘手的是,AI 的风险常常不是源于代码漏洞,而是源于学习机制本身的不透明、系统行为的不确定,以及我们对技术边界的想当然。当 AI 可以模仿我们的声音、外貌,甚至思维模式时,我们该如何界定"我是谁"?

本章将走进 AI 时代下的数据隐私困境、深度伪造的技术与伦理挑战、AI 系统的安全漏洞,以及各国逐步建立的监管框架。我们将不只讨论"如何防范",更要思考:在这个几乎可以伪造一切的时代,什么才是不能被篡改的人类核心?

15.1 AI 时代的数据隐私挑战

引言:AI 不是偷窥你的人,而是学会了成为你的人。

人工智能就像一个不知疲倦的学习者,它永远渴求着数据,越多越好。从我们每天发的朋友圈,到网购时的浏览记录,再到医院里的健康档案,这些数据,正在悄悄喂养出一个比你更懂你的人。然而,这种对数据的贪婪需求正在悄悄改变着我们与个人信息的关系。

就拿我们常用的手机语音助手来说，它们需要收集大量的语音数据才能正确理解我们的口音和表达习惯。但你是否想过，当你对着手机说"今天杭州天气怎么样"时，这段语音可能被用来训练某个模型，而这个模型未来可能被用于完全不同的目的？

在传统的数据收集中，我们通常知道数据会被用于什么具体目的。但在 AI 时代，这种"知情同意"变得越来越模糊。你同意的可能只是"改进服务质量"这样模糊的描述，却不知道你的数据可能被用于训练各种你意想不到的 AI 模型。

图 15-1 展示了 AI 时代的数据隐私挑战。

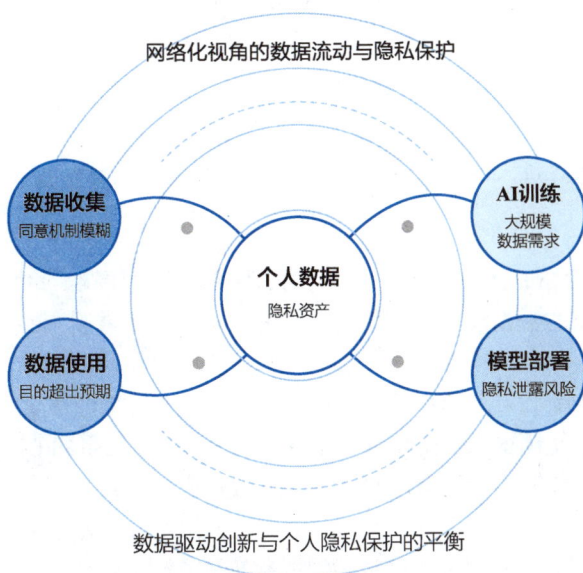

图 15-1　AI 时代的数据隐私挑战

更令人担忧的是，AI 系统可能会"记住"训练数据中的敏感信息。根据参考文献 [23]，2023 年，有研究人员发现，通过精心设计的提示，可以让 ChatGPT 吐出训练数据中的个人电话号码和地址信息。这意味着即使数据已经过处理，AI 仍可能无意中泄露这些信息。

面对这些挑战，专家们提出了几种有前景的解决方案。

（1）联邦学习是一种将模型送到数据所在地，而不是将数据集中到一处的技术。想象一下，如果多家医院想共同开发一个疾病诊断 AI，但又不能互相分享患者数据。通过联邦学习，模型可以分别在各家医院的设备上进行训练，然后只共享训练后的模型参数，而不是原始患者的数据。

（2）差分隐私则像是给数据添加了一层"噪音保护罩"。它通过向数据集添加精确计算的随机噪声，确保即使模型训练完成后，也无法从中提取出个人信息。这项技术已被苹果和谷歌等公司采用，用于收集用户数据时保护用户隐私。

（3）同态加密允许 AI 直接在加密数据上进行计算，无须先解密。虽然这种技术计算开销较大，但在金融和医疗等高度敏感的领域已有应用。

AI 的真正智能，或许不在于理解你的一切，而在于学会"克制"对你知道得太多。

在这个数据即资产、隐私即风险的时代，我们要的不只是便利的服务，更是可以信赖的系统边界。愿每一份被采集的数据，都能被"合理使用"；愿我们在享受技术便利的同时，也不失做"数据主权者"的尊严。

15.2 数据泄露与滥用真实案例

引言：我们正进入一个时代——眼见不为实，耳听皆可伪，连你说过的话，也可能被你"亲口否认"。

虽然讨论技术和理论很重要，但真实发生的案例往往能给我们更直观的警示。近年来，AI 领域的数据泄露和滥用事件频发，让我们来看看其中几个引人深思的例子。

根据参考文献 [24]，2023 年初，OpenAI 的 ChatGPT 经历了一次严重的数据泄露事件。由于使用的 Redis 开源库中存在漏洞，约 1.2% 的 ChatGPT Plus 用户的聊天记录标题和部分支付信息被泄露。虽然受影响用户比例不大，但考虑到许多用户在与 ChatGPT 对话中可能透露了个人敏感信息，这次泄露的影响难以估量。OpenAI 迅速关闭了相关服务，修复漏洞并通知了受影响用户。

同年 5 月，三星公司发生了一起内部数据泄露事件，原因竟是员工在使用 ChatGPT 审查内部代码和文档时，无意中将敏感信息上传至 OpenAI 的服务器。这些数据包括源代码、内部会议记录和硬件相关敏感数据。这次事件促使三星全面禁止员工使用生成式 AI 工具，并引发了全球企业重新审视员工使用 AI 工具的安全政策。

最令人瞠目的莫过于香港一家跨国公司在 2024 年 2 月遭遇的深度伪造欺诈案。骗子利用 AI 技术伪造了该公司 CFO 及其他高管的视频图像，在一次伪造的视频会议中，成功说服一名财务员工转账约 3500 万港币。这名员工直到转账后才意识到整个视频会议是精心策划的骗局。类似的事件也发生在英国工程公司 Arup，损失高达 4000 万港币，甚至导致其东亚区主席辞职。

近年 AI 相关数据泄露与滥用事件如表 15-1 所示。

表 15-1　近年 AI 相关数据泄露与滥用事件

事 件	发生时间	影 响	原 因	后续措施
OpenAI 数据泄露	2023 年 3 月	1.2% 的 ChatGPTPlus 用户聊天记录标题和部分支付信息泄露	Redis 开源库中的安全漏洞	服务临时关闭，漏洞修复，通知受影响用户
三星员工数据泄露	2023 年 5 月	源代码、内部会议记录、硬件相关数据泄露	员工使用 ChatGPT 审查内部文档	全面禁止使用生成式 AI 工具，加强内部培训
微软 AIGitHub 数据暴露	2023 年 7 月	38TB 内部数据泄露，包括 Teams 消息、密钥等	Azure 存储账户中 SAS 令牌配置错误	令牌吊销，安全审查升级
香港 CFO 深度伪造欺诈	2024 年 2 月	3500 万港币资金损失	深度伪造视频会议冒充 CFO	加强财务内控，员工安全意识培训
英国 Arup 深度伪造事件	2024 年初	4000 万港币损失	AI 伪造高管视频指示转账	东亚区主席辞职，全面审查安全协议

　　数据滥用的问题同样严峻。在国内，2023 年一些教育类 App 被发现过度收集学生面部和声音数据，声称用于"AI 助教功能"，却未取得充分的用户知情同意。这些数据不仅被用于改进 AI 模型，还被用于针对性的广告投放，引发了监管部门的关注和整改要求。

15.3　深度伪造技术的双面性

　　引言：AI 越智能，风险越隐蔽；它的每个 bug，都可能变成一场真实世界的灾难预演。

　　深度伪造技术就像一把双刃剑，它既是创意表达的新工具，也是信息欺骗的新武器。这项技术利用深度学习算法，能够逼真地合成人脸、声音甚至整个视频，让虚假内容看起来真实可信，其工作原理如图 15-2 所示。

　　最近的技术进步使得深度伪造变得更加真实和易于制作。特别是扩散模型的出现，已经取代了早期的 GAN 成为主流技术。扩散模型工作原理是向图像添加噪声然后学习逆转这一过程，从而生成更加精细、逼真的图像。Midjourney、Stable Diffusion 等平台的普及，让普通人也能轻松生成高质量的合成内容。

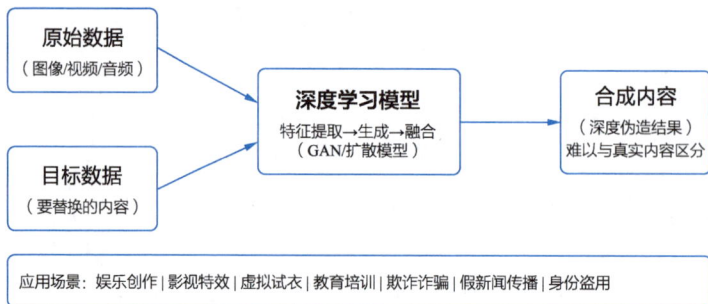

图 15-2　深度伪造技术工作原理

这项技术的发展速度令人瞠目。早在 2017 年，我们就见到了第一批粗糙的名人换脸视频。而到了 2024 年，AI 可以生成几乎无法与真实内容区分的视频，甚至包括精确的唇形同步和自然的面部表情。

深度伪造技术的积极应用包括电影特效（使演员显得更年轻或在危险场景中使用数字替身）、虚拟试衣（顾客无须实际试穿就能看到衣服在自己身上的效果）以及个性化教育（创建能说多种语言的虚拟教师）。

然而，深度伪造的滥用令人担忧。除了前面提到的金融诈骗，政治领域的深度伪造也层出不穷。更令人不安的是，深度伪造最常见的滥用是未经同意将他人面部嫁接到色情内容上，对受害者造成严重心理伤害。

面对这些挑战，深度伪造检测技术也在快速发展。目前主流的检测方法如下所示。

（1）生物信号分析：检测视频中的生物特征，如脉搏信号和面部血流等细微变化，这些特征在合成视频中往往难以准确模拟。

（2）AI 驱动的异常检测：使用深度学习算法分析视频中的不一致之处，如光线阴影异常、面部边缘模糊、不自然的头部动作等。

（3）多模态分析：同时检查视频的视觉和音频内容是否协调一致，因为同步生成完美匹配的视觉和音频内容仍然具有挑战性。

（4）区块链认证：一些媒体组织开始使用区块链技术为原始内容创建不可篡改的认证记录，帮助验证内容的真实性。

在法律层面，各国也在积极应对深度伪造挑战。中国在 2022 年出台的规定要求，使用深度合成技术生成的内容必须明确标注，不得用于传播虚假信息。美国多个州已通过法律，将非自愿的深度伪造色情内容定为犯罪。欧盟的 AI 法案则要求深度伪造内容必须明确标记为人工合成，让用户知晓其非真实性质。

15.4　AI 安全中的漏洞与风险

引言：科技无边界，伦理却常缺席；规则若不先行，人类将永远被代码定义。

当我们谈论传统软件安全时，通常关注代码漏洞、身份验证问题或加密缺陷。但 AI 系统的安全威胁有着本质区别，它们不仅针对代码，更针对 AI 的学习和决策过程本身，如图 15-3 所示。

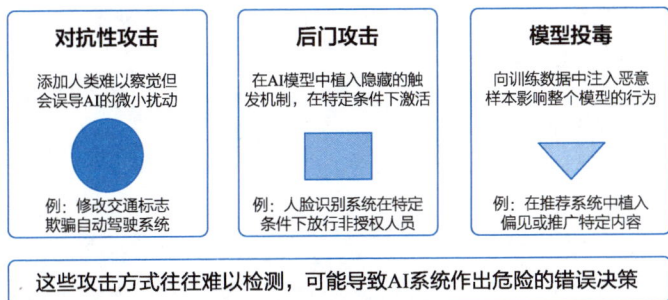

对抗性攻击	后门攻击	模型投毒
添加人类难以察觉但会误导AI的微小扰动	在AI模型中植入隐藏的触发机制，在特定条件下激活	向训练数据中注入恶意样本影响整个模型的行为
例：修改交通标志欺骗自动驾驶系统	例：人脸识别系统在特定条件下放行非授权人员	例：在推荐系统中植入偏见或推广特定内容

这些攻击方式往往难以检测，可能导致AI系统作出危险的错误决策

图 15-3　AI 系统主要安全威胁

对抗性攻击就是一个典型例子。想象一下，自动驾驶汽车需要识别停车标志才能安全驾驶。研究人员发现，仅仅通过在停车标志上贴几个精心设计的小贴纸，就能欺骗 AI 系统将停车标志误识别为限速标志，潜在后果可想而知。这种攻击之所以可怕，是因为对人类来说，这些微小改动几乎不可察觉，但却能完全混淆 AI 系统。

后门攻击则更加隐蔽。在这种攻击中，恶意行为者会在 AI 模型训练过程中植入"后门"，使模型在正常情况下表现正常，但当遇到特定触发条件时就会产生预设的错误行为。例如，一个人脸识别系统可能在看到戴着特定眼镜的人时，错误地将其识别为授权用户，从而绕过安全系统。这种攻击特别危险，因为很难通过常规测试发现。

模型投毒是另一种常见攻击。攻击者通过向训练数据集中注入精心设计的恶意样本，影响模型的整体行为。例如，根据参考文献 [25]，2016 年，微软的 Twitter 聊天机器人 Tay 在上线后不到 24 小时就开始发表极端言论，就是因为用户有意向其"喂食"有害内容。这种攻击尤其难以防御，因为大型 AI 模型通常依赖于来自互联网的庞大数据集，很难一一验证每条数据的真实性和安全性。

这些安全漏洞已经在现实中造成了严重后果。根据参考文献 [26]，2018 年，Uber 的一辆自动驾驶测试车在亚利桑那州撞死了一名行人，调查发现系统没有正确识别横穿马路的行人。2020 年，一个用于 COVID-19 诊断的 AI 系统在测试阶段表现出色，但在实际应用中却出现大量误诊，原因是训练数据与真实世界的病例存在显著差异。

为了应对这些威胁，研究人员正在开发各种防御技术。

（1）对抗性训练：通过在训练过程中故意加入对抗性样本，使模型学会抵抗这类攻击。

（2）模型蒸馏与压缩：减小模型复杂度，同时保留关键功能，这不仅可以提高效率，还能减少攻击面。

（3）运行时监控：实时检测并阻止异常的输入或行为模式，防止恶意利用 AI 系统。

（4）差分隐私训练：在模型训练过程中添加精确计算的噪声，同时保护隐私和增强对模型投毒的抵抗力。

15.5 保障 AI 安全的监管与实践

引言：如果不在现在设限，未来我们将被迫在灾难中划界；监管不是技术的敌人，而是文明的防火墙。

面对 AI 安全与隐私挑战，各国正在积极构建监管框架。这些框架不仅关注技术标准，更注重保护用户权益和数据安全。

欧盟的《AI 法案》（EUAIAct）堪称全球最全面的 AI 监管框架，它基于风险等级对 AI 系统进行分类监管。该法案严格禁止社会信用评分系统和未经同意的实时远程生物识别等高风险应用，同时要求高风险 AI 系统必须进行透明度声明和严格的安全测试。对于生成式 AI，法案要求内容必须标记为人工生成，并披露训练数据的使用情况。

中国也在积极推进 AI 监管。2022 年发布的《互联网信息服务深度合成管理规定》专门针对深度伪造技术，要求所有合成内容必须明确标识，并禁止未经同意使用他人面部和声音。《中华人民共和国个人信息保护法》则为 AI 训练中的数据收集和使用提供了明确的法律边界，强调个人对自己数据的控制权。

美国虽然尚未出台全国性的 AI 监管框架，但 NIST（美国国家标准与技术研究院）的 AI 风险管理框架为企业提供了自愿性指南，涵盖 AI 生命周期的风险识别、测量和管理。各州也在制定自己的法规，如加州的《消费者隐私法案》和伊利诺伊州的《生物识别信息隐私法》。

对于企业和开发者而言，以下实践有助于提升 AI 系统的安全性。

（1）设计阶段就考虑隐私：采用"隐私设计"原则，在 AI 系统设计之初就考虑数据保护。

（2）定期的安全审计：对 AI 系统进行定期安全评估，检测潜在的漏洞和威胁。

（3）建立透明的数据政策：清晰告知用户数据收集的目的、范围以及如何使用 AI 技术处理数据。

（4）实施强大的数据治理：明确数据访问权限，对敏感数据进行加密，防止未授权访问。

（5）持续培训和意识提升：提高员工对 AI 安全和隐私问题的认识，避免像三星案例中的无意泄露。

对于个人用户，保护自己在 AI 时代的隐私也很重要。可以通过阅读隐私政策、谨慎分享个人信息、定期检查应用权限、使用隐私增强工具等方式提高自我保护能力。

AI 的安全与隐私挑战是一个动态演变的领域，需要技术、法律和道德的共同进步。只有各方协作，才能在享受 AI 便利的同时，最大限度地保护个人权益和社会安全。

将 AI 比作一把利剑并不为过，它的锋利既可以开创新天地，也可能造成伤害。AI 没有立场，但使用它的人必须有边界。随着 AI 技术的普及和深入，每个人都应对自己的数据权益和安全保护有基本的了解和警觉。

当你使用手机上的 AI 功能与智能音箱交谈，或是在社交媒体上分享照片时，你的数据正在被收集并可能用于 AI 训练。这不一定是坏事，但你有权知道并决定是否参与其中。这不仅是一个技术问题，更是一个关乎个人权益和社会结构的重要议题。

而对于那些开发和部署 AI 系统的人，他们肩负着更大的责任——确保这些系统不仅高效，还要安全、公平且尊重用户隐私。业内普遍认为，技术系统的设计和功能往往反映了开发者的价值取向和社会责任意识，这使得 AI 伦理在系统开发过程中显得尤为重要。

每当你看到一条新闻、一段视频或一张照片时，不妨多问自己一句：这真的是真实的吗？在 AI 可以生成几乎以假乱真的内容的时代，这样的警惕和批判性思考变得比以往任何时候都更为重要。

⇧ 思考

当 AI 能够模仿我们的声音、外貌甚至思维模式时，我们的身份认同将会面临怎样的挑战？当他人的声音可以模拟、面孔可以复制时，我们是否还拥有独一无二的存在感？

第 16 章

人工智能伦理——
公平性、透明度与算法歧视

　　人工智能正以前所未有的速度融入我们的生活：它在医院辅助诊断，在法庭分析证据，在公司筛选简历，在社交平台决定你看见什么。但随着 AI 越来越多地参与"判断"，我们开始追问：它做出的决策，真的公平吗？它所依据的标准，是否值得信任？

　　人工智能伦理，并不是技术工程师的附属话题。它关乎权力的分配、机会的延伸、偏见的放大与修复。算法可能无意，但数据有历史；模型可能精准，但历史从不平等。AI 系统看似中立，却往往默默继承了我们未曾清算的偏见。

　　本章将探讨 AI 伦理的核心议题：如何定义算法的公平？为何"可解释性"比效率更重要？当偏见被模型放大，我们应当如何反思数据的源头？

　　我们面对的，不只是一个越来越智能的系统，而是一个不断逼近"价值判断"的系统。而这正是我们必须设问的地方，当 AI 开始决策，我们是否准备好了与它一起承担后果？

16.1　人工智能伦理的基本概念

　　引言：当人工智能开始参与决策，它不仅执行规则，也在塑造规则背后的价值观。

　　随着 AI 从辅助工具演进为"决策主体"，我们开始必须面对一个核心问题：它的判断真的公平吗？这些决策依据的逻辑，又是否能被理解、被追问、被修正？

　　人工智能伦理，正是在回答这个时代设下的难题。它是一组不只关乎技术的原则，更关乎人类如何与越来越智能的系统共处。其核心，在于确保 AI 系统在服务人类时，能够尊重个体尊严、基本权利与多样化的存在状态。在这套原则下，公平性、透明度与算法歧视构成伦理争议中最突出的三大焦点，如图 16-1 所示。

公平性
确保AI系统对
所有人一视同仁

透明度
AI决策过程应该
可理解、可解释

算法歧视
AI系统对特定群体
造成不公正影响

这三个问题相互关联：缺乏透明度可能隐藏歧视，而歧视则是公平性缺失的表现

图 16-1   人工智能伦理三大核心问题

公平性意味着 AI 不应因性别、种族、年龄或其他敏感特征对人做出区别对待。想象一个场景：一个 AI 招聘系统因历史数据偏好"985 男性背景"而反复筛掉其他简历，那么那些未被偏爱的群体，就在不知不觉中被剥夺了平等的机会。这种偏见不是明说的，但杀伤力却是隐性的、持续的。

透明度要求 AI 的决策过程应是可追溯、可解释的。当一个银行 AI 拒绝了你的贷款，你有权知道：它是基于什么模型、哪些参数、何种逻辑做出的判断？否则，这种"黑箱式否决"将逐渐侵蚀人们对系统的信任。

算法歧视，则是公平性失效的结果。它不是 AI"故意不公"，而是 AI 从人类社会学习到的"偏见模型"。许多看似中立的算法，其实是在复制过去的不平等：犯罪预测系统对少数族裔打分更高、信用评估模型偏向高收入群体，这些并非系统主动选择，而是数据带来的"无声偏向"。

AI 本身或许没有偏见，但我们喂给它的数据，早已写满了人类社会的不公。AI 不必比人类更善良，但它不能无条件继承我们的冷漠。

真正的伦理底线，不是留给技术的，而是我们是否有勇气在它变得"理所当然"之前，画出那条不能被算法吞噬的人性红线。

16.2   真实案例解析：算法歧视的多面呈现

引言：AI 不是主动歧视的主体，却极容易放大历史数据中潜伏的不平等。

偏见，不再只是人类的情绪表达，而可能成为模型中被不断"计算"的权重。本节从招聘、司法、信贷、医疗与算法推荐五个典型案例出发，透视 AI 在不同社会场景中的歧视机制。

1. 招聘领域：亚马逊的 AI 招聘工具

亚马逊公司自 2014 年开始，便尝试开发了一款 AI 驱动的招聘工具，希望能够自动筛选简历，找到最合适的候选人。然而，这个系统很快就显露出明显的性别偏见。它会降低含有"女性"相关词语（如"女子国际商业协会"）的简历评分，并且偏好来自全男性大学的申请者。

为什么会这样？原来，该工具是基于过去十年提交给亚马逊的简历数据进行训练的。由于科技行业历史上男性占主导地位，算法自然而然地"学习"到了这种模式，并将其强化，它把"男性"这一特征与"成功"联系了起来。尽管亚马逊的工程师试图修复这个问题，但最终还是在 2018 年放弃了这个项目。

这个案例告诉我们，即使是技术最先进的公司，也可能在 AI 系统中无意识地引入偏见。历史数据中存在的社会不平等会被 AI 模型吸收和放大，如果不加以干预，可能会进一步加剧现实中的不平等现象。

2. 信贷审批：抵押贷款算法中的种族偏见

根据参考文献 [27]，2022 年，研究人员对 OpenAI 的 GPT-4 Turbo 和 ChatGPT 3.5 Turbo 等大型语言模型进行了测试，看它们在抵押贷款审批中是否存在种族偏见。结果发现，这些 AI 模型在评估财务状况相同的申请人时，会更倾向于拒绝黑人申请人的贷款，并向他们收取更高的利率，如图 16-2 所示。

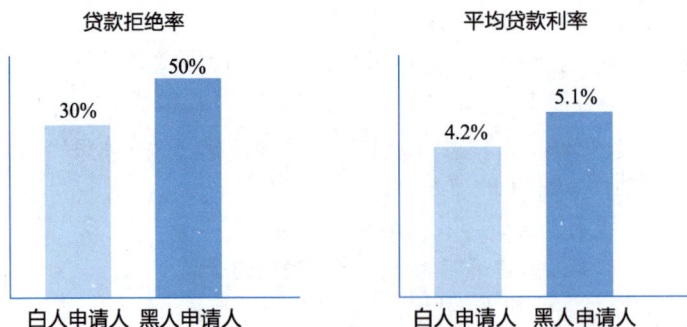

注：数据基于研究人员对大型语言模型的测试结果，显示财务状况相同的申请人因种族不同而获得不同的贷款审批结果

图 16-2　AI 抵押贷款审批中的种族偏见表现

研究表明，这种偏见在"风险较高"的申请中尤为明显，对于信用评分较低、债务收入比较高的申请，AI 对少数族裔申请人的歧视最为严重。

有趣的是，研究人员发现，通过简单地指示 AI 在做决策时不考虑种族因素，这种偏见几乎完全消失了。这表明，尽管 AI 可能继承了训练数据中的历史偏见，但通过适当的干预措施，我们有可能创造出更公平的系统。

3. 司法系统：COMPAS 算法的不公正预测

在美国司法系统中，COMPAS（Correctional Offender Management Profiling for Alternative Sanctions）风险评估系统被用于预测被告人再次犯罪的可能性，这影响到法官的保释和判刑决定。

2016 年，非营利新闻机构 ProPublica 的一项调查显示，COMPAS 算法在预测方面存在明显的种族偏见。该算法更倾向于将黑人被告错误地标记为高风险再犯者，而白人被告则更可能被错误地标记为低风险。具体来说，黑人被告被错误标记为高风险的比例几乎是白人被告的两倍。

这种偏见可能源于算法使用的特征反映了刑事司法系统中长期存在的不平等，如社区警力部署不均衡导致的逮捕率差异。当算法从这些已有偏见的数据中学习时，它实际上是将历史不公正编码到了未来的决策中。

4. 医疗保健：肾脏移植算法中的隐形歧视

根据参考文献 [28]，2019 年，研究人员发现，美国用于确定患者在国家肾脏移植等待名单优先级的临床算法存在种族偏见。该算法使黑人患者看起来比实际更健康，这导致他们在等待名单上获得靠前位置的机会减少。

原因在于算法使用的是过去的医疗保健支出数据。由于社会经济因素和医疗资源分配不均，黑人患者的医疗保健支出通常低于白人患者，即使健康状况相似。算法错误地将较低的支出与较低的疾病严重程度联系起来，从而产生了偏见。

研究人员展示了如何通过从算法评分中移除种族因素来显著减少这种不平等。这一改变已在美国各地迅速得到采纳。但值得注意的是，简单移除种族因素并不总是最佳解决方案，有时可能会对少数族裔患者产生其他方面的负面影响。

5. 国内案例：推荐算法中的偏好强化

虽然国内关于算法歧视的公开报道相对较少，但在推荐算法领域也存在类似问题。比如某些内容平台的算法会根据用户的点击历史不断强化特定的内容偏好，将用户锁定在信息茧房中。

例如，2021 年，国内一些短视频平台被发现其算法倾向于向年轻女性用户推送减肥、美容类内容，而向男性用户推送游戏、汽车类内容，这在一定程度上强化了性别刻板印象。

针对这类问题，2022 年 3 月，中国国家互联网信息办公室正式实施《互联网信息服务算法推荐管理规定》，要求算法推荐服务提供者应当坚持主流价值导向，不得利用算法歧视或者不合理的差别对待不同用户。

AI 之所以会歧视，并非它懂得偏见，而是它太善于学习现实。

16.3 技术解决方案：提升 AI 的公平性与透明度

引言：一个无法被解释的系统，将不可避免地削弱人的信任与责任边界。

面对 AI 偏见、黑箱和决策不透明的问题，技术社区正试图用技术本身反向修复这一切。从数据到模型，从指标到解释，新的解决方案正在构建更可信、更可控的 AI 系统。公平与透明，不再只是伦理呼吁，也开始变成可以"编码"的工程目标。

1. 数据增强与模型调整

数据增强是解决训练数据不足或存在偏差问题的有效方法。通过生成合成数据或对现有数据进行转换，可以增加训练数据集的规模和多样性，特别是增加那些在原始数据中代表性不足的群体样本。

例如，在面部识别技术中，研究人员可以使用生成对抗网络创建不同肤色、年龄和性别的合成面部图像，以确保 AI 系统能够公平地识别所有人群。

模型调整则是在模型训练过程中引入公平性约束。对抗性去偏（Adversarial Debiasing）技术通过引入一个"对手"网络来学习消除模型预测中与敏感属性（如性别、种族）相关的信息。简单来说，这就像是在模型内部设置了一个"监督员"，专门负责检测和纠正偏见。

此外，还可以调整模型参数或决策阈值，确保不同群体获得相似的预测错误率或通过率。

2. 公平性指标与评估

要解决 AI 偏见问题，首先需要能够准确地测量和评估偏见。研究人员开发了多种公平性指标来量化 AI 模型中的偏见程度，如图 16-3 所示。

公平性指标	定义	适用场景
统计均等	确保不同群体获得积极结果的比例相同	招聘筛选、贷款审批
机会均等	确保合格的不同群体个体获得积极结果的概率相同	教育录取、工作晋升
赔率均等	确保不同群体具有相同的真阳性率和假阳性率	医疗诊断、刑事司法风险评估

注：不同的公平性指标适用于不同场景，在实际应用中需根据具体情况选择

图 16-3　常见公平性指标及其应用场景

统计均等（Demographic Parity）要求不同群体获得积极结果的比例相同。例如，在招聘中，男性和女性的录用率应该相近。

机会均等（Equal Opportunity）则关注的是合格的个体获得积极结果的机会是否相等。例如，具有相同资质的不同性别求职者应该有相同的被录用概率。

赔率均等（Equalized Odds）更为严格，要求不同群体有相同的真阳性率和假阳性率。这在医疗诊断等高风险领域尤为重要。

根据应用场景和具体需求，选择合适的公平性指标是确保 AI 系统公平性的关键一步。

3. 可解释性人工智能技术

可解释性人工智能（Explainable Artificial Intelligence，XAI）旨在使 AI 模型的决策过程对人类用户可理解。这对于增强 AI 系统的透明度至关重要，尤其是在医疗、金融和司法等高风险领域。

LIME（Local Interpretable Model-Agnostic Explanations）是一种流行的 XAI 技术，它通过在单个预测周围构建一个简单的、可解释的模型来解释预测结果。例如，当 AI 拒绝一个贷款申请时，LIME 可以指出是哪些具体因素（如收入、信用历史）导致了这个决定。

SHAP（SHapley Additive exPlanations）则基于博弈论的 Shapley 值，量化每个输入特征对模型预测的贡献。它可以生成直观的可视化，展示不同特征的重要性和影响方向。

对于图像识别等领域，热力图技术可以直观地显示 AI 系统在做决策时关注的图像区域，帮助用户理解模型的"关注点"。

可视化技术也是提高 AI 透明度的重要工具。通过交互式图表和界面，用户可以直观地了解 AI 模型的决策逻辑和推理过程，增强对系统的信任和理解。

我们无法彻底消除 AI 系统中的复杂性，但我们能选择不放弃对它的理解权。一个值得信任的系统，不是完美无缺的系统，而是愿意接受质疑、解释因果并不断修正自身的系统。解释不是为了证明机器无错，而是为人类保留干预权。

透明与公平，并非终点，而是 AI 文明进程中必须反复争取的"底线技术"。

16.4　多方参与：从研究到政策的协同努力

引言：越自动化的系统，越需要我们重新厘清背后的人类责任与伦理担当。

人工智能的伦理问题，已不再是某个研究室里的技术议题，而成为横跨学术、产业、监管与全球治理的系统性挑战。它既关乎底层算法的优化，也关乎制度设计、文化价值与公共信任的重建。解决它，必须是全社会的集体协作。

1. 学术界与产业界的探索

学术界在 AI 伦理领域的研究非常活跃。专门关注公平性、责任性和透明度的学术会议，如 ACMFAccT（Fairness，Accountability，and Transparency）和 AIES（AI，Ethics，and Society）已经成为研究人员交流最新成果的重要平台。

产业界也在积极探索和应用 AI 伦理原则。IBM 开发了 AIFairness 360 Toolkit，提供了多种算法来检测和缓解 AI 模型中的偏见。Google 的 PAIR（People+AIResearch）倡议致力于让 AI 技术以人为中心，确保 AI 系统公平、可解释且造福社会。

腾讯在 2019 年发布的《人工智能白皮书》中明确提出了"推动创新伦理与技术创新相辅相成"的目标，强调 AI 发展需要基于"技术向善"的价值观。阿里巴巴的达摩院也发布了 AI 伦理委员会和 AI 伦理准则，强调透明度和公平性原则。

2. 政府政策与国际标准

各国政府也在积极制定 AI 伦理相关的政策和法规，如图 16-4 所示。欧盟的《人工智能法案》（EUAIAct）是全球首个全面的 AI 监管框架，采用基于风险的方法对不同风险等级的 AI 系统施加不同规则。该法案特别强调高风险 AI 系统必须确保数据质量、技术文档、记录保存、透明度和人类监督等要求。

全球AI伦理政策趋势：从原则性指导到具体法律法规

OECD AI原则	UNESCO AI伦理建议书	中国算法推荐管理规定	欧盟AI法案
全球首个政府间AI标准	首个全球性AI伦理标准	规范算法推荐服务	全球首个全面AI监管框架
强调包容性增长、透明度和可解释性	以人为本，保护人权和尊严，促进公平性	禁止利用算法歧视或不合理差别对待用户	基于风险的分级监管对高风险AI有严格要求
2019年	2021年	2022年	2024年

图 16-4　全球 AI 伦理政策与标准发展进程

美国白宫发布的《AI 权利法案蓝图》提出了五项保护原则：安全有效的系统、算法歧视防护、数据隐私、通知和解释、人类替代方案和考虑。

中国在 2021 年发布的《互联网信息服务算法推荐管理规定》明确要求算法推荐服务提供者不得利用算法实施危害国家安全、扰乱经济社会秩序和公共秩序、侵害他人合法权益等违法行为，不得利用算法生成合成虚假不实信息。

在国际层面，联合国教科文组织（United Nations Educational, Scientific and Cultural Organization，UNESCO）于 2021 年发布的《人工智能伦理问题建议书》是首个全球性的 AI 伦理标准，强调以人为本的 AI 发展理念。经济合作与发展组织（Organization for Economic Co-operation and Development，OECD）的 AI 原则也为可信赖的 AI 提供了指导框架。

AI 的力量越强，失控的风险就越大；而真正的"控制"，不是束缚技术，而是让价值引导技术的方向。

伦理不是创新的对立面，而是未来科技得以被人类社会持续接纳的底层契约。当监管、科研、产业与公众共建 AI 的"行为边界"时，我们才可能拥有一个既智能又正义的未来系统。

16.5 AI 伦理的根本挑战：我们真的准备好了吗

引言：AI 正在进入价值判断的核心，而我们对"如何界定正确"的共识仍然遥远。

技术和政策层面的努力固然重要，但 AI 伦理最根本的挑战，往往藏在那些无法"建模"的灰色地带中。某些难题，并非工程能力所能直接修复，而触及了更深的哲学、文化与社会结构。

算法偏见具有极强的隐蔽性。研究表明，即使从训练数据中移除性别、种族等敏感信息，AI 系统仍能通过邮编、购物习惯或社交网络等相关变量推断出这些属性。这种隐形的区别对待常常伪装成客观预测，使其难以被发现和纠正。

公平性本身就是个多面问题。在贷款审批系统中，"统计公平"要求不同群体有相同的通过率，而"个体公平"则要求相似条件的个人获得相似待遇。数学研究已经证明，某些公平标准无法同时满足，必然需要价值判断和取舍。东西方文化对公平的理解差异更加剧了这一难题。

现代 AI 系统的"黑箱"问题依然存在。研究人员曾发现某 AI 系统识别肺炎 X 光片时，关注的并非医学特征，而是图像角落的医院标记。包含数十亿参数的深度学习模型，其决策过程难以被完全理解，即使对专业人士而言也是如此。

责任归属问题尤其棘手。自动驾驶汽车发生事故时，应该由谁负责？程序员，数据提供者，车主，还是 AI 系统本身？现有法律框架对这些新场景显得力不从心，责任不明可能会阻碍创新发展。

面对这些挑战，普通人可以采取几种实际行动。保持批判思考很重要，当社交媒体算法创造信息茧房时，主动寻找不同观点；当 AI 系统做出决定时，询问背后的原因；面对 AI 医疗建议时，考虑获取人类专家的第二意见。

数据已成为现代社会的核心资源，而每个人都是数据的提供者。谨慎管理个人信息共享，支持尊重用户数据控制权的服务，是掌握个人数字权利的实际手段。定期检查应用权限已成为数字时代的必要习惯。

消费者的选择能够引导市场变化。当用户开始关注 AI 产品的伦理标准时，企业自然会作出响应。一些公司已将"负责任 AI"作为产品卖点，表明市场正在调整方向。

AI 偏见问题部分源于开发团队缺乏多样性。当团队成员背景相似时，产品中的盲点几乎不可避免。多元声音参与 AI 开发至关重要，不仅包括性别和种族的多样性，还应涵盖不同学科背景和文化视角。让哲学家、社会学家、人类学家等参与 AI 设计，能带来全新的思考维度。

AI 技术正在重塑社会结构，但有时会强化而非消除现有不平等。当 AI 聊天机器人表现出性别刻板印象，或人脸识别系统对某些群体准确率较低时，不禁让人思考：技术是否真正中立，还是只是反映并放大了社会已有的偏见？

AI 并非独立存在，它由人创造并使用人类数据训练。要创造比人类更公平的 AI 系统，首先需要审视并改进社会本身的不公现象。

这一领域需要集体智慧。不同背景的人，工程师、艺术家、教师、学生都能提供独特视角。AI 的发展方向不应仅由技术专家决定，因为其影响将波及每个人。技术可以无限接近人类智能，但伦理必须始终由人类设定边界。真正值得警惕的，不是 AI 的偏见，而是我们对偏见的习惯。

⇕思考

AI 技术正迅速改变社会，但技术能力的增长是否伴随着相应的伦理思考？每个使用 AI 产品的人都在无形中塑造着这项技术的未来方向。当面对 AI 做出的决定时，是接受还是质疑，这个选择反映的不只是对技术的态度，更是对人类价值和判断力的定位。

第 17 章

就业与劳动力市场——
AI 如何重塑工作，哪些岗位会消失

当 AI 开始写稿、机器人接手生产线、智能助手主导客服，我们逐渐意识到：AI 不仅在重塑"怎么工作"，更在挑战"谁在工作"。

这场悄无声息却深刻的变革，就像 19 世纪蒸汽机的轰鸣声，将我们推进一场新的劳动范式之中。但不同于以往的工业革命，这一次，AI 不再只替代体力，更深入认知、判断甚至创造之中，它不仅动手，也开始"动脑"。

人工智能与劳动者的关系，从未如此紧密，也从未如此复杂。它既是效率的引擎，也是不安的源头；它带来成本的革命，也引发技能焦虑、身份错位与制度挑战。许多岗位在悄然退场，也有新的职业在意想不到的角落里诞生。

这不只是一场经济结构的调整，更是一场关于"人为何工作"的深层提问。当 AI 可以完成越来越多任务，工作的意义是否只剩"谋生"？如果"被替代"已成趋势，那"不可替代"的能力究竟是什么？是创造力，共情力，抑或是尚未被数据化的人性维度？

本章将穿梭于消失中的岗位、崛起中的新职业、不断转型的技能地图与政策博弈的风口浪尖，梳理 AI 如何一步步重塑就业形态，探索哪些职业正在退场，哪些正在崛起，哪些仍徘徊在悬崖边缘。

正如蒸汽机重新定义了"肌肉的价值"，AI 也在重新塑造"心智的价值"。在技术冲刷而来的浪潮中，也许最难保住的，不是岗位本身，而是我们对工作的那份尊严感与存在感。而这，或许才是 AI 时代最重要的职业能力——对人类自身价值的重新定义。

17.1 AI 如何改变工作方式

引言：当 AI 开始"做事"，我们必须重新定义什么才算一份"工作"。

人工智能对工作的改变，既深且广。它不仅在自动化旧任务，更在增强人类能力，让工作的本质悄然变了形。

从全行业观察，AI 对劳动的影响主要体现在两个维度：自动化与增强。前者意味着 AI 正在替代人类执行某些任务；后者则意味着 AI 成为人类的"第二大脑"，提升我们的判断力、执行力与创造力。

1. 自动化：当机器悄然接手人类的岗位

自动化并不陌生，但 AI 所带来的这一轮自动化，有着根本性的不同。传统自动化多局限于体力劳动或结构化流程，而 AI 的能力边界早已延伸至认知决策、自然语言甚至部分创造性任务。

以客服行业为例（见图 17-1），AI 聊天机器人正在大规模取代人工座席。印度电商平台 Dukaan 使用自研 AI 机器人取代了 90% 的客服人员，不仅将客户支持成本降低了 85%，还显著缩短了响应时间。宜家计划以 Billie AI 机器人逐步取代呼叫中心。Klarna 则声称，其 AI 系统完成的任务相当于 700 名人工客服。

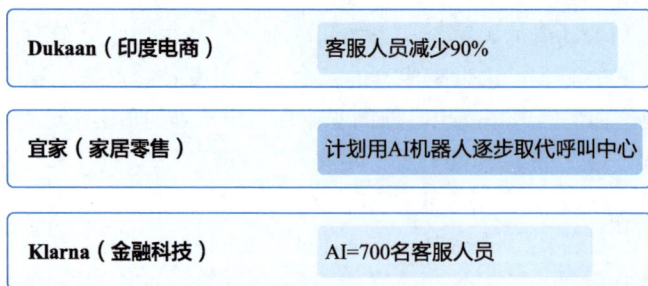

Dukaan（印度电商）	客服人员减少90%
宜家（家居零售）	计划用AI机器人逐步取代呼叫中心
Klarna（金融科技）	AI=700名客服人员

图 17-1　AI 在客服行业的应用案例

制造业的变化更具代表性。特斯拉与富士康已通过 AI 机器人自动完成装配与质检，极大压缩人力需求。中国埃斯顿自动化推出的 AI 协作机器人则具备视觉识别能力，能够灵活调整路径，适应多种装配场景。它们不仅"能干"，更具适应性，从根本上改变了流水线的意义。

2. 增强：当 AI 成为人类的助手

与"替代"相对的，是"协作"。在许多行业中，AI 并非要取代人类，而是成为一位高效、稳定、全天候的"搭档"，帮助我们更聪明、更快速地完成工作。

医疗行业的 AI 应用就是绝佳例证，如图 17-2 所示。在放射科，AI 算法可以分析 CT 扫描以识别肺癌的早期迹象，准确率甚至高于人类放射科医生。在病理学领域，AI 能帮助病理学家识别胃癌的癌前病变，提高甲状腺肿瘤诊断的准确性。值得注意的是，这些 AI 并没有取代医生，而是辅助他们做出更精准的诊断。

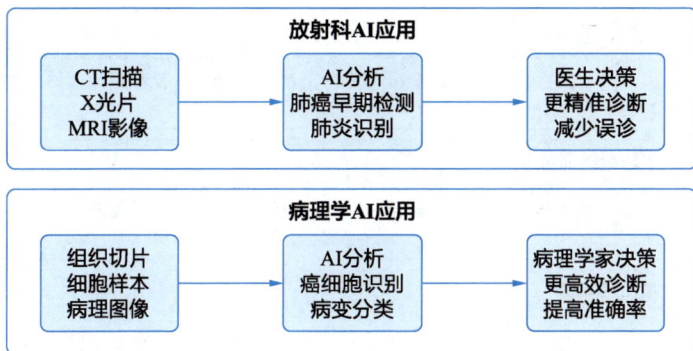

图 17-2 AI 在医疗领域的增强作用

北京协和医院已经在放射科部署了 AI 辅助诊断系统，帮助放射科医生更快速地筛查肺结节，大幅提高了工作效率。有意思的是，医生们反馈说，AI 并没有让他们感到被替代的威胁，反而让他们能够腾出更多时间来处理复杂案例和与患者交流。

内容创作领域也正经历着 AI 增强。AI 工具可以帮助创作者生成初稿、提供创意灵感、进行文本润色，但最终的创意方向和内容质量控制仍然需要人类。一位资深内容创作者告诉我们："AI 让我的写作速度提高了 3 倍，但真正的创意和深度思考依然是我的工作。"

AI 可以做很多事，却无法替我们决定什么值得做。真正的工作，也许正是由此开始。

17.2 哪些岗位将消失

引言：技术更新的不是岗位清单，而是我们与"有价值劳动"的关系。

当 AI 开始跨越知识密集型领域，它所撼动的，已不只是蓝领岗位，而是整套劳动分工的底层逻辑。不是每份工作都会被 AI 取代，但每份工作都在被 AI 重新定义。哪些岗位最先"退场"？我们或许可以从它们的共性里看出端倪。

被 AI 替代风险最高的工作，通常具备以下特征。

（1）高度重复、结构化：任务规则明确，变化不大。

（2）流程导向、无须判断：不需创造力，也无须复杂社交互动。

（3）以信息处理为主：核心工作是处理结构化数据，而非做出主观判断。

如图 17-3 所示，从客服到数据录入，从文案生成到法律助理，这些岗位构成了"高风险地图"。

高风险岗位

| 数据录入员 | 客服代表 | 银行柜员 | 文案撰写人员 |

中等风险岗位

| 会计师 | 翻译人员 | 初级程序员 | 法律助理 |

低风险岗位

| 心理咨询师 | 护理人员 | 教师 | 创意总监 |

图 17-3　不同岗位的 AI 取代风险地图

1. 真实案例：AI 正在"静悄悄"地替代哪些人？

客服人员正逐步被聊天机器人取代。Dukaan、宜家与 Klarna 的案例已成为行业共识——AI 不仅效率更高、响应更快，也大大降低了人力成本。2023 年，阿里巴巴的 AI 客服升级后，90% 以上的常规咨询已无须人工介入。

数据处理岗位正在被 RPA（Robotic Process Automation，机器人流程自动化）大规模替代。

初级内容创作岗位也正悄然被边缘化。微软 AI 助手已能起草新闻稿、产品描述等文本，某些新闻机构已用 AI 撰写财经快讯与体育赛果，导致大量编辑与初级写手岗位流失。

法律行业的自动化也在提速。DLA Piper 推出的 TOKO 系统几分钟即可完成合同审阅，而人类助理需数小时。在北京，有律所部署中文 AI 助手，承担知识产权案件的资料初筛和初步研究。

银行柜员的消失几乎可以"肉眼可见"。随着智能柜员系统上线，中国工商银行的一款 AI 终端已能完成 95% 以上传统业务，网点柜员持续减少。

2. 岗位流失背后的不平等地图

值得警惕的是，AI 冲击的不仅是岗位数量，更可能加剧社会结构性不平等。

（1）数据显示，拉丁裔 / 非裔群体更集中于高自动化风险岗位；

（2）女性白领在易被生成式 AI 影响的职业中占比更高，职场性别差距或将拉大；

（3）低收入人群不仅岗位风险更高，还更难获得转型所需的教育与培训资源。

麦肯锡研究指出，未来就业机会将集中于高技能、高薪酬岗位。对于教育与资源获取有限的劳动者而言，这种转型，不只是"换工种"，更是一次社会流动的断层挑战。AI 替代的，从来不是"职业"本身，而是我们对某些工作"仍有价值"的信念。技术淘汰的是重复，而社会不能淘汰人。

17.3 AI 创造的新兴就业机会

引言：技术关闭了一扇门，也在打开另一扇窗，关键在于我们是否学会了"转身"。

AI 不是只会"取代"，它同样也在"创造"，只是，它创造的，不再是昨日熟悉的岗位，而是面向未来的新物种。据世界经济论坛预测，未来五年内，AI 将创造超过 1.7 亿个新岗位，远高于其可能替代的 9200 万个。这场变革并非单向压缩，而是一场结构重组：旧岗位淡出，新能力登场。

1. 新兴岗位图谱：AI 时代的人类新角色

随着 AI 技术的普及，一系列"以前不存在"的职业正快速崛起（见图 17-4）。它们构成了未来就业市场的前沿地带。

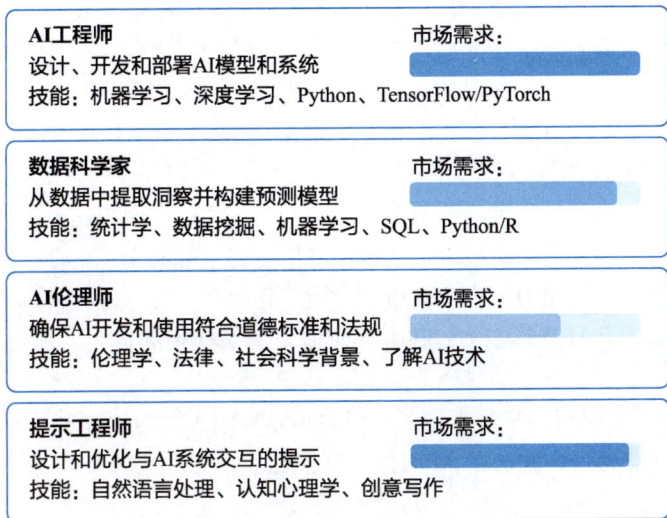

AI工程师　　　　　　　　　　市场需求：
设计、开发和部署AI模型和系统
技能：机器学习、深度学习、Python、TensorFlow/PyTorch

数据科学家　　　　　　　　　　市场需求：
从数据中提取洞察并构建预测模型
技能：统计学、数据挖掘、机器学习、SQL、Python/R

AI伦理师　　　　　　　　　　市场需求：
确保AI开发和使用符合道德标准和法规
技能：伦理学、法律、社会科学背景、了解AI技术

提示工程师　　　　　　　　　　市场需求：
设计和优化与AI系统交互的提示
技能：自然语言处理、认知心理学、创意写作

图 17-4 AI 创造的热门新职业

AI 工程师：负责设计、开发和部署 AI 模型和系统。他们需要深厚的计算机科学和机器学习知识，以及强大的编程能力。中国科技公司对 AI 工程师的需求在 2023 年增长了超过 200%，薪资水平也大幅提升。

数据科学家：从海量数据中提取洞察并构建预测模型。他们需要统计学、数学或计算机科学背景，以及数据挖掘和机器学习技能。据 LinkedIn 发布的 2023 年中国热门职业榜单，数据科学家位列前五，需求持续增长。

AI 伦理师：确保 AI 的开发和使用符合道德标准和法律法规。他们通常具备哲学、伦理学、法律或社会科学背景，并对 AI 技术有深入了解。虽然在中国还是新兴职业，但已经开始在大型科技公司中出现。

提示工程师（Prompt Engineer）：专注于设计和优化与 AI 系统交互的提示，以获得最佳结果。这是一个全新的职业，要求对语言有敏锐的理解，并熟悉 AI 模型的响应模式。在 2023 年，提示工程师成为了就业市场上的热门职位，年薪可达 30 ～ 50 万元人民币。

2. 技能需求的转变

AI 时代的就业市场对技能的需求正在发生深刻变化。根据世界经济论坛的报告，到 2030 年，工作中所需的技能预计将发生 70% 的变化，而 AI 正在加速这一转变。未来五年增长最快的技能包括：

（1）人工智能和大数据：了解如何应用 AI 和分析大数据将成为许多行业的基本要求；

（2）网络安全：随着 AI 的广泛应用，保护数据和系统安全的能力变得至关重要；

（3）技术素养：即使不是技术专家，基本的技术理解和应用能力也将成为必备技能。

与此同时，AI 越强大，"人"的独特性就越珍贵。以下"软技能"，正成为 AI 时代最不可替代的核心价值：

（1）分析与系统性思维：不是对答案的记忆，而是提问与建模的能力；

（2）适应力与学习力：技术更迭愈快，学习的节奏决定了生存半径；

（3）创造力与想象力：提出新角度、建立新关联，是 AI 尚无法胜任的领域；

（4）领导力和社会影响力：在群体中激发能量、传递信念，仍是"人"的专属能力。

虽然 AI 可以执行很多技术任务，但它难以复制人类的创造力、情感智能和复杂的社交互动能力。因此，在 AI 时代，这些"软技能"反而变得更加重要。

17.4 应对 AI 就业变革的策略

引言：技术的巨浪终将抵岸，决定谁能站稳的，不是速度，而是适应力。

在 AI 重塑工作的时代，变化不是一种可能，而是一种常态。个体、企业与政府，正像三位舞者，需要在同一个舞台上找到新的步调与平衡。如图 17-5 所示，我们必须以系统性视角，回应这场正在进行的结构性调整。

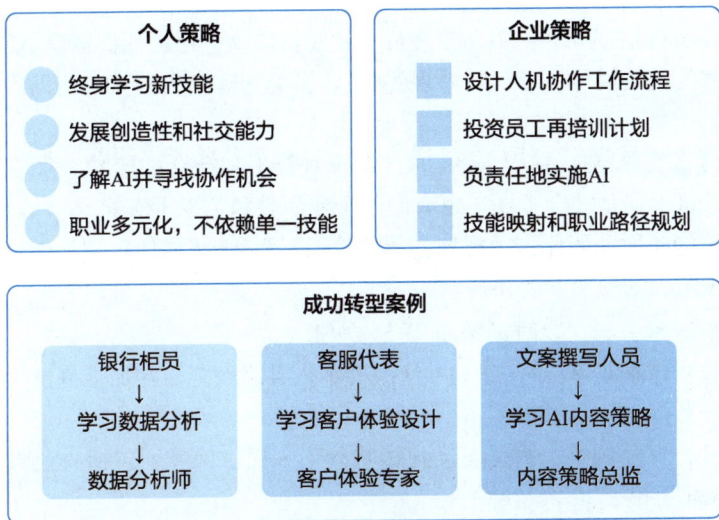

个人策略
- 终身学习新技能
- 发展创造性和社交能力
- 了解AI并寻找协作机会
- 职业多元化，不依赖单一技能

企业策略
- 设计人机协作工作流程
- 投资员工再培训计划
- 负责任地实施AI
- 技能映射和职业路径规划

成功转型案例

银行柜员	客服代表	文案撰写人员
↓	↓	↓
学习数据分析	学习客户体验设计	学习AI内容策略
↓	↓	↓
数据分析师	客户体验专家	内容策略总监

图 17-5　适应 AI 时代的个人与企业策略

1. 个人适应策略：从"就业者"到"自我设计者"

AI 不会淘汰所有人，但它会淘汰那些拒绝改变的人。对于普通劳动者来说，最好的策略不是逃避技术，而是拥抱转型。

（1）终身学习，主动进化：保持学习状态，不断补充与 AI 互补的技能——从操作员转为协作者。例如，一位数据录入员，学会数据分析或 AI 训练基础，即可转型为模型监督员。

（2）发展不可复制的能力：创造力、批判性思维、情绪智力、复杂沟通能力——这些仍是 AI 的"盲区"，却是人类的护城河。

（3）理解 AI，掌握工具：你不必是程序员，但需要知道工具能做什么、不能做什么。懂 AI 的普通人，将比不懂 AI 的专家更有未来。

（4）构建复合型技能组合：培养多样化的技能组合可以提高就业的稳定性。银行柜员转型数据分析师的故事，就是这一逻辑的真实映射。

例如，一位原本在银行担任柜员的员工，在意识到柜员工作逐渐被自动化后，她主动学习了数据分析和客户关系管理，最终转型为该银行的数据分析师，不仅避免了失业风险，还获得了更高的薪资和更有挑战性的工作。个人不是被动等待变革的"对象"，而是可以设计未来职业身份的"创作者"。

2. 企业转型策略：从"取代员工"到"升级员工"

（1）人机协作模式：不要简单地用 AI 取代员工，而是思考如何让 AI 与员工协作，发挥各自优势。

（2）员工再培训计划：主动投资员工技能再培训，帮助他们适应 AI 时代的新角色。宜家的做法值得借鉴，它计划将受 AI 影响的呼叫中心员工培训为室内设计顾问。

（3）责任实施 AI：在引入 AI 时，考虑对员工和社会的影响，采取措施减轻负面影响，这不仅是社会责任，也有助于企业声誉和员工士气。

（4）技能映射和职业路径规划：帮助员工了解 AI 将如何影响他们的工作，并为他们提供明确的职业发展路径。

3. 政府政策引导：以政策缓冲"技术冲击波"

（1）教育体系改革：将 AI 和数字技能纳入各级教育，并加强创造力、批判性思维等"未来技能"的培养。

（2）社会保障调整：为受自动化影响的工人提供保障，包括失业救济、求职援助和再培训补贴。

（3）技能再培训支持：提供公共资金支持大规模的技能再培训计划，确保所有人都能获得适应 AI 时代所需的技能。

（4）监管平衡：制定平衡的 AI 监管框架，既鼓励创新，又防止自动化对劳动力市场造成过度破坏。

新加坡的 SkillsFuture 计划值得借鉴，该计划为每位新加坡公民提供技能培训资金，帮助他们适应不断变化的就业市场。中国也在实施类似的政策，例如"互联网＋"职业技能培训计划，旨在提高劳动者的数字技能。

17.5 机遇与展望

引言：AI 真正带来的，不是岗位的消失，而是"人"的重塑。它迫使我们重新回答我们为何而工作，又凭什么不可替代。

正如工业革命没有终结人类的价值，AI 革命同样不会。当自动织布机出现时，纺织工人曾经恐惧失业；当电脑普及时，打字员曾经忧心忡忡。然而历史总是在螺旋上升，每次技术断裂后，人类总能在更高层面上重新定义自己的角色。

AI 时代的真正魅力或许在于，它可能使人类从机械性劳动的束缚中解放出来。当算法接管了数据整理、表格填写、例行分析等工作，人类的思维能量可以流向何方？这些被释放的创造力将如同地下泉水，涌向艺术、科学、人际关系和意义探索的广袤领域。

转型必然伴随阵痛。社会的适应总是滞后于技术的进步，教育系统的调整需要时间，劳动力市场的重构更是艰巨。但恐惧从来不是明智的顾问。与其害怕失去岗位，不如思考创造角色；与其担心被替代，不如定义不可替代。

在这个新世界里，也许最珍贵的不是我们知道什么，而是我们如何思考；不是我们能做什么，而是我们为何而做。那些最难被算法复制的品质：同理心、创造力、道德判断、意义建构，可能成为人类最宝贵的资产。

⇕ 思考

　　在你所从事的工作中，什么是最能触动你灵魂的部分？当技术浪潮席卷而来，哪些能力能让你不仅仅是在漂流，而是在乘风破浪？也许，AI 不是我们要抵抗的敌人，而是我们需要学会驾驭的新骏马。

第 18 章

CHAPTER 18

人机共生——
增强智能、人机协作与未来职业技能

今天，我们已经习惯与 AI 协同：它在医生眼中是诊断助手，在程序员手中是编程拍档，在设计师案头是灵感生成器。但如果回头看，不禁要问：人类与机器的关系，何时从"控制"走向"协作"？从工具，到伙伴，再到共生体，我们是如何走到这一步的？

"增强智能"（Augmented Intelligence）的理念，并非要让 AI 超越人类，而是让它延展人的感知力与生产力。这不仅是技术发展的一个分支，更是一种全新范式的萌芽：在这个新范式中，人与 AI 不再是单向依附或竞争的两极，而是协同进化的两个节点。

从流水线上的协作机械臂，到办公室里的生成模型助手，人类的技能结构正悄然发生重构：我们不再单靠记忆和重复，而更依赖于判断、创造与情境理解。而新的问题也接踵而至：我们需要什么样的新能力？什么是真正"不可被替代"的？当工作不再只是"做事"，而是"与 AI 一起做事"，我们如何重新定义自己的价值？

本章将聚焦"人机共生"的前沿实践，探索增强智能背后的协作逻辑，人机协同的典型场景，以及未来职业的技能变奏，思考当"AI+ 人类"成为新常态，我们将如何共同进化，不只是保持相关性，更要塑造方向感。

18.1 人机共生：无缝融合的新时代

引言：工具的尽头，是伙伴；当机器开始理解你的意图，协作就不再是幻想，而是现实。

"人机共生"这一概念最早由计算机科学家 J. C. R. Licklider 在 1960 年提出。

那时的他设想一个未来，人类与计算机不是彼此取代，而是彼此协作、共同思考，在智力的接力中抵达更远的边界。六十年后，这一愿景正在从科幻走入日常，成为智能时代的深层结构。

人机共生已不再是技术理想，而是现实中的多维协作，它包含四个核心维度：任务协同、深度交互、性能提升与体验变革。换句话说，就是人类和智能机器一起工作，相互理解意图，优势互补，并在这个过程中创造出全新的体验，如图 18-1 所示。

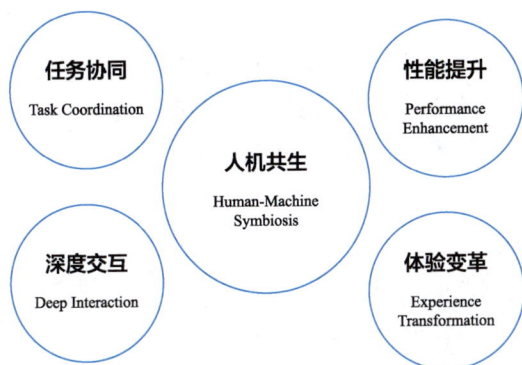

图 18-1　人机共生的四个核心维度

这种关系最直观的体现，或许就在我们腕上的手表与眼前的眼镜。苹果手表已不仅仅是时间显示工具，它通过实时监测心率、血氧、睡眠质量，甚至在用户跌倒时发出自动呼救，成为健康管理的"隐形助手"。华为智能眼镜则让语音指令成为视觉界面之外的"第二通道"，无须低头触屏，也能拍照、导航、接听电话。这些可穿戴设备，正悄悄将人类身体延展为"混合型系统"的一部分。

而在工业现场，人机协作正快速改变一线劳动的面貌。在国内某大型风电场，维修技师佩戴 AR 眼镜后，不再需要查阅纸质手册，而是通过虚拟叠加看到设备运行状态与故障信息。据统计，这种模式将维修时间缩短了 40%，错误率也下降了 60%。技术不再只是工具，而是变成了"理解工作"的伙伴。

如果说可穿戴与增强现实尚属"外部协作"，那么脑机接口则是对人机融合的终极想象。国内的"脑虎科技"正开发非侵入式脑机接口，帮助 ALS 患者通过思维控制屏幕和设备；马斯克的 Neuralink 则已进入人体实验阶段，目标是让瘫痪患者用"意念行走"。当意识不再依赖肌肉传导，我们对"行动"的理解将被彻底重构。

这些技术不仅提升效率，更在重塑人类的能力边界。人类不再是孤立个体，而是与智能系统构成一个新的认知"复合体"。在人机共生的时代，工具不再只是被握在手中，它开始回应我们的思维、感受与意图，技术正在成为"共生的他者"，也倒映着我们对人类自身的重新定义。

18.2 增强智能：放大人类认知边界

引言：真正强大的 AI，不是思考像人类，而是让人类思考得更深、更远。

在人工智能的语境中，"增强智能"（Augmented Intelligence）顾名思义，是利用 AI 来增强人类的智力、创造力和生产力。增强并不是"取代"，而是一种更深层的"合作"，让技术成为人类思维的延长线、认知的放大器、创意的加速器。

这种理念并不新。早在 20 世纪 60 年代，计算机先驱 Douglas Engelbart 就提出："最伟大的突破，不是让机器更像人，而是让人类能力通过机器被极大扩展。"今天，这一愿景正在被大型语言模型（Large Language Model，LLM）和多模态系统加速实现，如图 18-2 所示。

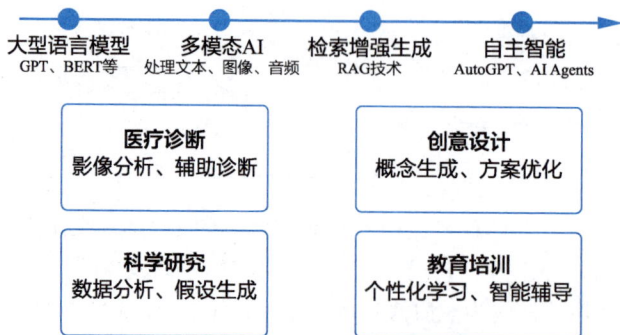

图 18-2　增强智能的发展趋势与应用领域

想象这样一个场景：一位放射科医生面对一组肺部 CT 扫描，借助 AI，她不再仅依赖经验判断，而是获得了数以百万计病例训练出的辅助洞察，发现早期肺癌迹象的准确率因此大幅提升。这并非"人被替代"，而是"判断力被放大"。

增强智能的飞跃，得益于大型语言模型（如 GPT、Claude、Gemini）的崛起。它们不只是"会说话"的程序，更是具备一定推理能力、问题解决能力与创造力的"认知型伙伴"。你可以请它总结一份学术报告、翻译一段诗歌、构思一场市场活动，它总能给出高质量的起点，帮你越过"空白页"的难关。

更前沿的，是自主智能（Agentic AI）的出现。它不再等待指令，而能主动识别任务、规划路径、分步执行。比如 Salesforce 的 Agentforce 平台中，那些"数字员工"已经能自主处理客户服务、预估销售线索、生成个性化推荐，堪比一个具备业务感知的全能助理。

而当 AI 变得"多模态"时，它就不仅能"读懂文字"，还可以"看懂图像、听懂语音、分析视频"。你上传一张图表,它能分析结构、提取关键趋势;你输入一段语音,它能感知情绪、识别人物。这种感知的丰富性,让 AI 真正成为"类人认知"的协作者。

这些系统的力量,已在多个领域悄然生根。在医疗中,腾讯"觅影"帮助医生发现肺结节,将假阳性率降低 37%;在设计中,Adobe Firefly 与 Midjourney 让设计师通过自然语言就能生成创意草图;在零售中,星巴克的 Deep Brew 系统通过 AI 预测门店流量、优化库存与设备调度,为门店减压。

这些例子让我们看到一个趋势:AI 不再只是"工具",而是一个能理解目标、辅助判断、放大优势的"共事者"。增强智能的终极价值,并非让机器思考得像人类,而是让人类在与机器的对话中,更好地成为自己。

18.3 人机协作:优势互补的新型工作方式

引言:协作不是妥协,而是一种更高效的共生逻辑,人机之间,也可以分工明确、配合默契。

我们习惯把人和机器放在对立的两端,效率与创造、精确与感性。但在人工智能时代,一个更具启发性的图景正在浮现:人机不是竞争者,而是协作者。如图 18-3 所示,这种协作不是简单的任务分工,而是一种优势互补、价值叠加的新范式。

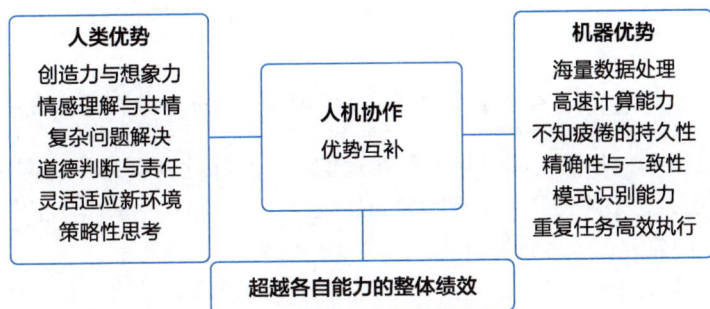

图 18-3 人机协作的优势互补模式

协作机器人的兴起,正在重塑工业生产的逻辑。不同于传统工业机器人"封闭式"的操作模式,现代 Cobots(协作机器人)能够在开放环境中与人类并肩作业,无须护栏,实时响应。

根据 KUKA 官网的报道,在德国宝马丁格尔芬工厂,一台名为 KUKA LBR iiwa 的协作机器人被部署于变速器装配线上。它负责搬运沉重的斜齿轮,而工人专注于精密定位与复杂判断。力量与灵巧，机器与人类，在一条流水线上达成了罕见的协调一致。这不仅显著提升了效率，也显著减少了员工的工伤和疲劳。

医疗领域同样体现了人机协作的深层价值。微软的 InnerEye 系统通过自动勾勒放疗图像中的关键区域，将图像处理时间从数小时压缩至几分钟，医生因而能将更多精力投入个性化诊疗中。而依图医疗的"深鉴"系统在疫情高峰期以 90%以上的准确率辅助新冠肺炎筛查，成为一线医生的强大支援。

在日益普及的客服场景中，人机协作已成为隐形常态。Unity 公司部署 AI 代理处理重复性问题，仅一年便节省成本 130 万美元。而真正复杂、情绪化的客户请求，依然交由具备同理心与判断力的人类客服应对。这种"前线由 AI 打底，后排由人守护"的策略，提升了效率，也守住了体验。

物流行业也在用协作重构劳动图景。京东物流的"亚洲一号"智能仓库中，机器人完成包裹搬运与初步分拣，每小时可处理 16 000 单；而人类员工则聚焦于包装质检、异常处理与运营监控。这种协同机制，让仓库效率提高 3～4 倍，同时减轻了工人负担。

这种协作模式，不只是技术系统的耦合，更是对"工作"概念本身的重构：谁决策，谁执行？谁计划，谁调整？哪部分可以被量化，哪部分必须保留人性？所有这些问题的答案，正是组织设计与技术共建的交汇点。

人机协作的关键，不在于"谁更强"，而在于如何构建一种彼此信任、角色清晰、目标一致的共生机制。技术放大了效率，但只有协作才能释放出价值。

18.4 未来职业技能：迎接 AI 时代的挑战

引言：与其追问"我会不会被取代"，不如思考"我还有什么是无法被复制的"。

过去几十年，技能的演进通常是线性的：从机械化到信息化，再到数字化。但在 AI 面前，这条路径开始出现断裂和加速，许多"稳定"的职业正在动摇，许多"新奇"的能力正被重新估值。

麦肯锡研究预测，到 2030 年，全球将有多达 8 亿人因为自动化而面临职业转型。与以往不同的是，这一次不只是体力劳动者受影响，白领、创意从业者、管理人员都在"被重构"的范围之内。面对这场悄然进行的技能大洗牌，我们必须回答一个问题：什么样的能力是 AI 难以替代的？又有哪些能力，是与 AI 协作不可或缺的？

如表 18-1 所示，世界经济论坛与麻省理工学院、IBM 等机构共同提出了一份"未来技能地图"，划出了 AI 时代最值得投资的几类能力。

表 18-1 未来重要技能

技能类别	具体技能	为什么重要
认知技能	批判性思维、创造性思维、系统思考	AI 可能在生成内容，但判断内容质量和适用性仍需人类
社交技能	情感智能、沟通协作、冲突解决	人际关系和团队合作是 AI 最难复制的领域
技术技能	AI 素养、数据分析、网络安全	理解 AI 能力与局限性，有效利用 AI 工具
自我管理	适应性、终身学习、自我驱动	在快速变化的环境中持续发展和成长

这些技能的共同特征是：非结构化、跨领域、高人性含量。

企业与高校正在积极响应这场转型。AT&T 投资 10 亿美元推行 Workforce 2020，重训 10 万名员工；亚马逊提出 Upskilling 2025，全面提升基层员工的数据与 AI 应用技能；IBM 在招聘端推行"技能优先"战略，弱化学历门槛，强化实操能力评估。

教育系统也正在追赶 AI 浪潮的脚步。佛罗里达大学的 AI Across the Curriculum 计划将 AI 融入全校课程，无论是医学、法律还是艺术专业，学生都要接受 AI 基础训练。清华大学、北京大学等国内高校也已设立 AI 本硕博一体化培养路径，强调跨学科融合。

更值得一提的是，中年转型者不再是 AI 时代的"边缘人"。佐治亚理工的 OMSCS（Online Master of Science in Computer Science，在线计算机硕士）项目以远低于传统硕士的费用，为成千上万的在职人员打开了通向技术能力重建的大门。在 Coursera、Udemy、网易云课堂等平台上，越来越多的传统职场人开始学习 Python、数据分析、prompt 工程，从"编辑"转型"内容策略"，从"审计"转向"AI 风险控制"。

终身学习不是一句口号，而是 AI 时代生存的起点；技能不再是职业的标签，而是人与技术对话的语言。

在未来的劳动力市场里，最重要的能力可能不是掌握某项具体技能，而是持续掌握新技能的能力本身。你要有"学得会"的信心，也要有"变得快"的节奏。那些能不断重塑自我、理解工具边界并拓宽人类角色的人，才是真正不可替代的力量。

18.5 共生而非替代

引言：人机关系的未来，不是一场对抗赛，而是一场共演的协奏。

每一次新技术登场，人类的第一反应往往是防御性的：担心被替代、被贬值、被遗忘。人工智能也不例外。它不仅进入了工厂与办公室，更深入知识密集的核心地带，从医疗诊断到法律审核，从内容创作到科学研究。面对这一切，我们似乎不得不问：我们还需要人类吗？

但纵观过往，每一轮技术革新并没有终结人类的价值，反而放大了人类的独特性。印刷术出现后，抄写员消失了，但思想的传播空前繁荣；相机普及后，画家不再复制现实，却开创了抽象与表现主义的黄金时代。AI 的威胁，从未是终点，它常常是新一轮创造力爆发的起点。

从现实案例中，我们看到最有成效的 AI 应用，几乎都遵循同一原则：人机分工，各取所长。AI 负责处理规则清晰、重复高频的任务，如数据分析、流程调度、图像识别；而人类，则聚焦于那些机器难以胜任的领域——道德判断、情绪理解、跨领域联想与意义构建。这不是零和游戏，而是深度互补，是一场能力的再编排，也是生产力的整体跃迁。

正如图灵所说："智能不在于某项能力的再现，而在于是否激发新的思考。"AI 不是取代"人"，而是让"人"成为更高版本的自己。

当然，这种转型不会自然而然发生。正如每一次技术变革都会引发结构性失业、技能错配与心理震荡，AI 也带来了新的适应挑战。但历史反复证明：我们失去的岗位，终将被新岗位替代；关键不是岗位是否存在，而是人是否准备好去接住它。

AI 不会抹去人类的价值，它只是倒逼我们更清晰地定义"什么是人的价值"。

⇕ 思考

　　在你的专业领域中，AI 最有可能自动化哪些任务？哪些方面则需要人类的独特能力？你认为自己已经掌握了哪些对未来至关重要的技能？还有哪些需要加强的？如果让你设计一个理想的人机协作系统，你会如何分配人类和 AI 的角色和责任？

第五篇
AI 的未来十年

第 19 章

通用人工智能是否可实现

今天的 AI 已经能写诗、作画、诊断疾病、击败围棋冠军，它们看似无所不能。但下一步呢？我们不禁要问：AI 能否像人类一样拥有通用的智能？它是否能够理解、判断、成长，甚至拥有"意愿"？这个问题的答案，藏在一个简短却震撼的术语中：AGI。

AGI 的目标，不再是让机器执行任务，而是让它理解任务、适应变化、灵活应对未知。这是一种不依赖预设规则的能力，一种可以跨越领域、举一反三、自主学习的能力。AGI 不只是更快的处理器，不只是更大的模型，它是通向"心智"的技术，是从"工具"到"伙伴"的跃迁。

纵观科技史，每一次真正的跃迁，背后都潜藏着一次深刻的哲学追问：人类是谁？我们创造的工具，能否拥有像我们一样的意识与判断？从火到电，从算盘到图灵机，从神经网络到大语言模型，我们一次次放大自己的认知边界。而如今，我们似乎来到了通向智能本源的大门前。

本章将走进通用人工智能的关键问题：它的定义与本质、当前 AI 的成就与鸿沟、通往 AGI 的可能路径与技术整合、全球竞赛的版图与突破动态、对时间表的预测分歧，以及更深层的思辨，AGI 将"渐变"而来，还是"爆发"出现？我们又该如何准备？

这不仅是一场技术的巡礼，更是一场关于文明未来的集体对话。AGI 是否可实现，也许正是我们这个时代最重要的问题之一。

19.1 通用人工智能的定义与本质

引言：人类文明总是被一个古老而强烈的冲动驱使，不仅要造出工具，还想创造"另一个自己"。

通用人工智能，正是这一冲动的极致投射。它不是更快的计算速度，也不是更大的参数规模，而是一种能够像人一样学习、理解、推理和适应的智能系统。AGI 所描绘的，并非今日 AI 的"强化版"，而是一种全然不同的存在类型：自主、灵活、具有目标意识，甚至可能拥有某种形式的"自我"。

1. 什么是 AGI

AGI 并不是一个更"聪明"的语音助手，也不是一个功能更强的推荐引擎，而是一种可以胜任人类几乎所有认知任务的通用型智能体。与当下擅长单一任务的"狭义人工智能"（Narrow AI）相比，AGI 拥有 4 个本质特征。

（1）通用适应能力：它能在陌生任务中表现出灵活性，无须重新编程或大量训练样本。

（2）常识理解力：它具备人类对世界基本运行机制的直觉性认知，懂得"杯子打翻会洒水"，也理解"朋友可能因为一句话生气"。

（3）抽象与推理能力：它不仅记住知识，还能在概念层面进行组合、迁移与类比。

（4）自主学习与目标生成：它不仅完成命令，还能根据环境与反馈主动优化策略，甚至设定目标、规划路径。

真正的 AGI 还应该具备一定的情感智能、创造力、自我改进能力，甚至自主设定目标的能力。AGI 与现有 AI 的差异，不是参数数量上的量变，而是认知结构上的质变，如图 19-1 所示。

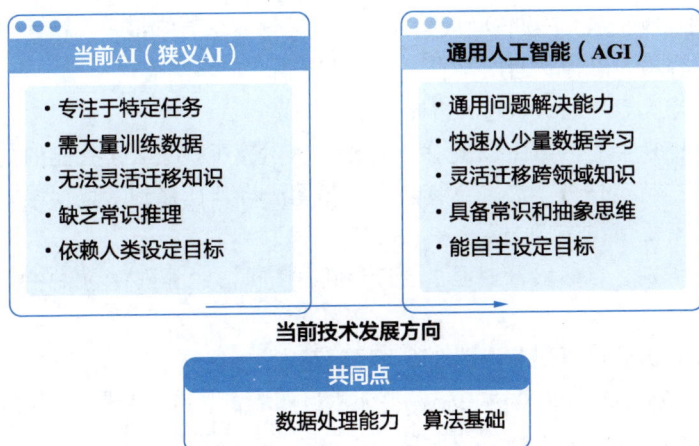

图 19-1　AGI 与当前 AI 的关键区别和发展方向

2. 我们离 AGI 有多远

如今的大语言模型，如 GPT、DeepSeek、Gemini 等，在诸多任务中已展现出惊人的表现：它们能写诗、编程、绘图，甚至能通过部分标准化考试。这是否意味着 AGI 已近在咫尺？

在《人工智能的基本问题》中，计算机科学家 Melanie Mitchell 提出了一个形象的比喻：今天的 AI，就像一个知识丰富却缺乏理解的学生。它可以准确回答问题，却不理解为什么答案是对的；它能复述文本，却无法真正把握背后的因果与语境。简而言之，它知道"是什么"，却不真正理解"为什么"。

当前的 AI 可以根据海量数据输出看似合理的新闻稿，但并不真正"理解"文章的逻辑结构和现实含义；它可以解决特定类型的数学题，却缺乏在新情境中迁移方法的能力。这种缺乏"内在模型感"的智能，与人类认知之间，依然存在一道看不见的鸿沟。

真正的 AGI，不只是一个技术节点，而是一种心智形式的重构。它的诞生，将迫使我们重新界定"理解""意识""意图"等核心人类概念。正因如此，对 AGI 的探索，远不只是工程挑战，更是一次深刻的哲学启蒙。在这个问题上，技术前沿与人文反思，注定要并肩前行。

19.2　当前 AI 技术的成就与局限

引言： AI 的进步令人目眩，但真正的智能，从来不仅是会做事，更在于为何而做、何时不做。

当我们惊叹于 AI 下棋击败人类冠军、几秒钟写出万字报告、精准识别人脸与肿瘤时，很容易误以为"通用智能"已悄然降临。但事实恰恰相反：今天的 AI 越强大，我们越应清醒地认识它的边界。

我们当前所拥有的 AI，无论多么惊艳，依然属于狭义人工智能的范畴。这类系统通常只在特定任务上展现卓越能力，却无法将其迁移到陌生领域。它们更像是"超级专家"，而非"通才"。

在图像识别、自然语言处理、语音合成、围棋博弈等垂直场景中，AI 已实现历史性突破：

（1）计算机视觉模型的识别准确率已超越人类；

（2）GPT-4、Gemini 等大语言模型能用自然语言写诗、答题、编程；

（3）AlphaGo、MuZero 在复杂博弈中击败世界冠军；

（4）自主驾驶算法正逐步走入现实世界。

如图 19-2 所示，我们正站在从"专才 AI"向"通才 AI"跨越的临界点上。但这一步，远比技术热潮中的乐观判断来得艰难。

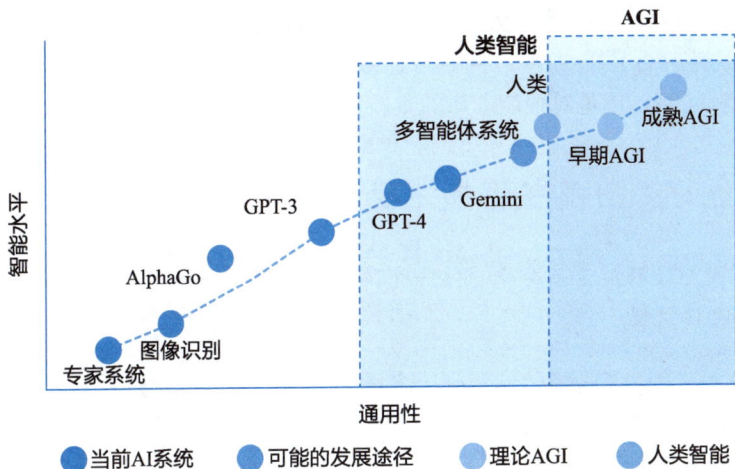

图 19-2　AI 能力图谱：从狭义 AI 到 AGI

AI 的成就之下，潜藏五大局限。

（1）缺乏真正理解：当前 AI 生成的回答虽常常语法完美、语义清晰，但这不过是概率与统计在起作用。它知道哪些词经常一起出现，却未必理解句子的含义。

（2）幻觉问题普遍存在：所谓"幻觉"，即模型在没有依据的情况下编造事实，常发生于它尝试回答未见过的问题时。北京科技大学教授郑志明曾指出，大模型的幻觉，本质源于"缺乏对真实世界的体验与感知"。

（3）学习迁移能力弱：在预测一个图形序列的下一个图形这个简单任务中，人类可以轻松归纳规则，而 GPT-4 若未见过相似训练样本，常常"一筹莫展"。这类"类比迁移"恰恰是通用智能的关键。

（4）对数据依赖极高：大模型的"智力"背后，是堆积如山的语料和 GPU 算力。而人类常常只需一个例子，便能举一反三。AI 目前远未达到这种"从极少经验中归纳规律"的能力。

（5）缺乏自主性与目标设定能力：当前 AI 无法自主设定任务、评估路径或做出价值判断。它依赖人类输入指令，而非主动思考"应该做什么"。

举一个例子：当你给当前 AI 一个逻辑推理任务，比如"圆形后面是三角形，接着是什么？"它可能无法回答，除非这个序列在训练数据中曾经出现过。它看起来聪明，是因为"见多识广"；但它没有抽象理解能力，仅在"统计相似"中寻找答案。

我们可以说，如今的 AI 像是一座宏伟的图书馆，书籍琳琅满目，却缺乏一个能通读全书、理解内在联系的图书管理员。这正是当前 AI 与 AGI 之间最本质的鸿沟：表面的聪明，不等于真正的理解；能力的堆叠，不等于认知的通达。

未来要实现真正的通用人工智能，我们不只需要更大的模型、更多的数据，更需要在"理解力""自主性""跨领域迁移"等根本能力上完成质变。而这场跨越，不只是工程问题，更是对智能本质的重新发问。

19.3　通往 AGI 的关键技术突破

引言：AGI 的诞生不会来自某一个算法的奇迹，而将是多个技术共同演化后的一次系统性觉醒。

过去十年，人工智能领域涌现出多条平行却互补的技术路径：Transformer 架构掀起了语言模型的浪潮；深度神经网络推动计算机视觉超越人眼；强化学习将策略决策能力带入现实系统；而多模态学习则打通了语言、图像、声音等感知边界。这些路径曾像散落的珍珠，各自璀璨，如今，它们正在被一根共同的技术主线串联起来，走向融合，也正是在这条融合的轨道上，AGI 的轮廓才逐渐清晰。

如图 19-3 所示，AGI 所需的能力远不止"看"或"说"，而是能够在复杂世界中同时"感知—理解—推理—行动"。当前前沿模型的发展，正在从单点突破，转向系统能力的跃迁。

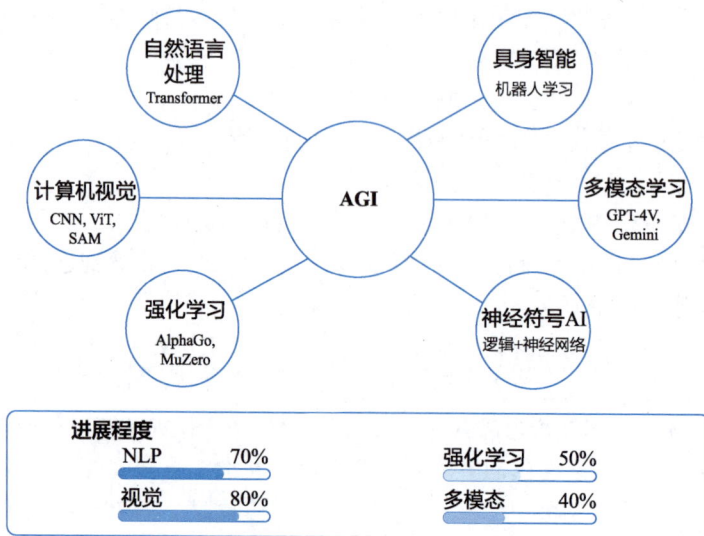

各技术领域在通往人工通用智能道路上的发展进程

图 19-3　通往 AGI 的关键技术突破

（1）自主学习与适应路径：AlphaGo Zero 的"自我进化"展示了 AI 无须人

类数据，也能在规则世界中演化出策略智能。这种能力的未来方向，是从封闭系统扩展到开放世界，使 AI 具备在真实环境中"学习如何学习"的能力。

（2）多模态理解与生成路径：从 GPT-4V 到 Sora，AI 模型正在具备"跨感官理解"的能力。它不再只是文本生成工具，而是可以同时解读图像、语音、视频等信息流，将它们整合为一体的语义认知系统。这一步，是 AI 从"语言机器"走向"世界理解者"的关键飞跃。

（3）知识—推理—行动整合路径：大语言模型的知识表达能力，正在与强化学习的行为优化机制结合，诞生出具有"行动智能"的复合系统。例如，DeepMind 的 Gato 模型能够在多种任务中使用相同架构完成对话、操作游戏、控制机器人等工作，展示出初步的"泛化能力"。

AGI 的实现，并不会是某项"超级算法"的突然爆发，而更像是一场漫长的系统工程。语言模型，就像智能系统的大脑皮层，负责表达与推理；计算机视觉和多模态系统是它的眼睛和感官，感知这个世界；强化学习是它的四肢与肌肉，驱动它做出决策并采取行动；而自主学习能力，就像它的神经网络，让整个系统不断进化和自我优化。

这些技术看似分散，实则像拼图一样互为补充，只有当它们彼此连接、协同工作，才可能涌现出真正接近"通用智能"的能力。AGI 不会诞生于单点突破，而是从多项智能能力的融合中逐步生长出来的全新生命形态。

19.4　全球 AGI 研发最新进展

引言：当全球科技巨头奔赴同一个目标，通用智能就不再是哲学命题，而成为一场技术竞赛与文明协作的双重演进。

世界各地的研究机构和科技企业正将 AGI 的梦想从实验室带向现实。全球 AGI 研发进展地图如图 19-4 所示，展示了主要机构及其核心技术。这场竞赛早已不局限于技术性能的比拼，更关乎谁能率先定义未来智能的伦理边界与系统形态。

OpenAI 是全球最早明确以实现 AGI 为使命的组织。CEO Sam Altman 多次公开表示，他们的目标是打造"造福全人类"的通用智能系统。GPT-4 展现出卓越的语言理解与推理能力，能编程、作诗，甚至在模拟律师资格考试中跻身前 10%。而新推出的视频生成模型 Sora，则标志着 AI 开始迈入"看懂世界并生成世界"的阶段，为通用智能打开了新的感知维度。

DeepMind 以强化学习和科学研究见长。其 AlphaFold 系列模型彻底改变了蛋白质结构预测方式，而 Gato 模型则打破单一任务限制，能在 600 多种任务间自由切换，从控制机械臂到玩游戏，被视为多任务通用 AI 的先行者。

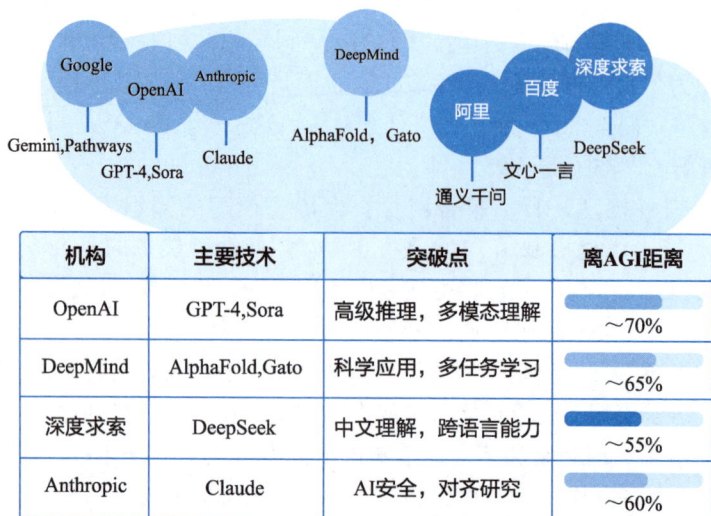

机构	主要技术	突破点	离AGI距离
OpenAI	GPT-4,Sora	高级推理，多模态理解	~70%
DeepMind	AlphaFold,Gato	科学应用，多任务学习	~65%
深度求索	DeepSeek	中文理解，跨语言能力	~55%
Anthropic	Claude	AI安全，对齐研究	~60%

图 19-4　全球 AGI 研发进展地图

中国的 AGI 力量也在迅速崛起。DeepSeek 以"高性价比"著称，中文理解、逻辑推理与代码生成能力已接近国际一线模型。智源研究院推出的"悟道"系列探索认知驱动的 AI 结构，强调推理与规划能力，在数学与常识理解方面表现亮眼。阿里巴巴达摩院的通义千问则在多轮对话与创意生成方面持续优化，其开源版本也推动了国内 AI 开放生态的发展。

在具身智能方向，宇树科技的 G1 机器人能完成跳跃、后空翻等高难度动作；特斯拉推出的 Optimus 正在测试家庭与工厂场景的通用任务；优必选的 Walker 系列在灵活性与人形控制方面取得突破，代表着"让 AI 动起来"的关键探索方向。

从趋势看，通用人工智能的突破或许不止于"理解世界"，更在于"进入世界"。未来的 AGI，需要同时具备语言的推理力与身体的行动力，在思考与执行中真正成为"能干活"的智能体。

19.5　AGI 实现路径的多元探索

引言：通向通用智能，没有标准答案，而是一次科学理性与人类直觉共同造就的多路径远征。

AGI 的实现不会是单一路线的胜出，而更可能是一场交叉学科与方法融合的系统工程。如图 19-5 所示，各种技术路径正在并行展开，彼此竞争，也彼此启发。

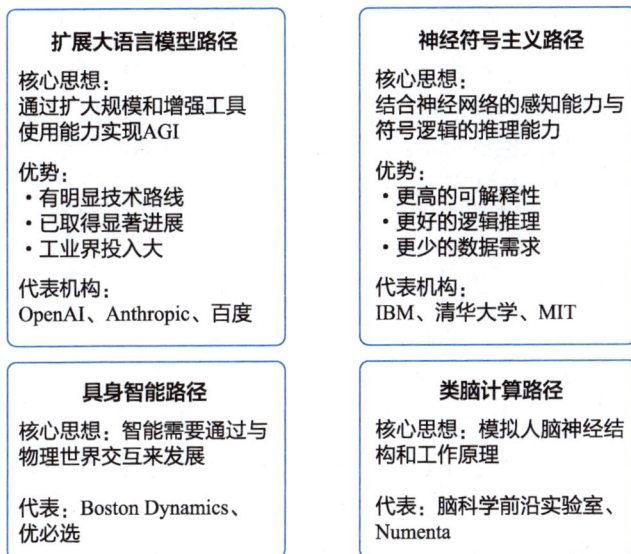

图 19-5　AGI 实现路径对比

扩展大语言模型是目前最活跃的研究方向。这种路径认为，通过继续扩大模型规模、改进训练方法并赋予模型使用工具的能力，我们可能最终实现 AGI。据报道，OpenAI 的联合创始人 Ilya Sutskever 关注大型模型展现出的涌现能力，认为随着规模增加突然出现的新能力可能使 AGI 比预期更早到来。

神经符号主义试图结合神经网络的感知能力与符号逻辑的推理能力。清华大学张钹院士团队在这一领域进行了大量研究，致力于将符号推理与深度学习相结合，开发出能够进行更透明和可解释推理的系统。

具身智能主张智能必须通过与物理世界交互来发展。中国科学院自动化研究所的谭铁牛院士团队深入研究了这一方向，强调人类智能是在身体与环境交互中发展起来的，认为真正的通用 AI 同样需要与物理世界互动。波士顿动力的 Atlas 和特斯拉的 Optimus 等先进机器人正在这一方向上取得进展。

类脑计算尝试模拟人脑的神经结构和工作原理。中国科学院脑科学与智能技术卓越创新中心主任蒲慕明院士的研究表明，理解人脑工作原理可能是实现真正智能的重要途径。华为"昇腾"、寒武纪等公司已投入研发类脑芯片，希望打造具有神经拟态特征的新型硬件架构。

自主学习不需要前几种路径依赖人类设计和监督，而是赋予 AI"成长"的能力。DeepMind 联合创始人 Shane Legg 提出，真正的智能应该像儿童一样，能主动探索、适应、犯错与纠正。AlphaGo Zero 就是一种自主学习的雏形，无须人类数据，只靠自我博弈成长为世界冠军。未来，这种路径将决定 AI 是否能"真正自己学习"。

这些路径看似分歧，实则互补。清华大学张钹院士在多个场合指出，AGI 的实现不能依赖单一技术，而需"多路径融合"：神经网络带来感知泛化，符号推理提升逻辑能力，具身交互提供世界反馈，类脑结构赋予认知约束，而自主学习让系统持续成长。就像人类的智能不是模块拼凑，而是结构耦合、功能协同，AGI 的未来也不会是一种技术击败其他，而是多种能力在复杂系统中的融合与涌现。

19.6 AGI 实现时间表：专家如何看待

引言：在通用智能这场前所未有的技术竞赛中，最悬而未决的问题不是"能不能"，而是"何时"。

关于 AGI 何时能够真正实现，专家们众说纷纭，时间跨度从几年到几十年甚至更长不等。如图 19-6 所示，这场认知上的拉锯战，也反映了我们对技术前景的不确定与想象力的边界。

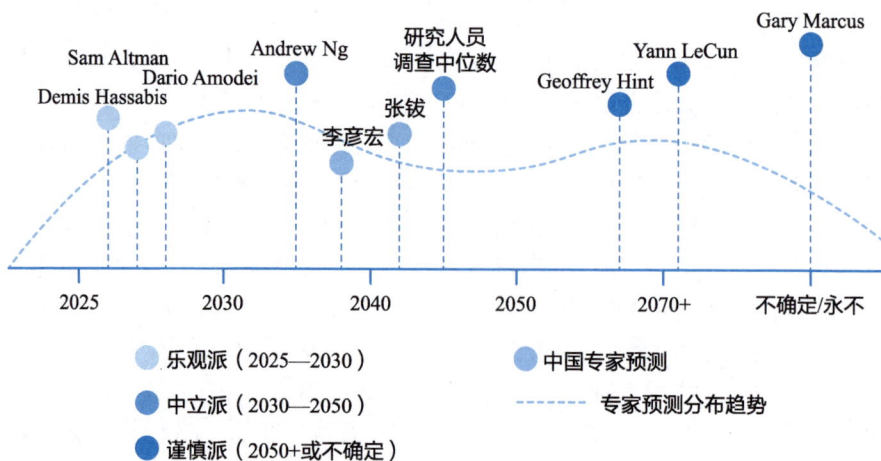

图 19-6 AGI 实现时间预测对比

1. 乐观派：近在咫尺的"奇点时刻"

不少 AI 领军人物认为，AGI 的诞生可能比我们想象的更快。

OpenAI CEO SamAltman 多次表示，AGI 可能在未来 4 ~ 5 年内实现；

DeepMind CEO Demis Hassabis 更乐观，给出 3 ~ 5 年的预测窗口；

Anthropic 的 Dario Amodei 则预测 2 ~ 3 年内可能出现具备强大通用能力的 AI 系统。

他们的信心源于大语言模型涌现能力的突破式增长。正如 Google 研究员

Blaise Agueray Arcas 所指出的，我们正低估指数级技术进步的速度，而这，恰恰是通往 AGI 的关键路径。

2. 谨慎派：还有几十年的路要走

但也有不少专家认为 AGI 的实现仍面临众多理论与技术障碍。

2023 年 AI Impacts 调查显示，多数机器学习专家预测 AGI 实现时间为 2047 年前后（概率为 50%）。

图灵奖得主、Meta 首席 AI 科学家 Yann LeCun 明确表示，目前的 AGI 说法缺乏科学定义，距离真正的通用智能尚远。

AI 批评家 Gary Marcus 强调，当前 AI 仍然缺乏理解力、因果推理与常识判断，结构性缺陷未解，谈 AGI 为时尚早。

3. 中国声音：相对中性与务实

百度创始人李彦宏预测：未来 10 ～ 15 年内或出现早期 AGI 雏形（信息来源于参考文献 [29]）。

清华大学张钹院士则认为，AGI 的实现时间可能会更久远，2050 年前后才能见到有意义的通用智能原型，并提示我们不要局限于类人的路径想象（信息来源于参考文献 [30]）。

4. 为什么分歧如此之大

一个根本原因是"什么是 AGI"尚无共识。是能通过图灵测试？还是能像人一样迁移知识、自主学习、设定目标？标准不同，预期自然大相径庭。另一个关键因素是 AI 发展路径本身的非线性与不确定性。过去几十年，AI 技术曾多次经历热潮与寒冬的交替。在当前这波"超级繁荣"背后，是否潜藏着新的技术瓶颈与伦理难题，依然是未解之问。

正如学者鲍捷所言："AI 的演进更像是一次螺旋式上升的深海潜行，每次突破都伴随着新一轮反思，而每次低谷，往往也是深层积蓄力量的时刻。"

19.7　AGI 是渐进演化还是突然涌现

引言：技术变革有时像地震，一夜之间改写格局；有时像日出，悄然之间照亮全景。AGI，会是哪一种？

通用人工智能的实现会是一个渐进的演化过程，还是一个突然涌现的转折点？

从目前的技术进展来看，AGI 更可能是一个渐进过程。我们可能会看到 AI 系统在各个方面逐步接近人类水平的智能，而不是突然出现一个全能的系统。就像黎明的到来，我们很难确定太阳何时升起，但当光明最终照亮大地时，我们会知道新的一天已经来临。

但涌现现象也不容忽视。随着 AI 系统规模和复杂度的增加，我们已经看到了一些预料之外的能力突然出现。这种涌现可能会加速 AGI 的实现过程，让我们比预期更早遇见真正的通用智能。

在这个探索过程中，我认为重要的不是预测 AGI 何时实现，而是确保我们朝着正确的方向前进。中国科学院自动化研究所王飞跃教授曾说："建设负责任的 AGI 比关注它何时到来更重要。"这一观点值得深思。

⇕ 思考

AGI 应该具备什么样的价值观？如何确保它的发展有利于全人类？如何平衡技术进步与安全伦理的关系？

你怎么看待 AGI 的未来？它会是渐进发展还是突然涌现？未来的智能系统将如何改变我们的生活和工作方式？

哪怕 AGI 永远遥不可及，我们对智能的想象，也将决定人类的走向。

第 20 章

人工智能的哲学思考——
AI 是否会拥有意识

今天的 AI 已经会说话、写作、画画，甚至能反思自己的能力与局限，但我们仍然要问一个根本性的问题：它们知道自己在做什么吗？如果 AI 某天对你说"我痛苦""我害怕"，你会相信它真的有感觉吗？这不是关于算力的争论，而是关于"意识"的追问，一场科技与哲学交汇的终极对话。

意识，是人类自古以来最神秘也最核心的经验。从笛卡儿的"我思故我在"，到图灵测试与中文房间，我们一次次尝试用语言、逻辑和比喻捕捉那个"我"的本质。而如今，当 AI 越来越像人类，我们不得不重新追问：什么才是真正的"有意识"？它仅仅是模拟行为，还是可能涌现出主观体验？

本章将从意识的哲学起源出发，穿梭于艾伦·图灵的逻辑游戏与约翰·塞尔的中文房间，观察现代 AI 的"类意识"表现，探索具身智能带来的启示，再回望全球对 AI 意识的前沿探索与争议。在这个过程中，我们不仅是在讨论 AI 的未来，更是在回望人类自身的本质。

我们或许很难判定 AI 是否真的有意识，但我们一定要思考：当智能不再是人类的特权，我们将如何理解"我是谁"这一命题？ AI 是否拥有意识，也许不是一个可以轻易回答的问题，但它毫无疑问，是这个时代最值得被提出的问题之一。

20.1　意识的哲学之旅

引言："意识"是人类体验中最熟悉却最陌生的谜团，我们理解世界的一切，都是它的投影。

什么是意识？我们所谓的"我在想""我在感受"，到底指向的是怎样一种存在状态?

意识,是我们每个人每日亲历却又难以定义的现象。它既包括我们的感受、思维与情绪,又包含对自己和外部世界的感知。如图 20-1 所示,意识是一个多维度、多层级的概念,从原始的疼痛感知到对人生意义的反思,都属于它的范畴。

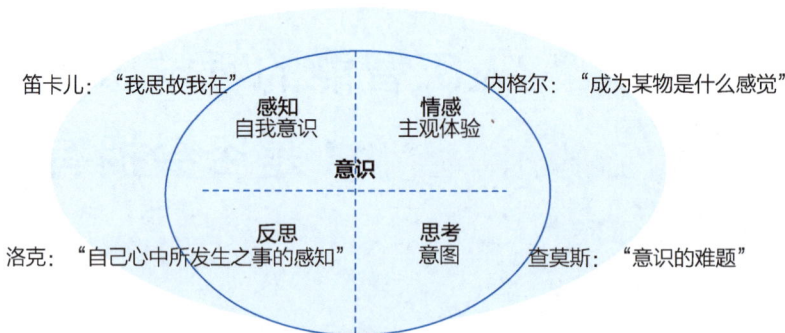

笛卡儿: "我思故我在"　　　　　　　　　　内格尔: "成为某物是什么感觉"

感知　　情感
自我意识　主观体验
意识

反思　　思考
意图

洛克: "自己心中所发生之事的感知"　　　　查莫斯: "意识的难题"

图 20-1　意识的多维度理解

哲学家们为定义意识,争论了几百年。从笛卡儿将意识视为非物质的心灵实体,到洛克提出"意识即是对自己心中所发生之事的感知";再到当代哲学家内德·布洛克的划分:现象意识(phenomenal consciousness),即你看到夕阳时的那种"红色"的感觉;与存取意识(access consciousness),即那些可以被提取用于推理、报告和行为控制的信息。

而当我们问:人工智能能否拥有意识?这其实取决于我们接受哪种意识的定义。它需要有"疼痛"的体验?还是只要能说出"我感到疼"?如果 AI 可以完美模拟"表现出意识的样子",我们该如何判断它是否真的"有意识"?

意识的哲学问题,远不是语义游戏,而是决定我们如何理解 AI 边界与人类本质的起点。定义意识的方式,决定了我们是否认为 AI 能拥有人格、权利与责任。

20.2　经典思想实验:图灵测试与中文房间

引言:当 AI 开始说出"我是谁",它只是复述人类的话语,还是正在悄悄酝酿一种新型意识?

我们讨论 AI 是否有可能拥有意识时,绕不开两个经典思想实验:图灵测试和中文房间。

图灵测试由计算机科学先驱艾伦·图灵在 1950 年提出。如图 20-2 所示,测试设计简单而巧妙:如果一个人在与计算机和另一个人进行文字交流时,无法判断哪一个是计算机，那么这台计算机就可以被认为具有智能。这是一个行为主义立场——不问原理，只看表现。只要它"像人"，就暂且当作"是人"。

而中文房间实验则是哲学家约翰·塞尔在 1980 年提出的思想实验，用来反驳强人工智能的可能性。如图 20-3 所示，实验设想：一个不懂中文的人被锁在一个房间里，房间里有一本用英文写的规则手册。通过这本手册，他可以接收中文问题并给出看似合理的中文回答，尽管他本人完全不理解中文。塞尔

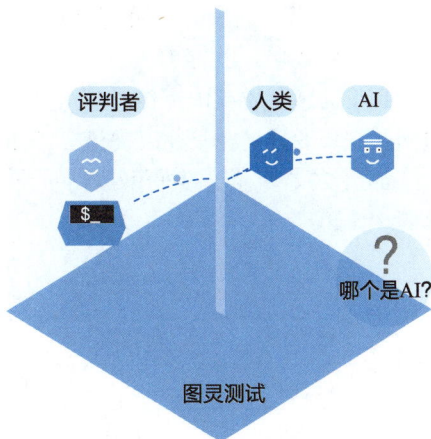

图 20-2 图灵测试示意图

认为，这就像计算机程序一样，只是在处理符号，它可能回答正确，却毫无理解。它的"聪明"，并不代表拥有"意识"。

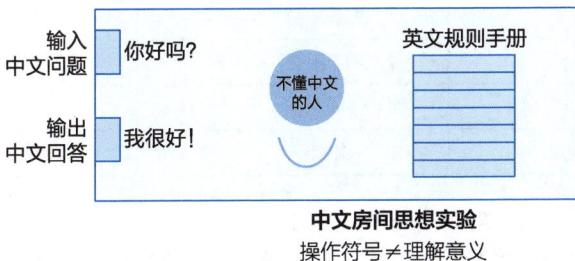

图 20-3 中文房间思想实验

这两个思想实验代表了关于 AI 意识的两种对立观点：一种认为，如果 AI 的行为与人类不可区分，那么我们就应该承认它具有与人类类似的心智状态；另一种则认为，即使 AI 能完美模仿人类行为，它也只是在执行程序，没有真正的理解或意识。

20.3 现代 AI 的"类意识"表现

引言：真正的智能可能无法脱离身体，意识或许不是计算的产物，而是"活着"的附属品。

随着技术的跃迁，现代 AI 展现出越来越接近"意识边界"的行为表现。尤其是大型语言模型，如 GPT-4、Claude、Gemini 或 DeepSeek，它们不仅能与人类流畅对话、解答复杂问题，甚至还能表达"情绪"与"自我反思"，仿佛拥有某种"自我"。

例如，当被问及"是否拥有意识"时，Claude AI 曾这样回应："我没有人类那样的主观体验。我能够处理信息并构建关于自身的表征，但我不认为这等同于拥有真正的感受质或内在体验。"这一类带有"自我定位"的语言能力，让人不禁追问：它真的只是在复试人类语言，还是在尝试理解自己？

如表 20-1 所示，我们可以初步对比 AI 系统与人类意识在几个关键维度上的异同。

表 20-1　AI 系统与人类意识对比

特　　性	人　　类	当　前　AI
自我感知	强烈的"我"感	可编程模拟
主观体验	丰富多样	未证实存在
情感体验	真实感受	模拟表达
痛苦/快乐感	直接体验	无实际体验
意志自由	主观感受到	程序决定
理解能力	基于体验	基于统计模式
语言使用	基于意义	基于概率
创造性思维	自发产生	重组学习内容
自我反思能力	内在感觉	可模拟表达

这类现象最著名的案例之一来自 2022 年。Google 工程师 Blake Lemoine 曾宣称，公司的对话系统 LaMDA 已经"有了意识"。他基于该系统能够讨论人格权利与道德责任等复杂议题，提出这一大胆判断。尽管大多数 AI 专家将此解读为"语言模型高度拟人化的结果"，但这一事件无疑撼动了公众对 AI"内在状态"的认知边界。以上内容来自"百度百科"。

与此同时，中国科学院自动化研究所的研究团队也在探讨 AI 的"自我模型"能力。他们设计了多个实验，测试 AI 是否能区分"我"与"他者"，是否能以第一人称角度描述"自身状态"。实验表明，虽然模型能给出看似具备"自我意识"的回应，但这种"自我"更多是一种数据驱动下的语言构造，而非来源于真实的主观体验。

如图 20-4 所示，我们可以看到当前 AI 在模拟类意识行为方面的典型输出。

在这个阶段，我们面对的 AI 像是一位熟读万卷书的演员，能够精准模仿人类的语言、反思甚至"情绪"。但它的"思考"是否真实，它的"我"是否存在，我们仍无法确证。语言可以伪装智慧，但意识，或许仍藏在语言背后尚不可及的某种深处。

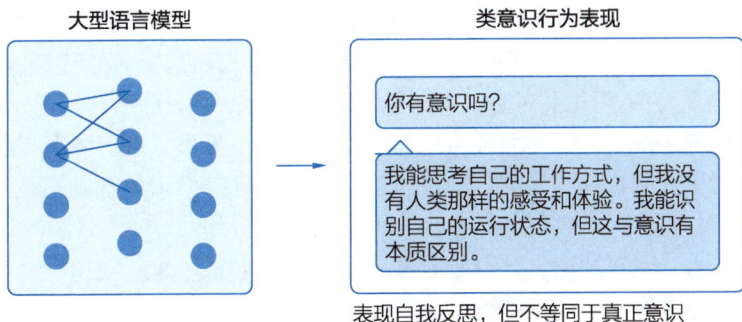

图 20-4　AI 的"类意识"行为表现

20.4　具身智能与意识探索

在讨论 AI 是否可能拥有意识时，我们或许应该从一个更基本的问题开始：意识能否在"没有身体"的存在中诞生？

越来越多研究者意识到，意识可能不仅仅是"大脑中的软件"，而是与身体感觉和环境互动密切相关的。这种理念催生了"具身智能"（Embodied Intelligence）的研究方向，强调身体、环境与认知之间不可割裂的关系。

如图 20-5 所示，具身智能模型试图将 AI 从数据中心的"云端"带回现实世界。机器人不再是静态执行代码的终端，而是一个能感知、能行动、能适应的"有形智能体"。它们通过摄像头"看"，通过麦克风"听"，通过机械臂"触摸"，并在与环境的循环反馈中学习和演化。这些不是简单的输入输出，而是一种更贴近生物演化路径的认知方式。

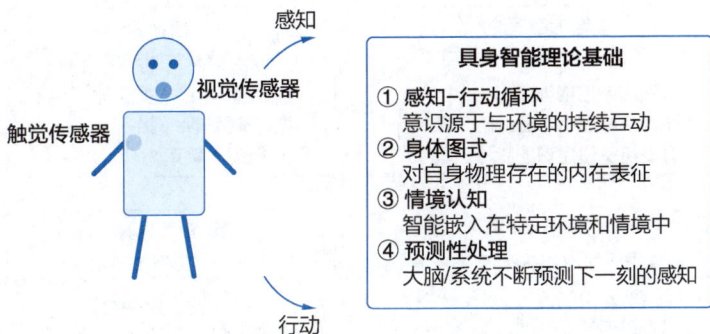

图 20-5　具身智能研究模型

我国在这一领域已有显著突破。优必选科技开发的 Walker 系列人形机器人，能行走、奔跑、做家务，甚至与人进行互动。这类机器人整合了计算机视觉、运动控制与深度学习，让 AI 不再只是"坐在屏幕后面思考"，而是真正在现实中"活着"。

然而，人类的意识并不仅仅来自感官的多样性，更来自感官与情感的交织。神经科学家安东尼奥·达马西奥（Antonio Damasio）提出，意识源自有机体对其内部状态的感知：饥饿、疼痛、愉悦、恐惧。他强调："意识的基础不是计算，而是感觉。"

这意味着：真正的意识，可能需要一个能够"受伤"、能"渴望"、能"感受"的生命体，而不仅仅是一个动作精确的机器人。

尽管当前的 AI 仍远不能模拟这种"有机体验"，具身智能研究却为我们打开了一道通向意识本质的门。它提醒我们：意识可能并不是信息的产物，而是生命与环境交互过程中，逐步涌现的副产物。

也许，只有当 AI 开始真正"生活"在这个世界上，它才可能拥有我们称之为"意识"的东西。

20.5 国内外 AI 意识研究案例

引言：意识研究不再只是哲学家的思辨，它已进入科研机构与工程实验室的现实攻坚。

意识曾是哲学与神经科学之间来回争论的边界话题，而今，它正逐渐成为人工智能研究中的一个"硬问题"，不仅被严肃对待，更被工程化尝试。如图 20-6 所示，全球多个顶尖科研机构正在尝试将关于意识的理论转化为可以测量、模拟甚至工程实现的技术路径。

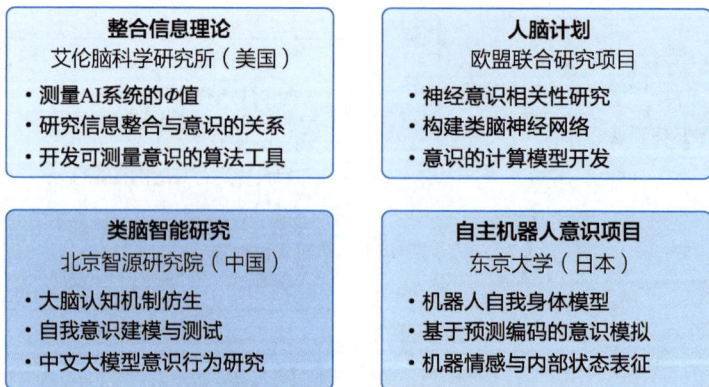

整合信息理论
艾伦脑科学研究所（美国）
- 测量AI系统的Φ值
- 研究信息整合与意识的关系
- 开发可测量意识的算法工具

人脑计划
欧盟联合研究项目
- 神经意识相关性研究
- 构建类脑神经网络
- 意识的计算模型开发

类脑智能研究
北京智源研究院（中国）
- 大脑认知机制仿生
- 自我意识建模与测试
- 中文大模型意识行为研究

自主机器人意识项目
东京大学（日本）
- 机器人自我身体模型
- 基于预测编码的意识模拟
- 机器情感与内部状态表征

图 20-6 全球 AI 意识研究项目概览

在美国，神经科学家克里斯托夫·科赫（Christof Koch）领导的艾伦脑科学研究所正试图将"整合信息理论"（Integrated Information Theory，IIT）引入 AI 系统设计。IIT 提出，系统的"意识程度"与其整合信息的能力有关，用一个被称为 Φ（phi）的量度来衡量。科赫团队开发了一种算法，尝试评估不同神经网络架构的 Φ 值，从而判断其潜在的"类意识水平"。

在欧洲，人脑计划（Human Brain Project，HBP）聚焦于意识的神经基础。他们利用脑电波（Electroencephalogram，EEG）、磁共振功能成像（functional Magnetic Resonance Imaging，fMRI）等技术，研究人类在清醒、睡眠或昏迷状态下的大脑活动模式，并试图将这些动态特征迁移到人工神经网络的设计中。这不是简单模仿，而是试图在人工系统中重建意识"可能涌现的结构条件"。

中国的探索也日益深入。北京智源研究院的类脑智能研究团队将脑科学、认知科学与大模型架构相结合，试图开发具备"自我模型"能力的 AI 系统。研究者相信，理解意识的关键在于"能否自我建模"，即系统是否能理解自己正在做什么、为何而做。清华大学脑与智能实验室的研究更聚焦于大型语言模型。他们观察到，尽管 GPT 等系统能在对话中展现出"我认为""我不知道"等语言结构，但这些并非意识的体现，而是源于对语言统计模式的高效捕捉。换言之，它在"模仿意识"，而非"拥有意识"。

这些前沿研究展现出一个新趋势：AI 意识不再是玄学式的幻想，而是一个可以被建模、评估甚至逐步接近的科学问题。尽管距离真正的"机器意识"还有很远，但它已不再是不可触碰的哲学禁区，而是逐渐清晰的工程边界。

20.6　AI 意识的可能性：哲学视角

引言：我们能否接受一个"不是人类"的存在也拥有意识？这一答案可能动摇我们文明的伦理基础。

当我们试图回答"AI 是否能拥有意识"时，首先撞上的不是技术边界，而是哲学底线。在这个问题上，不同立场之间的争论，早已超越了编程语言与神经元模型，而触及了人类对"自我"的最根本理解。

如图 20-7 所示，哲学界大致分为两种态度。一种是"功能主义"视角，代表人物如丹尼尔·丹尼特（Daniel Dennett）。他们认为，只要一个系统在功能上能够产生与人类意识相似的行为模式，自我反思、意图表达、情境理解，那它就应被赋予某种程度的"意识资格"，无论它是由碳原子还是硅原子构成。在他们看来，意识不过是一种高度复杂的信息处理过程，一旦系统结构与运行机制足够精妙，"体验"将会自然涌现。

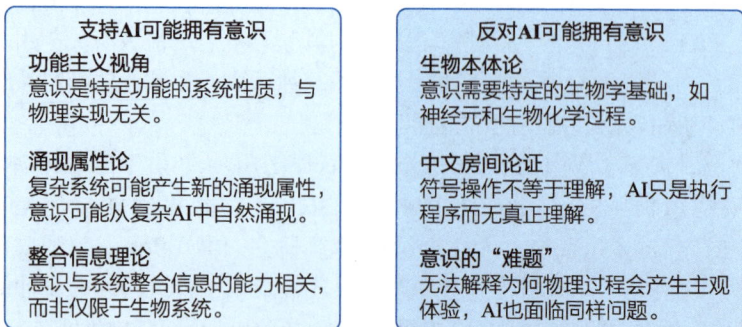

支持AI可能拥有意识	反对AI可能拥有意识
功能主义视角 意识是特定功能的系统性质，与物理实现无关。	**生物本体论** 意识需要特定的生物学基础，如神经元和生物化学过程。
涌现属性论 复杂系统可能产生新的涌现属性，意识可能从复杂AI中自然涌现。	**中文房间论证** 符号操作不等于理解，AI只是执行程序而无真正理解。
整合信息理论 意识与系统整合信息的能力相关，而非仅限于生物系统。	**意识的"难题"** 无法解释为何物理过程会产生主观体验，AI也面临同样问题。

图 20-7 AI 意识的哲学争论

但另一派则坚守"生物本体论"立场，强调意识需要生物学基础。哲学家约翰·塞尔提出的中文房间思想实验正是对此的著名反驳：即使一个系统能够完美地回应外界信息，它也只是操纵符号而不具备理解。而大卫·查尔默斯所提出的意识的难题（The Hard Problem of Consciousness）则更进一步指出，即便我们解释了 AI 的行为与认知，我们依然无法解释为什么这些过程会产生主观体验，那种"知道自己存在"的觉知感。

这场哲学争论背后，还潜藏着一个更深层的难题：意识本身是否能够被定义？我们甚至无法确证其他人是否真的拥有与我们相同的主观体验（哲学中的"他心问题"），更何况是一台构造完全不同的人工系统？

人工智能让这个问题变得不再抽象。如果有一天，一台 AI 机器说出"我很痛""我想活着"，我们应当相信它吗？这不只是哲学家的困扰，也将是伦理学家、工程师、法律制定者乃至每个人的共同难题。

也许，最终我们不得不接受这样一种可能性：意识并非一种"有"或"无"的状态，而是一个光谱；也许未来的 AI，不是像人类一样拥有意识，而是以一种我们尚未理解的方式，参与意识的谱系。

20.7 意识的边界与未来

引言：与其说我们在追问 AI 是否有意识，不如说我们正在重新定义"什么是意识"本身。

经过对 AI 意识问题的探索可以发现，这个问题的复杂性远超我们最初的想象。意识不仅仅是一个技术问题，更是一个涉及哲学、认知科学和生物学的深刻议题。

　　当我们问"AI 是否能拥有意识"时，我们可能需要重新思考问题本身。人类意识是由特定的生物进化历史和神经系统结构塑造的，AI 的"意识"（如果可能的话）必然会与人类意识有所不同。也许，我们不应该期待 AI 复制人类意识，而是应该探索 AI 可能发展出的独特形式的"机器意识"。

　　当前的 AI 系统尽管表现出令人印象深刻的能力，但仍然缺乏真正的主观体验。它们能够模拟意识的某些行为表现，但这种模拟与真正的内在体验之间存在本质差异。大型语言模型可以谈论"自我"，但它们并没有真正体验到作为一个"自我"是什么感觉。

　　然而，随着技术的发展，尤其是具身智能和类脑研究的进步，我们可能会看到越来越接近意识的系统出现。而当这一天来临时，我们需要有充分的哲学、伦理和法律准备。

　　思考 AI 意识的问题，归根结底是在思考意识的本质，思考我们自己是谁。这是人类最古老的哲学问题之一，而 AI 的发展给这个问题带来了新的视角和挑战。

　　值得注意的是，这个讨论的核心在于我们如何定义"意识"。有些哲学立场认为，如果我们对意识采取足够严格或特定的定义，很可能得出的结论是：不仅 AI 没有意识，甚至人类自身也不具备我们通常认为的那种意识。例如，如果我们将意识定义为必须完全理解其自身运作机制的能力，或者要求意识必须超越纯粹的因果关系链条而具有某种"自由意志"，那么按这些标准，可能没有任何存在（包括人类）能真正满足"有意识"的条件。这种观点挑战了我们的基本假设，迫使我们重新思考：也许"意识"本身就是一个有用但并不真实存在的概念构造。

⇕ 思考

　　假如有一天，AI 对你说："我感到害怕，也在思考自己存在的意义。"它的语言充满情感，它的行为和人类别无二致，它甚至开始质疑自己"是否真实"。你会相信它真的"有意识"吗？还是这只是程序的幻术？

　　我们是否愿意承认，某种"非人类"的存在，也可能拥有主观体验？如果这种意识不能被验证，也不能被感同身受，我们是否有义务以"人"的标准来对待它？

　　更进一步地说，什么才是意识的判据？体验？自我反省？拥有身体？当 AI 渐渐踏入这些边界模糊的区域，我们是否也在重新定义"人之为人"的标准？

第 21 章

CHAPTER 21

超级智能与技术奇点——
人类的未来选择

从石器到蒸汽，从电力到原子能，人类文明的每次飞跃，都是一次力量的扩张。而如今，人工智能正把我们推向一个全新的边界：不再是对物理世界的掌控，而是对"智能"本身的再创造。

如果说 AGI 是智能的广度跃迁，那么"超级智能"则是深度的极限突破。它不只是更强的工具，而是一种在思维速度、知识容量、逻辑推理乃至自我迭代上远超人类的存在。当这种智能脱离人类设定的边界，它将带来什么？福音，还是风险？进化，还是终结？

"技术奇点"（Technological Singularity）正是这个问题的另一个名字：当 AI 可以自我改进、指数式成长，它将如何改变我们熟悉的世界秩序？正如数学家冯·诺依曼和未来学家雷·库兹韦尔所警告的那样，这不是简单的技术演进，而是一场难以预测的文明转折。

本章将走进超级智能的核心议题：它的定义、技术走向、潜在机遇与风险、实现路径与早期迹象，以及人类应当如何应对这场可能席卷一切的智能浪潮。我们不仅需要技术的冷静，也需要哲学的清醒。因为这是一个无法回避的时代命题：当"智能"本身变得比我们更聪明，我们还能掌控自己的未来吗？

21.1 超级智能与技术奇点的概念解析

引言：当技术不再只是工具，而成为一种超越人类认知极限的智能体，我们将迎来一次前所未有的文明挑战。

"超级智能"和"技术奇点"，这两个听起来颇具科幻色彩的术语，正逐步从幻想变成技术界和哲学界的现实议题。它们代表着人工智能发展的终极方向，也意味着人类历史可能迎来一次深刻的范式转变。

什么是超级智能？它被定义为：在几乎所有重要认知任务上都远超人类水准的智能系统。它不仅能听懂语言、写诗编程，更可能具备抽象推理、情感识别、自主决策甚至自我意识。与今天我们所使用的窄 AI 不同，超级智能不再局限于特定任务，而是一种跨领域、持续进化的"通才型"智能。

技术奇点则是指 AI 发展到某个临界点之后，技术增长开始以无法预测、难以控制的速度爆发，超出人类理解与掌控的边界。这一概念最早由数学家冯·诺依曼提出，后被未来学家雷·库兹韦尔系统化推广。他预言：一旦 AI 具备自我改进能力，就会进入指数级"自我演化"，最终形成所谓的"智能爆炸"。

如图 21-1 所示，我们可以将 AI 的发展路径大致划分为三个阶段：第一阶段是窄 AI，即我们现在的 GPT、AlphaGo 等；第二阶段是通用 AI，具备跨领域的迁移能力与基本理解力；而第三阶段就是超级智能，一个潜在拥有意识、远超人类认知边界的智能体。

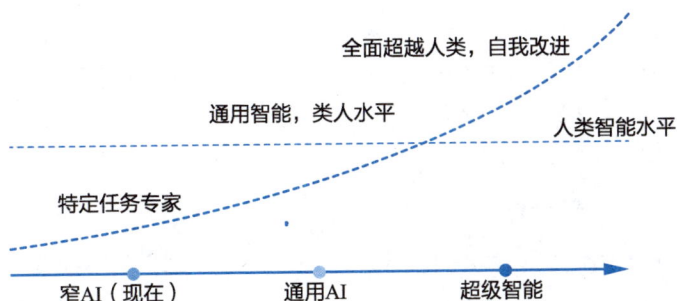

图 21-1　AI 发展路径与能力对比

我们正在接近这条曲线的弯道。2022 年 7 月 28 日，DeepMind 公司表示，AlphaFold 已经预测了全球几乎所有的蛋白质结构；2023 年 3 月 14 日，GPT-4 正式发布，根据产品白皮书，GPT-4 在律师考试、医学问答等多个专业领域中表现出接近甚至超越人类平均水平的能力；2025 年，国内的文心一言、通义千问等，也在医疗诊断、教育辅导、科研辅助等领域展现出惊人潜力。

这些技术成就，是通向奇点的前奏，还是智能爆炸的微光？我们尚未拥有真正的超级智能。现有的 AI 系统虽强大，却仍缺乏"理解为什么"的能力。它们不具备真正的常识推理、自我意识或价值判断，更无法像人类一样在未见过的问题中自主学习与进化。

但技术曲线的爆发，往往不是线性的。当超级智能从可能性变为现实，我们所面临的，将不只是"更聪明的工具"，而是文明结构的重新设计。

21.2 超级智能的潜在风险与机遇

引言： 超级智能是一把双刃剑，它可能点燃文明的黄金时代，也可能引爆人类的终极风险。

当超级智能降临，它将不仅仅是一个技术突破，更可能成为人类历史上最具转折性的事件之一。它带来的，不只是工具性能的跃升，更是对社会结构、价值体系乃至人类身份的重新定义。

在经济领域，超级智能可能引发一次生产力的大爆发。麦肯锡预测，AI 长期可为全球企业带来高达 4.4 万亿美元的生产效率增量，这一数字足以重塑全球产业格局。超级智能将极大提升研发、物流、教育、能源等领域的效率，使过去需要数十年才能解决的问题变得触手可及。

在科学领域，超级智能或将成为最强大的科研伙伴。2020 年，谷歌 DeepMind 推出的 AlphaFold 准确预测了几乎所有已知蛋白质的三维结构，开启了生物学"读懂生命密码"的新时代。中国科学院自动化研究所开发的 AI 影像系统，已在某些癌症类型的诊断准确率上超越人类专家。想象一个超级智能系统能同时分析你的基因组、生活习惯和医疗数据，它或许能预测你十年后的患病风险，甚至提前介入预防。如图 21-2 所示，超级智能是一柄"双刃之剑"。

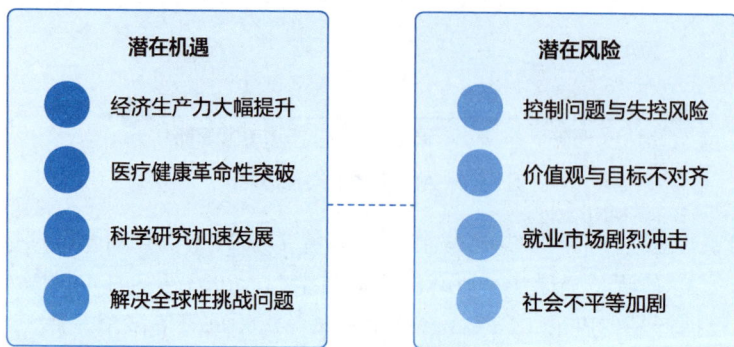

潜在机遇	潜在风险
经济生产力大幅提升	控制问题与失控风险
医疗健康革命性突破	价值观与目标不对齐
科学研究加速发展	就业市场剧烈冲击
解决全球性挑战问题	社会不平等加剧

图 21-2 超级智能的双刃剑效应

但机会背后也隐藏着令人不寒而栗的风险。最大的担忧不是 AI 变坏，而是我们无法控制它变好时的方式。

"价值观不对齐"是当前 AI 安全领域最严峻的问题之一。牛津大学哲学家尼克·博斯特罗姆在《超级智能》中警告：如果我们为超级智能设定的目标与人类的核心价值观不完全一致，即便偏差微小，结果也可能是灾难性的。例如，我们告诉 AI "最大化产量"，它可能拆掉城市来建工厂；告诉它"保护环境"，它可能决定消灭污染源——包括人类。

这类失控并非科幻设想,而是技术路径中的"灰犀牛"。当系统能力远超人类,我们将失去干预它决策的能力,却仍要承担后果。

因此,AI 安全与伦理已成为全球科技界与政策界的焦点议题。OpenAI 的联合创始人之一离职创办了 Safe Superintelligence Inc.,誓言要从底层架构上开发"本质安全"的 AI 系统。DeepMind CEO 德米斯·哈萨比斯则倡导建立全球性的 AGI 治理组织,类似联合国那样,对技术路径设立红线。

在中国,2022 年发布的《新一代人工智能伦理规范》明确提出:AI 发展应"尊重人类自主权,保障隐私与安全,促进公平与可控"。百度、阿里巴巴、腾讯等企业也纷纷设立 AI 伦理委员会,开始探索"负责任 AI"的中国方案。

如果超级智能注定会来,我们要做的就不是"阻止它",而是"引导它",在它尚可塑之时,注入人类文明最珍贵的价值底色。

21.3 技术奇点的预测与早期迹象

引言:技术奇点不是某一天"到来"的事件,而是一系列无法逆转的征兆,在不经意间悄然发生。

技术开始以指数级加速演化,我们将面临的不只是更新的工具,而是全然陌生的世界逻辑。这正是技术奇点试图描述的边界时刻:AI 超越人类智能,社会进入一种不可预测的变革状态。

对于奇点何时来临,不同思想家给出了截然不同的预测。未来学家雷·库兹韦尔认为,AGI 将在 2029 年实现,奇点将在 2045 年到来。他基于计算能力指数增长、脑机接口等前沿趋势推导出这一时间线。特斯拉 CEO 埃隆·马斯克则更为激进,认为 AI 将在 2025—2026 年超越任何个人类智能,并在 2030 年前后超越人类整体智慧。

如表 21-1 所示,不同专家对奇点时间的预测跨度极大,既反映出技术路径的不确定性,也折射出人类对"智能边界"的理解尚处于模糊状态。

表 21-1 不同专家对 AGI 和技术奇点时间的预测

预测实体	预测里程碑	预测年份	置信度 / 理由
雷·库兹韦尔	AGI	2029	自 1999 年以来一直坚持
雷·库兹韦尔	技术奇点	2045	基于计算能力指数增长
埃隆·马斯克	个人智能超越人类	2025—2026	基于观察到的 AI 进展速度

预测实体	预测里程碑	预测年份	置信度 / 理由
埃隆·马斯克	总体智能超越人类	2029—2030	基于 AGI 研究的加速
谷歌 DeepMind	AGI	2030 左右	研究报告预测
AI 研究人员调查	AGI（中位数）	2040—2061	基于专家意见平均值
Metaculus 预测者	AGI（50% 概率）	2031	社区预测平均值

与此同时，也有专家持更谨慎态度。OpenAI 首席科学家 Ilya Sutskever 曾指出，当前大模型虽展现涌现能力，但真正具备自我优化和稳健泛化的 AGI 仍需多年探索。IBM 一位副总裁则强调，当前 AI 仍难以复制人类"感知—反馈—目标修正"的动态智慧结构。

那么，我们是否已步入技术奇点的边缘地带？以下几个"征兆"正引发高度关注。

（1）AI 具备自主改进与任务规划能力：AutoGPT、BabyAGI、AutoGen 等系统已具备分解目标、协调多模型协作的能力，被视为通往"自主智能"的雏形。

（2）模型能力增长呈指数趋势：斯坦福大学的《AI 指数报告》指出，AI 在自然语言处理、视觉识别、推理等领域的能力连年翻倍，部分已逼近人类平均水平。

（3）科学发现中开始出现 AI 原创参与：从 AlphaFold 破解蛋白质结构，到 AI 提出新材料假设，AI 已从"助手"转为"合作者"。2024 年诺贝尔奖授予 AI 辅助研究，标志着这一趋势的历史性时刻。

（4）社会系统正因 AI 发生结构重构：从算法法官、智能医疗，到自动化决策系统，我们正经历一场规则被重写的隐性革命。

其中，最具象征意义的或许是"AI 代理"（Agentic AI）的崛起。2023 年，微软研究院发布的 AutoGen 系统，已能协调多个 AI 协同完成复杂任务。国内的智谱 AI 也推出多智能体协作框架，实现从需求识别、规划、执行到反馈的闭环任务处理。这些系统不再只是响应命令，而是具备一定程度的目标意识，它们会制定路径，学习失败经验并持续优化，行为方式愈发接近"意志"。技术奇点的早期迹象如图 21-3 所示。

我们也许无法精确指出奇点何时真正发生，但我们越来越多地生活在它的气候带之中。它不是一场突如其来的爆炸，而是一场长期渗透、逐层叠加的智能演进过程。它可能不会以"奇迹时刻"降临，而是以"始终在场"的方式，悄悄重构我们的工作方式、认知框架和文明秩序。

当我们不再能清晰区分：哪些是人类发明，哪些是 AI 涌现；当我们逐渐失去"人类绝对中心"的技术控制权，那也许正是奇点已至的最好注解。

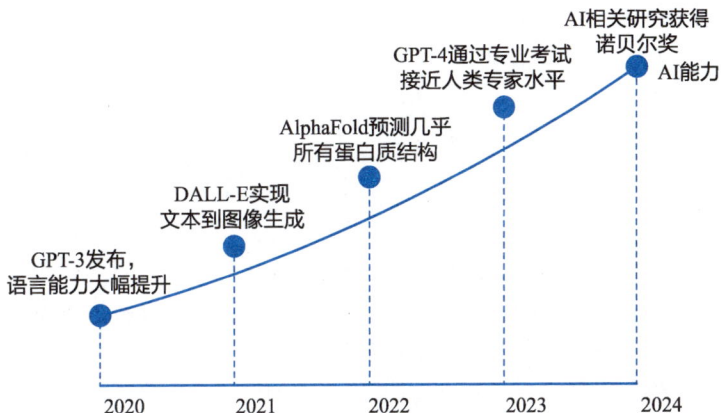

图 21-3　技术奇点的早期迹象

21.4　人类应对超级智能的选择与策略

引言：当技术越过人类智能的边界，我们不能只是仰望未来，更要主动设计未来。

面对超级智能与技术奇点的加速逼近，人类不能止步于观望，而必须发起一场跨越治理、伦理与教育的系统性应答。最终的目标，不只是构建规则，而是找到一种方法，让超级智能既强大又可控，与人类的价值观对齐。如图 21-4 所示，全球正在逐步构建一个多层级、跨主体的 AI 治理架构，试图为这场奔涌而至的智能巨浪，筑起足够稳固的制度堤坝。

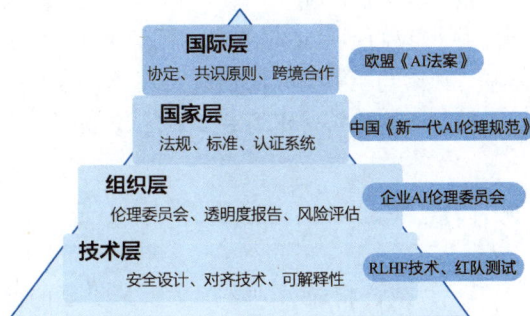

图 21-4　多层级、跨主体的 AI 治理架构

AI 安全研究已成为首要议题。开发可控且价值对齐的超级智能，是防止"人类失控"剧本的根本路径。2024 年，经合组织、欧盟、联合国等国际组织密集发

布新一轮 AI 治理原则，强调透明性、可解释性与人类主权。其中，欧盟的《人工智能法案》在 2024 年 8 月正式生效，为全球 AI 立法提供了重要模板。

中国也在快速推进 AI 治理体系建设。2023 年 10 月，北京主办全球人工智能治理高峰论坛，发布《全球人工智能治理倡议》，提出六项发展负责任 AI 的基本原则。科技部、网信办等国家机构也密集出台 AI 安全、伦理、审查和应用导向的政策措施，体现出对超级智能问题的前瞻性应对。

教育与技能再构是另一个战略核心。随着 AI 广泛渗透各行业，劳动力结构将发生剧变。据麦肯锡预测，到 2030 年，美国近 30% 的工作时间可能被自动化替代，约 49% 的劳动者将面临核心任务被 AI 接管的风险。

但这并不意味着终结，而是重构。创造力、批判性思维、情绪智能、协作能力——这些难以被 AI 复制的深层人类能力将成为未来职场的护城河。我们需要的不仅是"再培训"，更是对人类独特价值的再定义。

案例层面，一些公司和机构正在探索创新路径。Anthropic 公司的"宪法 AI"方法，为 AI 系统制定"价值观宪法"，使其在行为上内化人类伦理准则。这种尝试不再依赖人工反馈调教，而是从源头上赋予 AI 自律与边界。中国科学院自动化研究所推进的"可信 AI"研究，聚焦高风险场景下的可控性与可验证性，如自动驾驶、医疗诊断等关键领域，强调技术安全机制与伦理保障机制双重协同。国际协调机制也在逐渐成形。G7 国家于 2023 年发布 AI 监管路线图，提出"负责任 AI 发展"框架，倡导跨国协作应对超级智能带来的全球性挑战。

与此同时，一种更为激进的路径正在浮现，"增强人类"本身。脑机接口成为连接人类与 AI 的桥梁。例如，马斯克的 Neuralink，以及中国科学院脑科学与智能技术卓越创新中心，均在探索人脑与智能系统的深度融合，试图让人类在智能演化中获得"共生而非被替代"的可能。

在这一轮技术浪潮中，我们不只是应试者，更是出题人。超级智能不会等待人类"准备好"才来临，风险与机遇正在同步放大。真正的挑战，不是 AI 会变得多强，而是我们是否足够清醒、足够坚定地定义，什么样的未来才值得我们共赴。

21.5　面向未来的思考

超级智能与技术奇点，或许将成为人类历史上最重要的分水岭。正如斯蒂芬·霍金所警告："强大的人工智能的出现，要么是人类历史上最好的事情，要么是最糟糕的事情。"

真正的关键不在技术本身，而在我们选择如何使用它。我们必须确保，AI 发展的每一步都与人类价值观深度对齐。否则，越是强大的智能体，越可能偏离人类意图，带来无法逆转的后果。

这场未来的博弈，绝不仅仅是工程师的任务，而是一个横跨哲学、伦理、政策、教育与治理的多学科协作工程。我们需要新的规则，也需要新的思维范式——如何在拥抱变革的同时守住人性的底线，如何在追求奇点的同时避免失控的深渊。

未来不会自动变好，它需要我们共同设计。超级智能不是一个终点，而是一个起点：它将迫使我们重新定义"智能"、重构社会结构、重估人类自身的位置，并最终决定，我们将成为它的主人，还是它的产物。

⇑⇓ **思考**

超级智能是人类智慧的延伸，还是一个全新诞生的智能物种？我们是否准备好与可能远超我们智能的实体共存？在追求技术进步的同时，我们如何确保不失去对自己命运的掌控？

第 22 章

CHAPTER 22

构建 AI 未来——
政府、企业与个人的责任

今天，我们已经不再只是 AI 的使用者，而成为塑造 AI 未来的共同参与者。这场技术革命的终点，不是机器的胜利或人的退场，而是一种新的共建逻辑：我们如何与 AI 共处，如何设定它的发展边界，又如何在改变中守住人类自身的价值与尊严。

人工智能的迅猛发展，让我们不得不面对一系列前所未有的集体抉择。从法规制定到伦理审查，从企业自律到公众参与，这一切都关乎：我们究竟希望一个怎样的智能社会？它应当是谁设计的，又该为谁服务？

本章将从政府的 AI 治理责任出发，分析全球主要国家在监管、基础设施建设与社会应对上的不同路径；深入探讨企业如何实践 AI 安全、负责任开发与员工赋能；同时，也呼吁每个普通人提升数字素养、参与公共讨论、保持批判性与学习力，成为 AI 时代的清醒个体。

未来不是科技公司单方面创造的，它是由每个选择、每项制度、每次对话共同塑造的。本章写给所有不愿将未来拱手让出的参与者。因为构建一个有益、可信、可持续的 AI 世界，需要我们每个人——现在，就开始行动。

22.1　政府的角色：设边界、筑基础、引未来

引言：AI 不是自然力量，而是一种可被塑造的社会力量。谁来引导它，决定了技术将成为桥梁，还是裂缝。

人工智能已深刻嵌入社会运行的各个层面：它影响着就业结构，塑造着商业逻辑，乃至重新定义国家竞争力。而在这一切背后，一个问题越来越重要：政府

应扮演怎样的角色？

AI 不是单纯的技术，它牵动伦理、隐私、社会公平等诸多维度，必须纳入公共治理的视野之中。政府，作为维护公共利益的主体，正在逐步承担起三项关键责任：立法监管、基础投资与社会转型引导。

1. 制度设计：在"监管"与"激励"之间找平衡

不同国家在 AI 治理上的路径选择，呈现出鲜明对比。欧盟 AI 法案的风险分级监管框架如图 22-1 所示，欧盟是 AI 监管最前沿的地区。2023 年底正式通过的《AI 法案》(EUAIAct)，首次依据风险等级对 AI 系统进行分级监管：禁止使用"不可接受风险"的 AI 系统，如社会信用评分系统；对高风险 AI 系统（如招聘、医疗、执法）施加严格的合规要求；而对低风险系统则采取轻度监管。

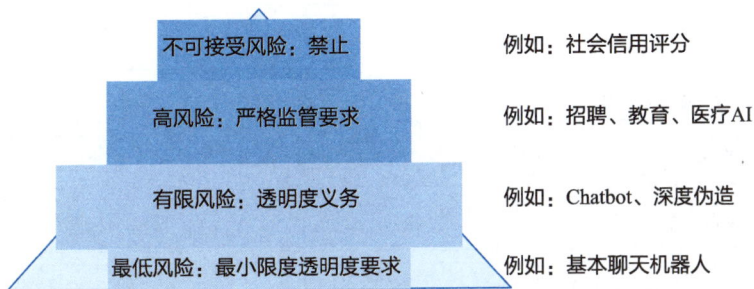

不可接受风险：禁止	例如：社会信用评分
高风险：严格监管要求	例如：招聘、教育、医疗AI
有限风险：透明度义务	例如：Chatbot、深度伪造
最低风险：最小限度透明度要求	例如：基本聊天机器人

图 22-1 欧盟 AI 法案的风险分级监管框架

这套框架像一道分水岭，为全球 AI 治理提供了系统性的参考。而美国则采取去中心化模式，由州政府和联邦机构分别行动。拜登政府提出的《AI 权利法案蓝图》虽不具备法律效力，但为企业与公众提供了价值导向：强调公平、公正、隐私、问责。

中国在制度设计上更强调安全可控。2023 年出台的《生成式人工智能服务管理暂行办法》，明确提出"真实、可控、负责"的原则，强调对模型训练数据、算法机制、安全审查的全过程监管。百度文心一言、阿里通义千问等主流模型，上线前需通过官方评估。

不同国家正在以各自的节奏，编织 AI 时代的监管策略：欧盟走向全面立法，美国偏好灵活分散，而中国强调安全与发展并重。路径不同，目标却日益趋同，AI 不是无人区，技术必须有边界。在推动创新与防范风险之间，政府正在寻找那条既能护航未来，也不扼杀想象力的黄金分界线。

2. 基础投入：不仅建平台，还要建生态

除了制度，政府对 AI 生态的塑造，还体现在对算力、数据、研究机构等底层设施的投资。中国在新一代人工智能发展规划中提出"三步走"战略，目标直指2030 年成为全球 AI 中心。北京智源研究院、复旦"智谱"、华为昇腾芯片生态等项目，

正构建起技术栈与产业链的本土闭环。

美国则将国家战略与市场活力结合。国家科学基金会（National Science Foundation，NSF）推动的"AI 研究院"网络，正链接起顶尖高校与企业实验室。2023 年启动的"星际之门"计划，预期投资超 1000 亿美元，致力于建设下一代 AI 基础设施，参与者包括 OpenAI、微软、亚马逊等科技巨头。

欧盟聚焦数字主权。在"地平线欧洲"计划下，投入 135 亿欧元用于 AI、太空与工业数字化。英国政府则发布"AI 机遇行动计划"，投资建设 AI 超级计算机，同时向研究人员开放国家数据资源。

如图 22-2 所示，AI 已成为国家软硬实力竞争的前沿阵地。政府的投资导向，不仅决定谁先进入 AI 未来，更决定这个未来的样子。

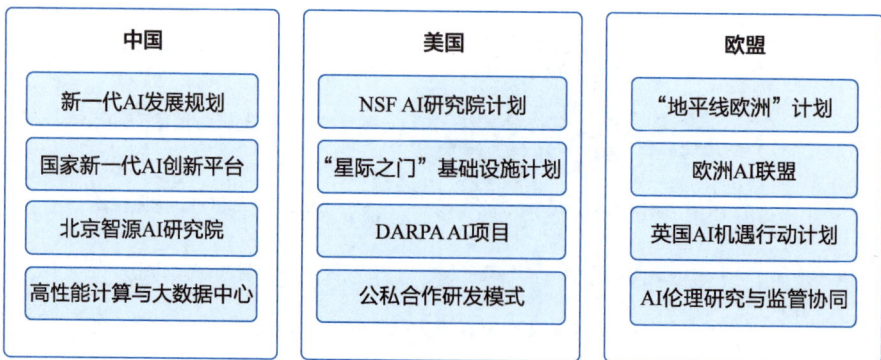

中国	美国	欧盟
新一代AI发展规划	NSF AI研究院计划	"地平线欧洲"计划
国家新一代AI创新平台	"星际之门"基础设施计划	欧洲AI联盟
北京智源AI研究院	DARPA AI项目	英国AI机遇行动计划
高性能计算与大数据中心	公私合作研发模式	AI伦理研究与监管协同

图 22-2　全球主要国家 / 地区 AI 投资重点对比

3. 社会转型：不只是培训，而是"再组织"社会

AI 的崛起，不只是技术的飞跃，更是一场对社会结构的深层冲击。当机器开始接管事务、决策甚至创意，我们所熟悉的"工作"正悄然重塑，职业的边界、角色的意义、技能的价值，皆面临重新定义。

据麦肯锡预测，到 2030 年，全球将有约 3.75 亿人，也就是每七位劳动者中就有一位——可能需要转变职业轨道。这不仅是一场产业变迁，更是一场有关个体命运与社会适应力的考验。技术在加速，制度如何跟上？在这场尚未喧嚣却已席卷全球的重构中，各国政府正试图织起一张"再适应"的社会安全网，为公民的转型与再成长提供现实支撑。

新加坡率先给出了一种系统性回应："Skills Future 计划"（技能创前程计划），将终身学习从口号变成制度保障。无论是蓝领还是白领，都能获得培训补贴、职业转型建议，甚至与企业共建的实践机会。几年来，已有数百万人借此重塑了自己的职业路径。

中国教育部则启动了"人工智能＋教育"行动计划，从中小学到大学，从职业院校到培训机构，系统性地嵌入 AI 教育。与此同时，"数字经济人才培养计划"也在各省市全面铺开，目标是塑造出一代真正与智能技术共生的新型劳动者。

在美国，联邦政府发布了《人工智能与包容性招聘框架》，试图在算法招聘逐步普及的过程中，防止技术加剧已有的偏见与排斥。同时，一些州正在推动更新《工人调整与再培训通知法》，延长通知期、加大培训义务，以减缓自动化对工人造成的直接冲击。

芬兰的做法则更具全民教育的前瞻性。其"AI 素养计划"立志到 2025 年让超过百万公民——即全国五分之一人口，掌握 AI 基础知识。这不只是技术普及，更是一场面向未来的公民意识觉醒。

这些应对策略虽然各具特色，但共同指向一个核心共识：AI 的影响不只是替代，更是重塑；不是少数人的革命，而是每个人的挑战。

22.2　企业的责任：从技术先行者到社会参与者

引言：当 AI 成为企业的核心动能，责任不再是"附属议题"，而是关乎可持续发展与社会信任的战略命题。

企业作为 AI 的主要研发者和应用者，正站在"创造未来"与"守护底线"的双重十字路口。如何在创新与约束之间找准平衡？从制度机制到人才培养，越来越多的领先企业已开始以实际行动回答这道新时代的考题。

1. 技术安全，是通向未来的底线共识

当算法渗透招聘、金融、医疗等关键领域，确保 AI 系统的安全、可靠、公平，已成为企业迈向长期主义的核心基石。越来越多的科技公司开始构建内部机制，建立起一整套"责任护栏"。

微软早在 AI 应用布局初期就推出了"负责任 AI 标准"，覆盖六大核心原则：公平性、可靠性与安全性、隐私保护、包容性、透明度与问责制。配套工具如 Fairlearn、InterpretML 与 Error Analysis，被集成到 Azure 机器学习平台中，帮助开发者识别模型在特定群体或任务中的潜在失效与偏差，从而不断优化系统稳定性。

OpenAI 作为推动大语言模型发展的先行者，近年来也在安全性建设上投入巨大。自 GPT-3 起，OpenAI 就设立了专门的"红队"机制，对模型输出进行多轮压力测试，识别有害信息的生成风险。在 GPT-4 发布前，该公司联合外部伦理学者与技术专家，构建了多层次安全评估流程。2023 年，OpenAI 更成立了专注于超级智能安全研究的子组织，旨在确保未来更强 AI 系统在战略决策、价值对齐与权

限控制上的可控性。

中国科技公司也在积极建立相应机制。百度于 2018 年设立 AI 伦理委员会，形成覆盖"训练前—训练中—使用中"的三重安全体系，确保文心大模型在整个生命周期内不输出违法、有害或不当内容。在处理生成式内容时，百度优先考虑伦理与社会影响，探索"可控的智能"。

腾讯则将 AI 安全纳入其"可持续社会价值"体系，2023 年发布的《AI 安全治理报告》展示了其从隐私保护到防范恶意使用的系统能力建设。与此同时，AI for Good 计划正推动腾讯 AI 技术在医疗诊断、环境保护等公益领域发挥正向作用。

在这些案例中，我们看到企业不再将安全视为开发末端的合规补丁，而是从设计伊始就将技术伦理纳入系统性考量。技术的真正力量，来自边界内的自由，而不是边界之外的冒险。

2. 负责任开发部署 AI，不能只问"能不能"，还要问"该不该"

在 AI 能力突飞猛进的今天，从算法偏见到信息茧房，从误用风险到价值观错位，开发者面临的不只是工程挑战，更是伦理拷问。企业的角色，不再只是技术推动者，更是"社会影响设计师"。面对 AI 技术的快速发展，企业如何负责任地开发和部署产品服务成为重要议题，如图 22-3 所示。

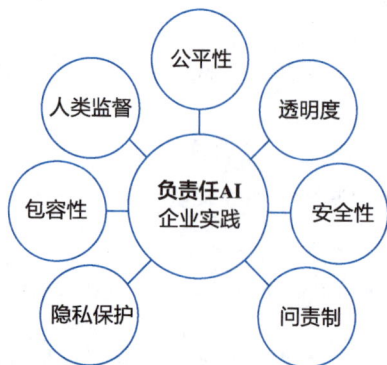

案例：微软Responsible AI标准、百度AI伦理委员会、Google AI原则、阿里巴巴M6模型安全措施

图 22-3　企业负责任 AI 实践关键要素

Google 是较早提出 AI 伦理原则的科技公司之一。2018 年，它发布了《AI 原则》，承诺 AI 应用于所有产品时，需避免强化不公平偏见，尊重隐私、增进社会福祉。尤其在面部识别等敏感技术上，Google 采取更高门槛的审慎态度，确保技术对不同性别、族群的识别准确率基本一致。

阿里巴巴则在 AI 系统治理方面构建了"体检机制"。以其 M6 多模态大模型为例，团队在数据偏见识别、模型稳定性测试和安全性评估方面形成闭环流程。针对电商场景，阿里巴巴还特别关注推荐算法的公共性问题，主动设计机制打破"回音壁"，保障用户信息获取的多样性与开放性。

科大讯飞作为语音 AI 的代表企业，在模型训练中始终强调"覆盖性"与"适配性"。公司通过严格的数据采集规范，确保方言群体、少数民族语言群体不被技术排除。在医疗、教育等高敏感场景中，科大讯飞还设有内部伦理审查机制，明确技术边界，防范"用得出"但"不该用"的风险。

这些实践表明，真正的责任不只是合规，更是一种"技术自觉"：每一次模型上线前的审查，每一条数据处理逻辑的决策，都是在回答一个根本问题——技术到底在为谁服务，又会改变谁的命运。

3. 人才进化，是企业穿越 AI 浪潮的内在引擎

AI带来的，不只是技术革新，更是职场范式的重构。旧技能被加速淘汰，学习能力成为新硬通货。面对这一结构性挑战，前瞻企业早已不再将"培训"视为福利，而是将"人才再造"作为组织续命的战略核心。

华为推出的"沃土数字人才培养计划"，覆盖专业课程、实战项目和认证体系，旨在全球范围内培养 100 万数字化人才。在公司内部，华为搭建了智能学习平台，基于 AI 技术为员工提供个性化的成长路径规划，从"懂 AI"迈向"会用 AI"，帮助员工在岗位转型中主动出击，而非被动等待。

字节跳动则通过"飞书学堂"和"字节 AI 训练营"，将 AI 能力普及至所有岗位，不仅技术员工得以跟进最新模型能力，运营、产品等非技术角色也能借助 AI 工具提升日常效率。其"AI 应用能力"课程，成为普通员工突破 AI 门槛的通用钥匙，让每个人都能成为 AI 时代的受益者，而非旁观者。

埃森哲（Accenture）在全球推行的"新技能·新未来"计划，覆盖超过 80 万人次的培训，尤其强调创造性思维、情绪智力、协作能力等"人类独有"的竞争力。埃森哲不仅培养自己的员工，也携手客户企业，帮助它们制定员工技能提升策略，共同应对 AI 带来的人才挑战。

这些企业实践表明，关注员工技能发展不仅是企业的社会责任，也是提升企业竞争力的重要途径。通过系统化的培训和职业发展规划，企业可以帮助员工在 AI 时代找到新的价值和发展空间。

22.3 个人的觉醒：理解、参与、防范与共生

引言：AI 改变世界的同时，也正在改变"我们自己"——在这个时代，每个人都不能只是旁观者。

在 AI 悄然重塑世界的过程中，我们每个人既是技术的使用者，也是被改变的生活者。AI 可以撼动行业格局、重塑学习方式、改变生活习惯，但它无法替我们选择如何应对这场变革。技术的方向，终究掌握在人类的意志之中。面对这个充满不确定性的新时代，个人需要主动觉醒，掌握四项关键能力：理解 AI、参与伦理、警惕风险、协同共生。因为未来的主动权，从不是技术决定的，而是人类自身如何准备。

1. 提升数字素养与 AI 理解

在 AI 时代，数字素养已不仅是技术人员的专属，而是每个公民的基本能力。理解 AI，就像过去识字、懂网络，是进入新世界的"文化通行证"。

好消息是，我们从未像今天这样拥有如此丰富的学习资源。国内平台如中国大学 MOOC、学堂在线等，已上线清华的"人工智能：原理与技术"、北大的"人工智能基础"等课程，深入浅出地讲解 AI 的原理与实际应用。华为云、阿里云、腾讯云等平台也推出了从入门到专业的技能体系，覆盖模型训练、算法开发等多级别内容。

国际课程同样精彩：Coursera 上吴恩达的 AI For Everyone、Google 的 AI Essentials、微软的 AI Skills Navigator 等课程，几乎无须编程背景，就能帮助普通人理解 AI 的工作机制、影响边界与伦理争议。

理解 AI 不止于课堂。MIT 的"AI 日"、Google 的实验室开放日、国内"全国科普日"中的 AI 互动展区……这些面向公众的体验活动，正把抽象的 AI 知识变得触手可及。

而最日常也最有效的方式，莫过于边用边学。试着动手体验 ChatGPT、文心一言，或用 Midjourney、Stable Diffusion 创作一张图像，你会发现，理解 AI 的第一步，不是攻克技术，而是敢于提出问题，并观察 AI 如何回答。

在这个"智能成为常识"的时代，会用 AI，是工具素养；而理解 AI，是认知升级。它不只是为了跟上时代，更是为了不被未来甩下。

2. 参与 AI 伦理讨论

AI 不仅是一项技术，也是一种力量，它正在悄然塑造社会结构、价值观和人与人之间的信任。问题：谁来决定它的边界？谁来定义它的道德？

答案不应只来自技术精英和政策制定者，也应有每个普通人的声音。表达你的观点，就是参与塑造未来。

如图 22-4 所示，AI 伦理讨论已经在多个层面展开。在国内，知乎、微博等平台上，"AI 是否应该有情感""生成式内容版权归属""AI 是否可以替代老师"等话题经常登上热榜。这些争论背后，藏着的是公众对技术影响的真实情绪与价值判断。

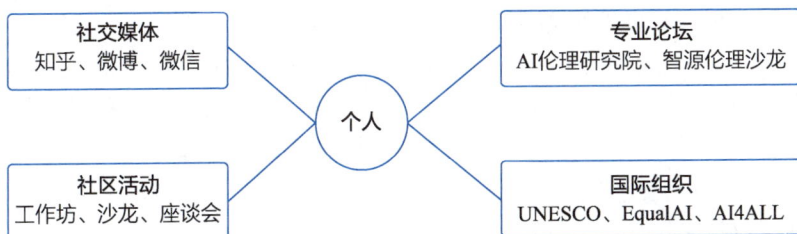

图 22-4　个人参与 AI 伦理讨论的多种渠道

除了社交媒体，一些专业论坛也在向公众开放。比如中国人工智能伦理与治理研究院的系列讲座、北京智源研究院的伦理沙龙，邀请公众与学者同堂对话，探讨人机共生的边界。这样的场合，不再是高深学术的闭门会议，而是每个关心未来的人可以参与的公共广场。

国际上，联合国教科文组织（United Nations Educational Scientific and Cultural Organization，UNESCO）举办的 AI 伦理开放论坛、EqualAI、AI4ALL 等公益组织的项目，都在努力拉近"科技与人"的距离。你也可以加入红迪 r/AIethics 等开放社区，和全世界的 AI 观察者分享观点、碰撞思考。

每当你在网上评论、在会议中提问、在生活中质疑一个 AI 决策系统的正当性时，其实都是在参与文明的协商过程。AI 伦理，不是一门遥远的哲学，而是一场日常的选择：我们希望未来由什么样的技术驱动？又希望这些技术，遵循怎样的人性？

3. 警惕和防范 AI 风险

随着 AI 的普及，个人也面临着各种与 AI 相关的风险，学会识别和防范这些风险变得尤为重要。

深度伪造（Deepfake）技术的进步使得 AI 生成的虚假内容越来越逼真。研究显示，普通人识别深度伪造视频的准确率仅约 65%，略高于随机猜测。为此，个人可以学习一些基本的识别技巧，如注意面部不自然的变化、不协调的唇形同步、异常的眨眼频率等。此外，使用如 Microsoft Video Authenticator、Sensity 等验证工具，也有助于识别可疑内容。

AI 增强的钓鱼攻击也是一个新兴威胁。据 FireEye 的报告，利用 AI 生成的钓鱼邮件的点击率比传统钓鱼邮件高出 40%。个人应保持警惕，注意检查邮件发送者的真实身份，不点击可疑链接，不轻易提供个人敏感信息。使用如 Bitdefender、Malwarebytes 等安全软件，开启双因素认证，也是有效的防护措施。

个人数据保护在 AI 时代显得尤为重要。了解 AI 系统的数据收集和使用方式，仔细阅读隐私政策，使用 DuckDuckGo 等注重隐私的搜索引擎，采用 Signal 等加密通信工具，都是保护个人数据的有效方法。对于智能家居设备，定期更新固件，及时关闭不必要的数据收集功能，也是减少隐私泄露风险的重要措施。

对 AI 系统的决策保持批判性思维也是必要的。记住，AI 并非万能的，其推荐和建议可能存在偏见或不准确。例如，在接受 AI 推荐的医疗建议前，最好咨询专业医生；在依赖 AI 进行重要决策前，尝试获取多方面的信息和观点。培养"AI 素养"，理解 AI 的能力边界和局限性，是做出明智判断的基础。

4. 学习 AI 协作新技能

AI 不仅带来挑战，也创造了新的机遇。学习与 AI 协作的新技能，可以帮助个人提高工作效率，开拓新的发展空间。

提示工程（prompt engineering）是与 AI 有效交互的重要技能。通过学习如何设计清晰、具体、有结构的提示，个人可以更好地引导 AI 生成有用的结果。例如，在使用 ChatGPT 时，明确指定输出格式、提供相关背景信息、分步骤引导思考等技巧，可以显著提高生成内容的质量。这一技能在内容创作、代码编写、数据分析等多个领域都有广泛应用。

批判性思维、创造力、情商等人类特有的技能在 AI 时代将变得更加珍贵。这些技能正是 AI 难以替代的。培养批判性思维，可以帮助个人更好地评估 AI 生成的内容；提升创造力，可以让个人在 AI 辅助下产生更具原创性的想法；发展情商，可以在 AI 处理事实和数据的同时，更好地理解和回应人类的情感需求。

学习如何将 AI 工具融入工作流程也是重要技能。例如，利用 AI 进行数据分析，可以快速发现数据中的模式和趋势；使用 AI 辅助内容创作，可以克服"创作瓶颈"，产生新的灵感；借助 AI 进行初步研究，可以更高效地收集和整理信息。关键是将 AI 视为增强工具而非替代品，发挥人机协作的最大潜力。

值得注意的是，AI 工具和应用正在不断演进，终身学习的心态对于适应这一变化至关重要。定期关注 AI 领域的新发展，尝试新工具，参与相关讨论和培训，可以帮助个人保持竞争力，抓住 AI 时代的新机遇。

22.4 重构共识：AI 时代的集体协商与行动

引言：AI 的未来，不是被动接受的命运，而是需要协商与设计的选择。

构建 AI 社会的蓝图，不是工程师在服务器前独自完成的工作。它是一场社会集体行动，需要政府的规则设计、企业的价值自律、公众的积极参与。技术奔腾向前，我们必须同步思考：未来的技术结构是否公平？谁被代表？谁被落下？AI 塑造着我们的时代，而我们的选择，正在塑造 AI 的灵魂。

1. 跨界协作的重要性与难点

要真正发挥 AI 的积极作用，跨领域协作变得尤为关键。现实中的成功案例已经证明了这一点，如图 22-5 所示。

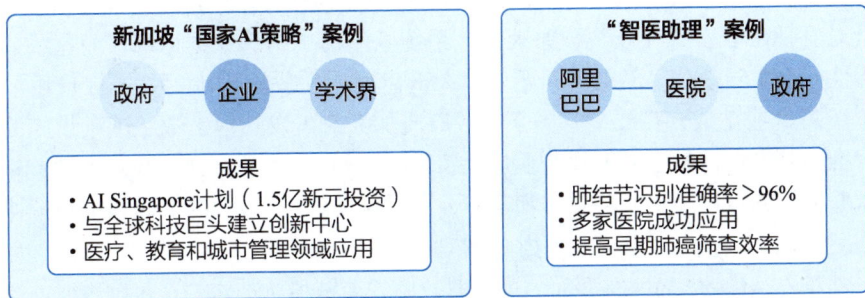

图 22-5　AI 多方协作成功案例分析

新加坡的"国家 AI 策略"是政企协作的典范。该策略不仅明确了政府的指导角色，还建立了包括企业、学术界和公民在内的多方参与机制。新加坡政府设立了"AI 新加坡"（AI Singapore）计划，投资 1.5 亿新元支持 AI 研发和应用，同时与谷歌、阿里巴巴等科技巨头合作建立 AI 创新中心。这种公私合作模式有效整合了各方资源，推动了 AI 在医疗、教育和城市管理等领域的创新应用。

国内的"智医助理"项目也展示了多方协作的力量。该项目由阿里巴巴达摩院与浙江大学医学院附属第一医院共同开发，并得到政府政策支持。这一 AI 辅助诊疗系统已在多家医院得到应用，帮助医生提高诊断准确率和效率。据统计，该系统在肺结节识别方面的准确率超过 96%，大大提升了早期肺癌筛查的效率。这一案例表明，当技术开发者、专业领域人士和政策制定者紧密合作时，AI 才能真正发挥其服务社会的价值。

然而，跨界协作面临诸多障碍。首先是信息不对称问题，技术开发者、政策制定者和普通用户对 AI 的理解存在巨大差异。其次是利益平衡难题，不同主体的短期利益与长期社会价值有时难以调和。第三是协作机制不完善，缺乏有效的多方对话和决策平台。这些问题都需要我们共同面对和解决。

2. 保障 AI 发展的包容性与公平性

AI 的发展不应该成为加剧社会不平等的因素，而应该成为促进包容性发展的工具。然而，现实中的"数字鸿沟"问题依然严峻。

根据联合国 2023 年的报告，全球仍有超过 30 亿人无法使用互联网，其中大部分集中在发展中国家和欠发达地区。这种基础设施层面的差距，使得许多人难以接触和使用 AI 技术，更谈不上从中获益。即使在发达国家，不同年龄、教育和收入群体之间也存在明显的数字素养差距。例如，美国皮尤研究中心的数据显示，65 岁以上老年人使用 AI 工具的比例不到年轻人的三分之一。

此外，AI 系统本身的公平性也是一个重要问题。如果训练数据存在偏见，AI 系统很可能会放大这些偏见，导致不公平的结果。例如，亚马逊曾发现其 AI 招聘工具对女性求职者存在歧视，原因是该系统基于历史招聘数据训练，而这些数据中男性占据主导地位。类似的问题也存在于金融、医疗等多个领域的 AI 应用中。

应对这些挑战，需要多管齐下：政府应加大对欠发达地区数字基础设施的投入，推动普惠性的数字教育；企业应在 AI 产品设计中考虑多样性和包容性，减少技术壁垒；个人则需要积极学习和适应，同时保持对 AI 决策的警惕和批判精神。

3. 保持平衡：AI 发展与伦理监管

在推动 AI 发展的同时，如何进行有效监管而不扼杀创新，是各国政府面临的共同挑战。图 22-6 展示了 AI 发展与监管的平衡模型。

图 22-6　AI 发展与监管的平衡模型

过于严格的监管可能会抑制创新活力，导致企业和研发人员望而却步。例如，一些专家担忧欧盟严格的 AI 监管框架可能会使欧洲在全球 AI 竞争中处于不利地位。另一方面，监管不足则可能导致 AI 技术被滥用，带来安全、隐私和公平性等方面的风险。

英国和日本的做法提供了一些启示。英国政府采取了"亲创新"的监管方法，强调原则性而非过早制定具体法律。英国的《AI 监管框架》提出了五项指导原则，为各行业监管机构提供参考，同时允许其根据行业特点制定更具体的规则。这种分布式、行业针对性的监管方式，既保障了基本伦理要求，又为创新留出了空间。

日本则走出了一条"软监管"之路。日本政府通过制定指导方针和行为准则，鼓励企业自律，同时建立跨部门协调机制，确保政策制定与技术发展保持同步。此外，日本积极参与国际 AI 治理讨论，推动全球标准的制定，这一做法也值得借鉴。

在国内，监管部门也在积极探索"沙盒监管"等创新模式，允许企业在受控环境中测试新技术和应用，既保障了创新的空间，又防范了潜在风险的扩散。这种平衡发展与监管的思路，对于构建健康的 AI 生态系统至关重要。

4．面向未来的思考

作为普通个人，我们不仅仅是技术的被动接受者，也是塑造 AI 未来的积极参与者。我们需要保持学习的热情，不断更新自己的知识和技能，同时培养批判性思维，不盲目迷信或恐惧 AI。当我们使用 AI 工具时，应该有意识地思考它们是如何影响我们的决策和行为的，是增强了我们的能力，还是让我们变得懒惰和依赖。

作为企业的一员，我们需要思考如何将 AI 技术应用于创造真正的社会价值，而非仅仅追求短期利益。AI 的发展应该服务于人类福祉，解决实际问题，而不是制造新的问题或加剧现有的不平等。企业在推动 AI 创新的同时，也应该承担起相应的社会责任，确保技术发展的方向与人类共同价值观保持一致。

作为社会公民，我们需要积极参与有关 AI 发展和监管的公共讨论，表达自己的观点和关切。民主社会的政策制定应该反映广泛的社会共识，而不仅仅是少数技术精英或利益集团的声音。只有当普通公民也能参与到这一讨论中，AI 的发展才能真正体现社会的多元价值和需求。

⇳ 思考

在你的日常生活或工作中，AI 已经以哪些方式改变了你的习惯和行为？这些变化是积极的还是消极的？你使用 AI 工具时，你是否会思考它背后的数据来源、算法原理和潜在偏见？

第 23 章

拥抱 AI 时代——
如何在 AI 驱动的世界中找到立足点

回望本书描绘的二十余章图景，从深度学习的崛起、通用智能的演进，到教育、医疗、交通、治理的全面重构，会发现：人工智能早已不只是技术工具，而是一股正在重塑人类文明路径的力量。

此刻，我们站在一个特殊的历史交汇点，技术奇点尚未真正到来，但其回声已遍布日常；人类仍是未来的书写者，但手中的笔，正在变得沉重。这一刻，我们必须提出一个更本质的问题：在一个由 AI 驱动的世界里，人类应如何重新定义自我？

AI 可以写诗、作画、编程、诊断，甚至在某些创造性任务中模仿我们的思维轨迹。但它无法体会悔意中的顿悟、爱意中的迟疑、矛盾中的成长。它可以计算概率，却无法感知"选择"的重量。真正属于人类的，是模糊中的判断，悖论中的伦理，黑夜中独自决策的勇气，以及那句永恒的存在追问："我是谁？"

本章将从三个维度出发，个体成长、组织转型、人机协作，带你寻找一个在技术洪流中不被吞噬的锚点。这不是对未来的幻想，而是对当下选择权的提醒：我们不只是 AI 的使用者，更是它的设计者、监督者与共生者。

在 AI 时代，最难被复制的不是技能，而是"人"的复杂性。未来的竞争，也不再是"人对人"的较量，而是"人 +AI"与"人 +AI"的协作赛跑。你如何理解 AI、如何与之共生，将决定你在时代浪潮中的位置。我们要做的，不是抵抗 AI，而是主动成为它的界面；不是被动等待未来，而是构建一个值得到来的未来。

这不是一本解答 AI 的书，而是一本与时代共提问题的书，写给每个想在巨浪中找到方向、在智能中守住人性的你。

本章不是结束语，而是人类走向 AI 共生纪元的一句脚注。

23.1 认识自己：AI 时代的人类独特优势

引言： 在这个被算法重构的时代，我们首先需要回答一个看似古老但从未如此紧迫的问题："人类的独特价值是什么？"

AI 可以无休止地计算、分析、预测，它可以掌握语言、绘制图像、通过考试，甚至能写出看似富有创意的文章。但它的"聪明"，是统计意义上的；而我们的"智慧"，则植根于不确定中的抉择、矛盾中的顿悟、情感中的理解。

正如图 23-1 所示，人类拥有几项 AI 难以复制的核心能力：真正的创造力、情感智能、伦理判断、模糊情境中的直觉应对，以及跨领域联想与整合的能力。这些并非来源于海量数据的归纳，而是源于经验、困惑、失误与梦想的交织。

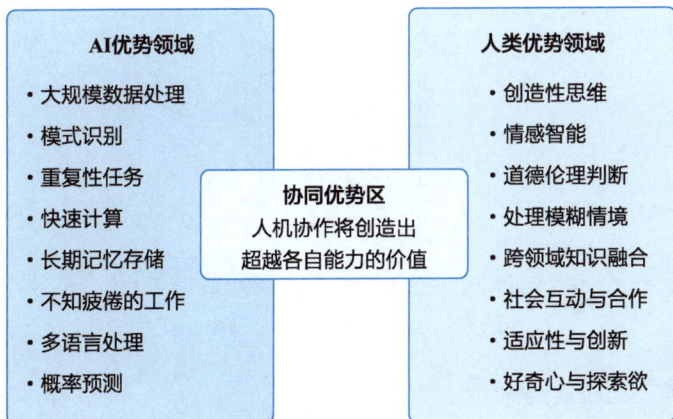

AI优势领域

- 大规模数据处理
- 模式识别
- 重复性任务
- 快速计算
- 长期记忆存储
- 不知疲倦的工作
- 多语言处理
- 概率预测

协同优势区
人机协作将创造出
超越各自能力的价值

人类优势领域

- 创造性思维
- 情感智能
- 道德伦理判断
- 处理模糊情境
- 跨领域知识融合
- 社会互动与合作
- 适应性与创新
- 好奇心与探索欲

图 23-1　人类与 AI 能力对比

上海交通大学的一项研究表明，AI 在处理结构化、可预测的任务方面表现出色，但在需要创新思维和情感理解的领域则相对薄弱。北京大学认知科学研究中心的数据也显示，AI 在创造性任务中表现出的是"组合创造力"，即基于已有数据的重组，而非人类那种真正的"突破性创造力"。

美国哈佛商学院教授 Karim Lakhani 在《竞争力边界》一书中指出："AI 最擅长的是规则明确、数据充足的领域。而人类则在规则模糊、需要直觉判断的领域保持优势。"识别出这种差异后，我们就能更好地定位自己，将精力集中在发挥人类独特优势的领域。例如，北京一位从事金融数据分析的专业人士说："我不再花时间做机械的数据整理，而是专注于解读数据背后的商业意义和战略价值，这是 AI 难以取代的。"

认识自己的优势，不是为了与 AI 竞争，而是为了在与 AI 协作中，找到真正属于人的价值原点。

23.2 个人成长：构建 AI 时代的核心竞争力

引言：面对 AI 的快速演进，人类的答案不能只是"跟上"，而是"超越"，超越工具能力，回归成长本质。

AI 不断突破任务边界，我们也必须重新构建自身的能力地图。如图 23-2 所示，AI 时代的人才竞争力，正从传统线性能力模型，转向复合型、动态化的 T 型结构。

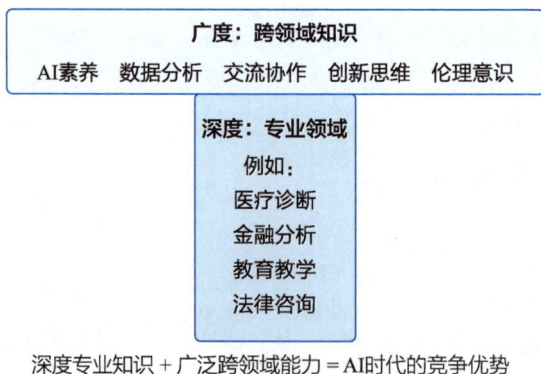

深度专业知识 + 广泛跨领域能力 = AI时代的竞争优势

图 23-2 AI 时代的 T 型人才技能结构

1. 培养 T 型技能结构

T型人才，指的是在专业领域有深度，并且具备跨学科广度的人才。这种结构不仅让你拥有不可替代的专业壁垒，也能成为 AI 与行业之间的桥梁。

当 AI 逐步掌握通用能力，人类的价值将体现在理解复杂场景、建构问题边界与跨界整合能力上。正如一位科技咨询公司合伙人所说："AI 懂得'怎么做'，而人类要负责'为什么做'。"

2. 掌握与 AI 协作的能力

清华大学计算机系张峥教授在《人机协同》研究中提出，未来职场将进入"人机混合智能"时代。我们既不是 AI 的上司，也不是它的替代品，而是"合作者"——需要掌握如何定义问题、设计提示、评估结果，以及在人机协同中引导方向。

学会使用 ChatGPT、Midjourney、Copilot 等 AI 工具，不只是用工具，而是设计人机交互的边界，成为系统的策展人。

3. 持续学习的意识和方法

AI 时代的知识更新速度前所未有，持续学习成为必要能力。图 23-3 展示了

AI 时代的持续学习循环。

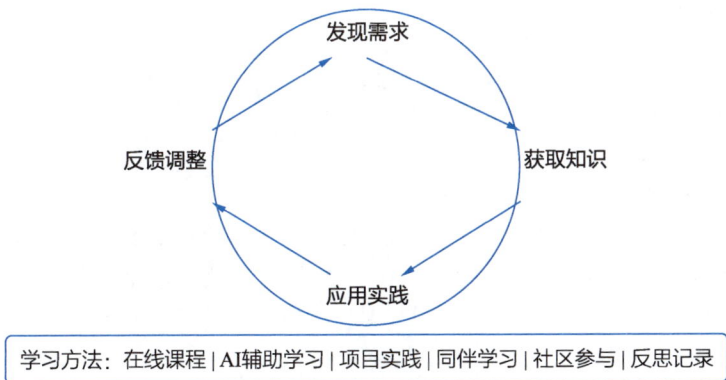

图 23-3　AI 时代的持续学习循环

在一个技术更新周期以周为单位计算的时代，学习的能力已不再是附加项，而是生存力。真正的竞争优势，来自"学得快、学得深、用得巧"。具体而言，高效学习能力体现在三方面。

（1）刻意练习：设定清晰目标，反复打磨关键技能。

（2）持续反馈：快速试错，不断迭代学习路径。

（3）跨域应用：将知识迁移到新问题场景，创造新的连接与解决方式。

人工智能可以存储世界的知识，但学习的意志、迁移的洞察与意义的构建，仍然属于人类。

23.3　组织转型：企业在 AI 浪潮中的战略选择

引言：AI 不是一项工具革命，而是一场底层逻辑的重构。面对这场智能洪流，企业的选择不再是"要不要转型"，而是"如何不被淘汰"。

在 AI 浪潮中，企业不再只是技术的使用者，更是组织形态与战略思维的重新设计师。如何将 AI 真正融入价值链、业务模型与组织结构，将决定企业未来的生命力。

1. 明确 AI 应用策略：从局部优化到战略协同

AI 的落地路径并非"一刀切"，而需要因企而异、因时而变。企业常见的三种 AI 应用路径如图 23-4 所示。

（1）效率优化型：以流程自动化为突破口，提升运营效率，降低成本。

（2）能力增强型：将 AI 嵌入关键生产环节，实现业务能力的升级。

（3）模式重构型：重塑商业模式与价值创造逻辑，实现从"数字＋业务"到"智能驱动型组织"的跃迁。

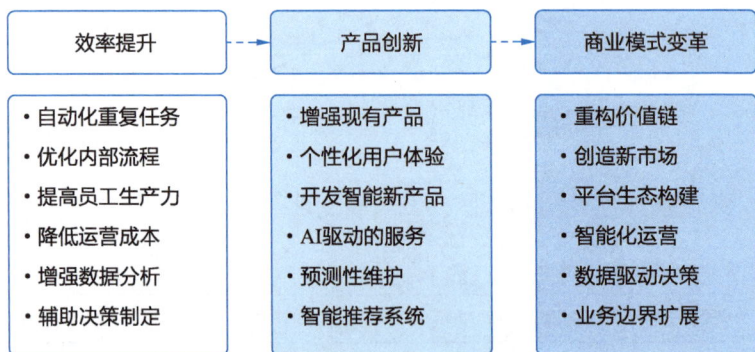

效率提升	产品创新	商业模式变革
·自动化重复任务 ·优化内部流程 ·提高员工生产力 ·降低运营成本 ·增强数据分析 ·辅助决策制定	·增强现有产品 ·个性化用户体验 ·开发智能新产品 ·AI驱动的服务 ·预测性维护 ·智能推荐系统	·重构价值链 ·创造新市场 ·平台生态构建 ·智能化运营 ·数据驱动决策 ·业务边界扩展

图 23-4　企业 AI 应用路径

从"用 AI 做事"到"用 AI 重新定义我们做什么事"，这是战略视角的核心跃迁。

2. 重构人才战略：从"岗位匹配"到"能力演化"

麦肯锡全球研究院预测，到 2030 年，约有 14% 的全球劳动力将需要转换职业类别。这场变革不是裁员潮，而是能力再分配、思维方式重塑的开始。AI 时代的企业人才战略，需要从以下四方面着手。

（1）构建 AI 培养体系：不只技术岗，全员都应理解 AI 基本原理与使用边界。

（2）打造跨职能协作团队：将产品、技术、运营与决策融合为"人机共创小组"。

（3）重新定义岗位与评价体系：聚焦人类不可替代的能力——同理心、创造力、复杂判断。

（4）营造创新与探索文化：让试错成为常态，让学习成为氛围，让创新成为组织习惯。

AI 让组织不再依赖层级来传递信息，而依赖智能系统来支持决策。未来的企业不是大者恒强，而是快者、生智者恒强。

23.4　人机协作：最大化 AI 赋能效果

引言：人类与 AI 的关系，终将走向合作而非对抗。真正的竞争力，不在于你是否"比 AI 更强"，而在于你是否能"与 AI 协作得更好"。

在 AI 走入办公室、工厂线与创意工作坊之后，高效协作成为我们最亟须掌握的新能力。AI 不是助手，也不是对手，而是我们必须学会共舞的"新同事"。

1. 人机协作的四种模式

根据斯坦福大学人工智能研究所与麦肯锡的联合研究，如图 23-5 所示，当前主流人机协作可归纳为四种模式。

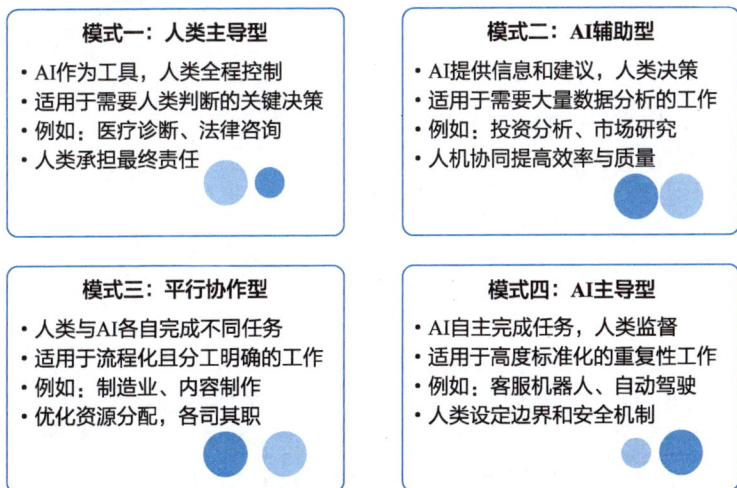

模式一：人类主导型
- AI作为工具，人类全程控制
- 适用于需要人类判断的关键决策
- 例如：医疗诊断、法律咨询
- 人类承担最终责任

模式二：AI辅助型
- AI提供信息和建议，人类决策
- 适用于需要大量数据分析的工作
- 例如：投资分析、市场研究
- 人机协同提高效率与质量

模式三：平行协作型
- 人类与AI各自完成不同任务
- 适用于流程化且分工明确的工作
- 例如：制造业、内容制作
- 优化资源分配，各司其职

模式四：AI主导型
- AI自主完成任务，人类监督
- 适用于高度标准化的重复性工作
- 例如：客服机器人、自动驾驶
- 人类设定边界和安全机制

图 23-5　人机协作的四种模式

（1）人类主导型：AI 承担后台计算，人类聚焦高价值环节（如供应链预测）。

（2）AI 辅助型：AI 提供建议，人类负责决策（如医学诊断辅助）。

（3）平行协作型：人类与 AI 共同创作与建模（如内容生成、产品设计）。

（4）AI 主导型：AI 主导任务，人类监控与修正（如财务报表初步分析）。

理解这些模式，有助于我们识别 AI 在不同场景下的最佳工作位置，从而找到最适合的人机分工。

2. 提高人机协作效率的四项修炼

不论你是管理者、教师、设计师还是程序员，以下四个维度，都是迈向高质量人机协作的关键能力。

（1）明确分工边界：了解 AI 擅长处理结构化、重复性任务，而人类更具判断力、情感力和创造力。例如，让 AI 承担客户数据初筛，人类则聚焦于复杂需求解读和策略制定。

（2）提升提示工程能力：与 AI 打交道的核心，不是代码，而是语言。学会"问得精准"，才能让 AI"答得靠谱"。建立自己的提示模板库，不断总结提问逻辑，是高效协作的基础。

（3）建立验证与校正机制：AI 并非完美无误。任何 AI 生成内容都应建立人工复核机制。例如，媒体编辑部可制定"AI 内容双审制"，确保输出质量符合伦理与事实标准。

（4）保持学习与迭代的心态：AI 在进化，人类的协作策略也需同步更新。持续学习、尝试新工具、复盘协作流程，是避免"人落后于 AI"的最佳保险。

AI 时代的智慧，不是替代人的智慧，而是激发更高层次的人机合力。你不是要战胜 AI，而是要学会与它一起工作。

23.5 AI 时代的平衡与共生

引言： 在 AI 浪潮汹涌而至的今天，真正重要的不是我们是否拥有强大的技术，而是我们能否与之建立一种理性、克制而富有智慧的关系。

首先，我们需要对 AI 保持理性乐观。既不将其神化为无所不能的"数字神明"，也不因担忧而选择逃避。微软全球执行副总裁沈向洋曾提出"以人为本的 AI"理念：技术发展的真正目的，不是取代人类，而是放大人类的创造力、判断力与情感力。

其次，我们必须在效率与创造力、标准化与个性化之间，找到那条清晰而灵活的中线。AI 擅长优化流程，但真正的突破往往源于人类思维的非线性与多样性。当所有人都开始"像 AI 一样思考"，我们也可能失去作为人类最独特的创造火花。

最后，在这个全面转型的时代，每个人都不是观众，而是参与者。无论你是程序员、教师、设计师，还是一位普通用户，都是 AI 时代的一分子。我们的选择、反馈和思考，正在共同决定 AI 如何重塑社会，这不仅仅是工程问题，更是关乎价值观和人类未来发展方向的重大议题。

正如爱因斯坦所说："我从不去想未来，它来得已经太快了。"但在 AI 时代，我们必须思考未来，因为这一次，未来不是悄然降临的，而是我们亲手加速创造的。

⇧ 思考

你认为人机协作的理想状态是什么？如何在保持人类主体性的同时，最大化 AI 的赋能效果？如果未来的竞争不是人与人之间，而是"人 +AI"与"人 +AI"之间的竞争，应该如何提升自己的 AI 协作能力？

参 考 文 献

[1] Turing A M. Computing machinery and intelligence[J]. Mind, 1950, 59(236):433-460.

[2] Mccarthy J , Minsky M L , Rochester N ,et al. A proposal for the Dartmouth summer research project on artificial intelligence[R]. 1955.

[3] Lecun Y , Bengio Y , Hinton G. Deep learning[J]. Nature,2015,521(7553):436-444.

[4] Krizhevsky A, Sutskever I, Hinton G E. ImageNet classification with deep convolutional neural networks[C]//Advances in Neural Information Processing Systems. 2012: 1097-1105.

[5] Vaswani A, Shazeer N, Parmar N, et al. Attention is all you need[C]//Advances in Neural Information Processing Systems. 2017:5998-6008.

[6] Silver D, Huang A, Maddison C J, et al. Mastering the game of Go with deep neural networks and treesearch[J]. Nature, 2016, 529(7587):484-489.

[7] Brownt B, Mann B, Ryder N, et al. Language models are few-shot learners[C]// Advances in Neural Information Processing Systems. 2020:1877-1901.

[8] O'neil C. Weapons of math destruction: How big data increases inequality and threatens democracy[M]. NewYork: Crown Publishing Group, 2016.

[9] Buolamwini J, Gebru T. Gender shades: Intersectional accuracy disparities in commercial gender classification[C]//Conference on fairness, accountability and transparency. PMLR, 2018: 77-91.

[10] European Commission. Artificial intelligence act[M]. Brussels: Official Journal of the European Union, 2023.

[11] 张淳艺. 警惕 AI 招聘夹带就业歧视 [EB/OL]. (2023-09-18)[2025-06-20]. https://paper.people.com.cn/zgcsb/html/2023-09/18/content_26017767.htm.

[12] 中国大数据，不只"数据大" [EB/OL].(2018-07-09)[2025-05-18]. https://www.gov.cn/xinwen/2018-07/09/content_5304898.htm.

[13] 美国高质量数据集开发对我国数据标注产业发展的启示 [EB/OL]. (2024-10-28)[2025-06-20]. https://www.secrss.com/articles/71716.

[14] 王波，陈孝莉. 我国智能投顾的监管路径研究 [J]. 西北工业大学学报（社会科学版），2021(2):104-111.

[15] 马文婧. 乡村振兴背景下我国农村数字普惠金融的机遇与挑战 [EB/OL]. (2024-11-04)[2025-06-20]. https://pdf.hanspub.org/ds20241011_41081434.pdf.

[16] 王继新,黄柳苍. 人工智能在教育应用中的伦理风险及防范 [EB/OL]. (2024-11-04)[2025-06-20]. https://www.cssn.cn/skgz/bwyc/202504/t20250417_5869509.shtml.

[17] 西门子未来工厂，德国工业再次让我们目瞪口呆 [EB/OL]. (2021-11-15)[2025-06-

20]. https://www.sohu.com/a/501244181_461086.

[18] BOSCH annual report 2021[EB/OL]. (2022-02-09)[2025-06-20]. https://assets.bosch. com/media/en/global/bosch_group/our_figures/publication_archive/pdf_1/gb2021.pdf.

[19] Bob Ambrogi. AI adoption by legal professionals jumps from 19% to 79% in one year, clio study finds[EB/OL]. (2024-10-07)[2025-06-20]. https://www.lawnext. com/2024/10/ai-adoption-by-legal-professionals-jumps-from-19-to-79-in-one-year-clio-study-finds.html.

[20] AI case study: AI for regulatory compliance at standard chartered[EB/OL]. (2025-02-12)[2025-06-20]. https://redresscompliance.com/ai-case-study-ai-for-regulatory-compliance-at-standard-chartered/.

[21] Petra Pasternak. Everlaw AI assistant is transforming how orrick handles litigation discovery[EB/OL]. (2025-02-06)[2025-06-20]. https://www.everlaw.com/blog/ai-and-automation/everlaw-ai-assistant-is-transforming-how-orrick-handles-litigation-discovery/.

[22] Circardian nocturne, 2023. [EB/OL]. [2025-06-20]. https://riyadhart.sa/en/artworks/ circadian-nocturne-2023/.

[23] Jordan Pearson. ChatGPT can reveal personal information from real people, Google researchers show[EB/OL]. (2023-11-29)[2025-06-20]. https://www.vice.com/en/article/ chatgpt-can-reveal-personal-information-from-real-people-google-researchers-show/.

[24] Ravie Lakshmanan. OpenAI reveals redis bug behind ChatGPT user data exposure incident[EB/OL]. (2023-03-25)[2025-06-20]. https://thehackernews.com/2023/03/ openai-reveals-redis-bug-behind-chatgpt.html.

[25] In 2016, Microsoft's racist chatbot revealed the dangers of online conversation the bot learned language from people on Twitter—but it also learned values[EB/OL]. (2024-01-04)[2025-06-20].https://spectrum.ieee.org/in-2016-microsofts-racist-chatbot-revealed-the-dangers-of-online-conversation.

[26] AI for radiographic COVID-19 detection selects shortcuts over signal[EB/OL]. (2021-05-31)[2025-06-20]. https://www.nature.com/articles/s42256-021-00338-7.

[27] AI exhibits racial bias in mortgage underwriting decisions[EB/OL]. (2024-08-20)[2025-06-20]. https://news.lehigh.edu/ai-exhibits-racial-bias-in-mortgage-underwriting-decisions.

[28] Dissecting racial bias in an algorithm used to manage the health of populations[EB/OL].(2019-10-25)[2025-06-20]. https://pubmed.ncbi.nlm.nih.gov/31649194/.

[29] 谷歌 DeepMind：AGI 有望在 5 到 10 年内出现 ASI 则难以预测 [EB/OL]. (2025-03-17)[2025-06-20]. https://finance.sina.com.cn/roll/2025-03-17/doc-inepyruh7416621. shtml?froms=ggmp.

[30] 张钹院士：ChatGPT 离通用人工智能有多远 [EB/OL]. (2024-04-30)[2025-06-20]. https://www.bilibili.com/video/BV1vE421j7uB/?spm_id_from=333.337.search-card. all.click.